国家自然科学基金资助项目（51078070）

建筑生成设计

基于复杂系统的建筑设计计算机生成方法研究

李　飚　著

东南大学出版社

南京

内容提要

　　近年来，计算机生成方法作为一种崭新的建筑设计方法逐步成为CAAD研究的重要分支，其独具匠心的系统模型也必将拓展建筑学方法论。建筑设计生成方法通过对建筑元素的"自组织"优化组合，激发设计者借助传统方法不易获得的思想灵感，它是趋向艺术实践的程序创作系统，并将生成系统作为一种全新的生产方法。

　　作为多学科非传统手段的合作结晶，当前，建筑设计计算机生成研究在国内建筑设计界缺乏基本的方法，高等建筑教学更没有系统的教学经验。本书基于复杂系统模型，通过作者的编程实践和教学研究，逐步建立建筑设计生成方法系统框架及其研究平台。本书详细阐述细胞自动机系统、遗传进化算法及多智能体模型复杂系统方法基本原理及其程序实践，探索生成艺术在建筑学领域转化过程中的思维特征及操作方式。

　　本书以复杂系统为建模理论基础，综合建筑学、计算机科学学科特征，运用文献分析、理论探讨与计算机程序相结合的研究方法，借鉴西方国家研究手段，通过分析生成艺术演化机制及国内建筑设计现实需求，初步建立起建筑设计生成艺术理论框架，并将该研究方法拓展至建筑学领域的其他方面。

　　本书可供建筑设计者、研究者及CAAD教学人员和相关师生参考阅读。

图书在版编目（CIP）数据

　　建筑生成设计：基于复杂系统的建筑设计计算机生成方法研究/李飚著. ——南京：东南大学出版社，2012.10
　　ISBN 978-7-5641-3402-0

　　Ⅰ.①建… Ⅱ.①李… Ⅲ.①建筑设计：计算机辅助设计–研究 Ⅳ.①TU201.4

　　中国版本图书馆CIP数据核字（2012）第054635号

书　　　名：建筑生成设计——基于复杂系统的建筑设计计算机生成方法研究
作　　　者：李　飚
责任编辑：戴　丽　魏晓平
装帧设计：皮志伟　刘　立
图案生成：李　飚
责任印制：张文礼
出版发行：东南大学出版社
社　　址：南京市四牌楼2号　邮编：210096
出 版 人：江建中
网　　址：http://www.seupress.com
印　　刷：利丰雅高印刷（深圳）有限公司
排　　版：江苏凤凰制版有限公司
开　　本：700mm×1000mm　1/16　印张：17　字数：402千字
版　　次：2012年10月第1版
印　　次：2012年10月第1次印刷
书　　号：ISBN 978-7-5641-3402-0
定　　价：146.00元

经　　销：全国各地新华书店
发行热线：025-83791830

序

1978年，我进入南京工学院学习建筑，那时还不知道建筑设计除了手绘图纸外还有什么其他的途径可以完成设计流程。1991年我用申请获准的国家自然科学基金青年基金项目的经费购入386电脑，使自己的研究业务逐步步入电脑辅助时代。记得当时建筑系用世界银行40万美元资助贷款引进了美国Intergragh和Sun工作站，好像当时主要的工作之一便是如何替代手工完成设计效果图的绘制，也算是辅助建筑设计吧。

然而，电子信息技术的发展之快和更新换代之频繁超乎人们的想象。1990年代后，数字技术在建筑学领域中的运用就很快从辅助建筑设计（CAAD）发展渗透到从城市规划、城市设计和建筑设计虚拟、城市和建筑历史研究等各个方面。各种数字技术也层出不穷，其中当前正在成为研究热点的技术包括：

（1）细胞自动机(cellular automata systems)模型。这是一种时间、空间、状态都离散，空间相互作用和时间因果关系皆局部的网格动力学模型，其特点是复杂的系统可以由一些很简单的局部规则来产生。

（2）多智能体(MAS)建模方法。多智能体是复杂适应系统理论、人工生命以及分布式人工智能技术的融合，是进行复杂系统分析与模拟的重要手段。

（3）分形理论。原理就是从自相似性出发去认识描述事物，并由此产生了一个全新的概念——用分形的某个特征量去描述事物自相似性和复杂度。

（4）地理信息系统（GIS）。基于数据库的功能，GIS为城镇形态演变、复杂地形地貌分析、城市空间评价以及城镇规划管理提供了强大的技术支持。

而建筑设计数字技术的发展本身则从计算机技

术应用出发、而后又回归到了建筑设计的行为。以弗兰克·盖里(Gehry)为代表的设计者强调施工和建造过程的数字化，设计者利用CAD/CAM模式将手工艺和标准化工业生产相结合，创造出可批量制造的、数据相关但各不相同的、精巧而精确的建筑产品。而伯克尔（Berkel）、凯诗（Cache）和林(Lynn)等的建筑设计则不仅强调施工和建造过程的数字化，而且设计过程也数字化了，甚至直接编制程序进行设计，也即从计算机辅助设计（CAAD）转向计算机生成设计（Computer Generative Design），这确是一场深刻的变革。

数字技术显著提高人们对城市和建筑空间的理解能力和科学判断水平，加深并拓展空间研究的深度和广度。通过数字技术，人们可以发展新型城市和建筑空间，依托科技进步逐渐更新现有城市空间和活动组织方式。通过最新数字技术所创造的个性化的新颖空间形态，使视觉审美进入一个广阔的想象空间，并形成"技术—想象力—生产力"链条。从世界范围看，这一领域目前已经成为建筑学科最具成长性的学术前沿领域。

李飚博士是我的学弟好友，他原先擅长建筑设计创作，且是"出活"高手。记不清楚什么时候，他幡然觉悟，决意转向投身代表建筑学发展前沿的数字技术研究。他在近十年里以此为课题开展与瑞士苏黎世联邦理工大学（ETH, Zurich, Switzerland）的合作研究，先后参加多次国际重大CAAD学术会议并发表演讲，并承担了多次基于数字技术的建筑设计教学工作。2008年他在钟训正院士指导下完成了博士学位论文，并先后获得江苏省优秀博士学位论文和全国百篇优秀博士学位论文提名奖。大约从2005年开始，东南大学建筑学院在国家"211工程"二期和"985工程"三期经费投入中增设了数字技术学科平台的建设，并一直坚持不渝。在此过程中，学院也资助"飚哥"带领同学完成了包括前工院北楼门厅ceilingMargin吊顶、Angle_X和Tri_C坐具等几项实验性的数字建造。我们的"城镇与建筑遗产保护教育部重点实验室"建设顺利通过了教育部专家评审，期间，李飚展示了历史街区保护改造动态多智能体方法的研究成果并受到专家们的赞赏。

今天，李飚集多年潜心研究的成果和经验心得，完成了《建筑生成设计：基于复杂系统的建筑设计计算机生成方法研究》一书。该书基于复杂系统模型，通过作者的编程实践和教学研究，详细阐述细胞自动机系统、遗传进化算法及多智能体模型复杂系统方法基本原理及其程序实践，探索生成艺术在建筑学领域转化过程中的思维特征及操作方式，以此逐步建立建筑设计生成方法系统框架及其研究平台，并尝试将该研究方法拓展至建筑学领域的其他方面。应该说该书无论在内容上、还是在学术观点和结论方面都有显著的创新点，该书的出版将为建筑设计范型发展中人们所期待的"技术—想象力—生产力"链条的形成作出基础性的贡献。我愿意毫无保留地向广大读者推荐这本具有建筑学发展前瞻意义的著作，并非常荣幸成为这本书的第一位读者。

　　是为序。

2012.7.15

d1 = 0.5f
d2 = 0.5f

致　谢

钟训正 院士
Prof. Zhong Xunzheng

王建国 教授
Prof. Wang Jianguo

单　踊 教授
Prof. Shan Yong

韩冬青 教授
Prof. Han Dongqing

龚　恺 教授
Prof. Gong Kai

卫兆骥 教授
Prof. Wei Zhaoji

仲德崑 教授
Prof. Zhong Dekun

赵　辰 教授
Prof. Zhao Chen

丁沃沃 教授
Prof. Ding Wowo

翟玉庆 教授
Prof. Zhai Yuqing

Prof. Ludger Hovestadt

Mr. Markus Braach

Mr. Michael Hansmeyer

Mr. Christoph Wartmann

Mr. Benjamin Dillenburger

Prof. Odilo Schoch

Mr. Kai Rüdenauer,

Prof. Bruno Keller

并以此书献给

长期以来一直支持我研究工作的家人——
李荣博士和带给我无限快乐的女儿李牧文

作者简介：李　飚

哈尔滨工业大学学士
东南大学建筑学硕士
苏黎世联邦理工大学高级硕士（MAS）
东南大学建筑学博士（2010年全国优秀博士论文提名）

长期从事与瑞士苏黎世联邦理工大学（ETH, ZURICH）建
筑系建筑数字技术中瑞科研合作，系统研究计算机程序
及复杂适应系统在建筑学领域的前瞻性应用，主要研究
方向包括：建筑设计及其理论、计算机编程技术及建筑
设计数字技术、建筑物理计算及传感技术开发与应用、
建筑数控建造。现任教东南大学建筑学院建筑设计课程
建筑设计教研组副教授，兼任全国建筑数字技术教学工
作委员会副主任，东南大学建筑学院建筑运算与应用实
验室主任，东南大学城市与建筑遗产保护教育部重点实
验室主要成员。

目　录

0 绪论

0 绪 论

0.1 生成方法的建筑学背景

建筑设计包括一系列不同的技巧。传统建筑设计手法通常利用设计草图操控建筑功能及其形式，寻求既定建筑纲要、建筑功能、建筑结构、建筑技术及环境文脉之间的优化平衡。同时，建筑设计师还必须兼顾美学艺术价值对人们的心理影响。建筑师被期望成为各方面的大师，这从建筑教育、注册制度涉猎众多领域就可见一斑。然而，建筑设计过程及其结果难以预料，其步骤并非通过既定有序的简单流程可以掌控，设计过程涉及多种信息反馈、方案解决及修正，并由此解决最终的设计问题。

自从Asimow于1962年将建筑设

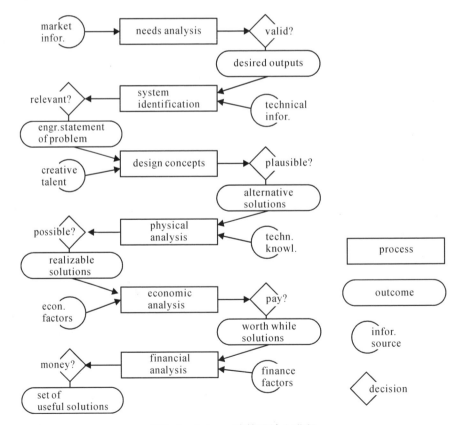

图0-1 Asimow建筑设计六进程
（资料来源：Asimow, 1962）

2

计步骤划分为明确进程之后，关于建筑设计的各种模型都证明建筑设计是一个反复的过程。如图0-1，Asimow将设计进程分为六部分，每个进程甄选最佳选择。他提出至今仍被广泛认同的三阶段设计流程：分析（Analysis）阶段，着重于了解设计问题与设定设计目标；综合（Synthesis）阶段，致力于替选方案的产生；评估（Evaluation）阶段，依据设计目标，衡量各替选方案的可行性并做选定[①]。亚历山大（Alexander，1964）也提出分解建筑问题的方式，"解空间"根据与其他连接关系被分成"适合"（Fit）及"不适合"（Unfit）的评价参数，并针对综合阶段的设计行为，以理性的数学模型来探讨[②]，标示以计算机作为设计辅助工具的可能性。20世纪70年代，Eastman[③]及Mitchell[④]等学者以信息处理的认知理论（Information Processing Theory）为基础，将设计的过程视为问题定义（Specification）、方案生成（Generation）、答案评估（Evaluation）等等系列循环的"问题解决"（Problem-solving）过程[⑤]。

其后的大部分模型都会把设计过程分割为若干部分，但同时也提供从各进程与其前、后进程的反馈。然而，通过流程图提出的设计方式通常并不能完全表达实际设计过程的操作顺序，从而也限制了这些流程模型的使用。其有效性通常仅仅限于先例研究分析，当设计师们在建筑实践中遇到具体问题的时候，他们极少利用这些模型来指导自己的建筑设计进程。鉴于建筑设计牵涉众多复杂因素的实际情况，Simon于1973年将建筑设计定义为"病态结构的"（Ill-structured Problem）或者"魔鬼"问题[⑥]。

设计师们通过一些披盖着神秘面纱的方法来避免这些近乎邪恶的"魔鬼"。创造力常常被认为是建筑师的内在能力，其内在能力、艺术修养与建筑师的自身冲动密不可分。与此思维模式不同的是，设计师也使用旁敲侧击或分歧性的思考方法，收敛性思维总是向着一个清晰的目标努力，如感性与理性分析共存的可行性探索。建筑设计教育也常采用渗透而非固定的模式，学生通常可以在彻底理解全部内容之前已经能够操作建筑设计过程。这些技巧虽然使得精确地理解设计过程变得混沌，但他们却能使可行性探索成为一个具体的设计问题。此外，对建筑设计问题"随机性"探索也十分重要，"问题解决"（Problem-solving）的空间无穷多，且具有动态、模糊的边界。然而，在建筑设计过程中，过多的选择反而成为设计进程的绊脚石。在很大程度上，建筑设计就是限制及去除不需要选择分支的甄选过程。但在

① Asimow M. Introduction to Design. Englewood Cliffs，NJ: Prentice-Hall，1962
② Alexander C. Notes on the Synthesis of Form. Cambridge，MA: Harvard University Press，1964
③ Eastman C M. Spatial Synthesis in Computer-Aided Building Design. London，England: Applied Science Publishers，1975
④ Mitchell W J. Computer-Aided Architectural Design. New York，NY: Van Nostrand Reinhold，1977
⑤ Newell A Simon H A. Human Problem Solving. Englewood Cliffs，NJ: Prentice-Hall，1972
⑥ Simon H A. The Structure of Ill-structured Problems. Artificial Intelligence，1973，4:181-200

很多时候，设计师本身也很难客观地断定某一个设计是否就优于另一个，也正因为有太多的手段来体现某一个草案，最终的设计成果经常成为武断的决定，这使得追求完美设计成果的设计师备受挫折。为了去除这一武断，设计师需要优秀的原则来指导他们的设计工作。

长期以来，建筑设计方法学提供了诸多限制原则，它们试图通过理性的规则使得建筑师能够专注于所有可能解决方案的各部分。从神谕赐予所罗门庙的三维数据到阿尔伯蒂（Alberti）的《建筑十书》，从现代主义兴起到衰退，设计师们都一直努力限制可供选择的设计方案，从而找到更理想的设计规则。这些设计步骤被视作建筑设计方法学或建筑学原则，其理论基础便是通过发现解决设计问题的方法及多层限制，并由此引导设计师做出正确的决定。

毫无疑问，在建筑业中，第一层限制来自客户要求。建筑设计方法学，比如功能学，就是决策所必须满足的第一个需求。设计中的最优化也具有相同的问题，方法学还涉及利用心理学来制造并满足客户需求。然而，在绝大多数设计项目中，都存在着各种各样、并未被客户界定的二级或者暗示的需求。此外，建筑设计最终形态还会在很大程度上受政治、社会和经济的影响，在建筑设计过程中，设计师可能不必过多地考虑节省资源的方方面面，以繁华的表现形式来展现其实力也许更为重要，如，体现政体特点的庄严性需求，宗教建筑在满足容纳圣会容量的同时展现其精神等等。如果建筑作品更关注生态，则会提高其公众形象。数学也被用做一种工具来追求设计的完美，当房屋的空间受功能和环境限制很少时，建筑师需要借鉴理想的人体尺寸、和谐的比例，如黄金分割、Fibonacci数列等。算法设计（Algorithmic Design）拒绝猜测、臆断，它依赖于定量的规则限制来决定最终形式，它是最近产生并用于优化设计的方法。

建筑师也被视为艺术家，客户通过建筑师作品集的设计意识来选择合适的设计师。建筑师的设计意识通过其作品展现个人欲望与情趣，从而形成他们的风格，如盖里（Frank Gehry）的设计作品在满足规划需求的同时总展现出雕塑效果。艺术的、哲学的或风格因素的选择显然受设计师个人主观意识控制，且因不同设计师迥异，同时也会随流行风格而改变。它们基于建筑师的个人记忆和经历，展现设计师所领悟的"时代思潮"。这些设计意识提供了设计师在评估设计问题及解决方案中的第一原则。

规划、功能、艺术、风格、时尚、哲学、信仰、经济、心理学、政治以及数学都在设计中扮演各自的角色，它们的目的都是寻求设计决策的限制条件。达到这一目的最直接的办法就是通过学习已有的案例，跟随设计的脚本，来选择最佳方案。方法的选择极具个人化特征，同时也能反映设计者的水平。阿尔伯蒂（Alberti）的《建筑十书》，亚历山大（Christopher Alexander）的模式语言，甚至"风水"都对如何设计空间给予适当的帮助。尽管这些建议通常都以教条模式出现，且并无严格逻辑推理，但它们仍然展现出很好的建筑实践原则。特定的项目总需要特殊的方法，而其他的方法可能完全不适合。因而，试图独立地评价某个单独的方法并不可行，对于不同建筑学特定方法的选择也从另一个角度体现设计师创造力。

从《建筑十书》、"模式语言"到将建筑设计进程定义为六部分，均表明建筑学是一门将多学科离散知识及经验信息转变为建筑创作艺术成果的学科。维特鲁威、亚历山大及Asimow均试图提炼建筑学的理性部分为建筑设计创作进程服务。这些既有的建筑学预知"定义"为当今计算机技术提供了广阔的应用平台。建筑师可以借助计算机强大的存储及计算功能，综合建筑学预知"定义"，创建与众不同的程序工具，拓展建筑学研究方法。如今，计算机技术已逐渐应用到建筑设计和建筑教学过程，各类综合软件被用于建筑辅助设计的构思及表达。随着建筑设计与计算机技术的相互渗透，CAAD应用于建筑设计实践必将更加广泛而深入。全新的CAAD操作方式显示建筑应用软件的机械及不足，计算机与建筑师两者之间的关系已经从简单生产关系转移到建筑设计本身的探讨及实验之中。其中，一个具有开创性的领域便是建筑设计生成艺术，建筑设计生成艺术在发展建筑设计应用软件的同时，也将程序算法探索结合至建筑设计的诸多过程，设计师借此可以拓展认识事物的方法，运用特有的工艺来挖掘自身的设计潜能，计算机生成技术被有计划地应用于建筑、建筑师及计算机程序算法的交互作用之中。

0.2 计算机辅助建筑绘图与设计

计算机辅助建筑设计（CAAD: Computer–Aided Architectural Design）具有广泛的概念内涵，泛指运用计算机工具协助完成建筑设计的各种工作。早在20世纪50年代，英国数学家和逻辑学家、电脑理论领域先驱阿兰·麦席森·图灵（Alan M. Turing）便提出"会运算且具智能的机器"概念，他认为复杂的数学可以通过简单的机械原理来运算，其发展的"图灵机"成为现代计算机的雏形。1956年，人工智能（Artificial Intelligence）概念在美国一次研讨会上提出。对于人工智能，图灵提出了重要的衡量标准——"图灵测试[①]"。70年代，专家系统、认识性系统及各种新设计方法驱使研究者将"具有运算能力的机器"的测试转化为"会思考的机器"，进而提出"机器是否能做设计"的问题，并引发人们开辟新的设计方法。1972年，计算机辅助设计领域的先驱，美国麻省理工学院媒体实验的主要创始人尼葛洛庞帝（Nicholas Negropontes）在《建筑机器》

---

① "图灵测试"是一个关于机器人的著名判断原则，一种测试机器是否具备人类智能的方法。参见：
http://baike.baidu.com/view/94296.htm

(The Architecture Machine) 中将CAAD提炼为三种辅助方式[①]。在计算机辅助建筑设计发展的起初约三十年里，威廉·米契尔（William Mitchell）于1977年所著的《计算机辅助建筑设计》（Computer-Aided Architecture Design，1977）一书堪称该阶段的代表作，该书以当时巨型计算机的运算状况为背景，结合计算机图学及资料库概念形成计算机辅助建筑设计的主流。

进入80年代以后，个人计算机软、硬件飞速发展，CAAD随之在世界各地对传统建筑设计创作、图形及图像制作产生巨大影响。《建筑领域计算机辅助设计的先驱者》（Pioneers of CAD in Architecture，Edit by Alfred M. Kemper，Hurland Swenson Publishers，1985）及《个人计算机辅助建筑设计》（Microc-omputer Aided Design: For Architects and Designers，by Gerhard Schmitt，1987）两书中均收录了当时来自欧美各校研究机构的CAAD成果及对未来的展望。在80年代中至90年代中的十年，部分CAAD研究者已不满足于机器对建筑设计平面表达的辅助功效，他们努力将计算机运算法则运用于建筑设计三维创作过程。《设计的可运算性》（Computability of Design，by Yehuda Kalay，1987）、《建筑及营造的设计优化》（Design by Optimization in Architecture，Building and Construction，by Antony D. Radford & John S. Gero）等书记录了CAAD对该领域的探索。

0.3 对机器创作的质疑

随着计算机技术的迅猛发展，人们耳闻目睹众多新鲜的名词，如数码建筑与城市、数字设计、网络社区、智能建筑、生成设计（Generative Design）[②]等等。当今，很难不讨论计算机对建筑学方法论的发展与影响，然而，质疑最多的应该是"计算机能否以及如何辅助建筑设计"。

对机器创作质疑实际来自计算机替代人脑的争论。人类创作行为起始于认知，最基本的认知活动是感觉和知觉。人脑凭借感官接受外部世界相关信息，并将它们综合为对事物的变化、性质、形态类别等方面的知觉，再经过人脑初级加工使之变换成人类个体的综合认知。人脑进一步的信息处理将这种感觉表象进行记忆，或用语言、符号、图形表达出来，并进行交流。如今，计算机已得到了广泛的应用，成为人类各种活动的得力工具。计算机超强的运算能力、极大的存储容量、精确无误的运算结果均使人类智能望尘莫及，它将人类活动某些可以用语言表达的知识、方法、经验等编写进计算机程序，通过明确的算法描述与程序语言求解各类学科课

① Negropontes提出的CAAD三种辅助方式：（1）协助程序自动化；（2）改变程序使之成为可运算的条件；（3）人与机器协同工作。

② 尽管由于不同翻译的差异或其概念本身存在区别，但这些名词通常体现为建筑设计的"数字化"研究特征。

题。但如果没有代表人类智慧的计算机程序操纵，计算机将变为毫无生机的一堆机器零件，机器创造更无从谈起。

建筑创作对建筑学相关信息进行模糊操作和有效取舍，这是基于人脑皮层中积累的各种复杂观念和经验材料。建筑师通过认知判定、模糊类比的操作形成建筑作品。类比标准可能是语言性或非语言性的，据此做出判断的材料也绝不会呈现全部细节信息。计算机要模拟这一特殊过程就必须通过程序预先输入人脑中原有的全部概念和经验，并将因人而异的人脑信息转换成计算机数据，这是不可想象的浩繁工作。况且，对于人脑根据实际需要进行取舍的复杂神经生理机能，人类本身尚认识甚少，计算机单纯的物质结构必然难以做到。建筑创作过程中的体验与感受不仅是"刺激"与"反应"的简单生理过程，还呈现出想象、移情、审美等复杂的精神现象，计算机绝不可能掌控因人、因时、因景、因地而异的微妙变化。

"机器创作"是人类运用机器（包含计算机及其外部CNC设备）并通过人类智能所产生的人类作品。计算机与传统意义上建筑师所使用的各种工具并无本质区别，"机器创作"是对涉猎建筑学的诸多方法采用不同工具媒介的一种尝试，计算机在某些方面可以高效地替代传统工具，尚未涉及计算机及其程序替代人脑的讨论范畴。但建筑师对这个复杂生产工具了解得越多，该工具就可以更有效地为使用者的需求服务。和人类发展的普遍规律类似，新工具的产生必然导致新的产品成果，这种新成果被建筑师们称作"Digital Architecture"，即"数字建筑""数码建筑"或"数位建筑"等等，虽翻译不同，但内涵大同小异。数字建筑曾一度引发数字迷茫与隐忧，但包括彼得·艾森曼（Peter Eisenman）在内的绝大多数建筑设计者均认为计算机不能独立做设计。英国建筑师诺曼·福斯特（Norman Foster）形容数字建筑为"数字媒体，类比经验"（Digital Media，Analog Experience），这也说明他对计算机工具的认识。与其质疑计算机能不能做设计，还不如积极思考如何善用计算机去为建筑设计服务。

0.4　从CAAd（Drawing）到CAAD（Design）

在建筑设计领域，CAAD数字技术应用主要体现在两个层面（或两者的交集）：第一个层面基于建筑师对建筑学相关信息的收集而体现出广义的建筑分析与表达，该类辅助设计通常在设计成果已部分或全部形成之后进行，充分体现为建筑平面及立体空间的表达，如建筑技术图纸、建筑效果图、三维动画、虚拟现实等等制作。其操作过程涉及许多应用软件，对应用程序的熟悉程度直接影响设计成果的表达及其效率。该层面CAAD应用体现为设计者在具备一定建筑学专业知识的基础上，对相关应用程序熟练操作过程。笔者将其定义为CAAd（Drawing），即建筑设计辅助绘图；另一个层面需要建筑师在具备专业知识的基础上，将计算机强大的储存及运行能力转化为建筑设计过程分析、探索的强大工具。程序编写是该层面不可缺少的重要组成部分。建筑师运用计算机运算的高效性能，发掘建筑设计中可以交予计算机程序实现的部分，寻求并区分程序方法与自身经验的各自优势及优化组合，深入计算机程序核心运算，探讨计算机程序相关算法等等，从而导出建筑设计的中间或最终设计成果框架。对照前述层面，不难看出该探索需要建筑学科以外更广泛的多学科支撑，它在建筑设计初始阶段已介入，建筑师不一定需要成为熟练的程序员，但必须了解程序运行机制，并提出相关建筑课题的程

序化解答。笔者将此层面定义为CAAD（Design），即通过特殊的计算机工具实现对建筑设计过程的辅助。建筑设计生成方法便是该层面CAAD研究最为重要的部分之一。通过以上对CAAD研究现状的分析，可总结如图0-2所示CAAD现状研究框架。

建筑设计的构思阶段、设计思路成熟之时，建筑形象已经基本分明、呼之欲出。相比之下，生成方法设计艺术所能构思的只有规则（如算法、约束等），但根据规则而生成的结果则不可预计。建筑设计生成创作可以说是有计划地随机运作，确定性与非确定性、

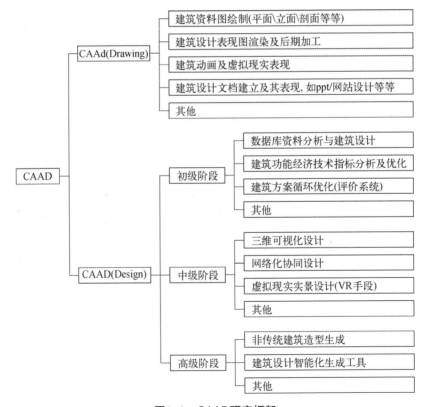

图0-2　CAAD研究框架
（资料来源：根据东南大学建筑学院卫兆骥教授提供资料整理，笔者绘）

艺术与科学的高度统一，其设计原则是理性的，而结果却更为感性，它具有CAAd（Drawing）机械表达所无法比拟的发展空间。

透过建筑设计生成研究的基本方法，可以看到建筑设计计算机生成法作为一种新的设计方法使建筑作品具有与众不同、不可重复的特征。对特定建筑项目设定条件及其规则，并将导致生成结果的唯一性与不可重复性，建筑设计计算机生成艺术提供人类创作行为模仿自然的机会，代表设计方法的革新，引领建筑成为科学与艺术融合、理性与感性并存、人工与自然共生的客观产物。计算机生成方法是跨学科的产物，其研究过程将漫长而艰巨。随着相关学科研究成果的不断丰富，生成设计的探索也必须紧跟它们的研究步伐，从而真正做到从CAAd（Drawing）到CAAD（Design）的革命性转变。

0.5 建筑设计计算机生成艺术

1988年，哲学家波普尔（K.R.Popper）提出科学领域可以运用"试验演绎的方法"来解答运用"归纳方法"才能解决的问题。关于科学理论的进步标准，波普尔认为："凡是包含更大量的经验信息或内容的理论，也即在逻辑上更有力的理论；凡是具有更大解释力和预测力的理论，可以通过把所预测的事实同观察加以比较而经得起更严格检验的理论，就更为可取。总之，我们宁取一种有趣、大胆、信息丰富的理论，而不取一种平庸的理论。"[1]由此可见，波普尔用信息作为准则评价科学命题的价值，根据波普尔的证伪理论，命题在逻辑上越容易被证伪（先验逻辑概率越小），而事实上经得起检验（后验逻辑概率越大），则命题提供的信息就越多、越有意义。反之，在逻辑上不能被证伪的"永真"命题不包含有信息、没有科学意义。这表明，科学可以从推测与驳斥中收益，该进程以推测与试错为开端并获得解答，在此基础上提出下一个推测，直到发现正确的推测命题。客观地讲，建筑设计生成方法从国际、国内研究的深度及广度尚处于探索阶段，其先验逻辑概率较小，但建筑设计生成艺术探索过程结合大量建筑学经验及数、理逻辑，并在计算机程序设计与调试中不断"进化"生成结果，其后验逻辑概率极大。运用计算机程序"试验演绎"建筑设计过程，融合建筑师感性思维与理性程序算法的计算机生成艺术可以不断拓展现有建筑设计方法。

建筑设计计算机生成艺术是运用计算机程序算法定义的系统生成、协调、构建的艺术，或模拟数学的、机械的、随机但自治的过程。在某种程度上，生成方法和其他设计方法具有一定的区别，设计者借助生成系统辅助、激发其设计灵感，生成系统被赋予展现或激发设计师潜能的职责。

---

① ［英］波普尔.猜想和反驳——科学知识的增长.付季重，等译.上海：上海译文出版社，1986

计算机生成艺术是一种趋向艺术实践的程序系统，并将生成系统作为生产方法。为了趋近生成艺术的定义，该艺术产品必须是独立并具"自治"特征的运行方式。建筑设计生成系统的工作近似或依赖于多种科学理论，如数学、物理、复杂系统科学、信息理论等等。生成艺术品的系统和许多科学领域系统有许多相似之处。此类系统可以展示规则、非规则、复杂事物的变化程度以及难以预见的行为模式。尽管如此，生成系统仍包含事先定义与生成成果间的因果关系。莫扎特（*Wolfgang Amadeus Mozart*）1757年的《音乐骰子游戏》（*Musical Dice Game*）[①]是最早基于随机方式的生成艺术实例，其结构以规则及非规则元素为基础。

计算机生成艺术方法通常以某种程序运行规则或公式模板为原料，制定随机或半随机的方法，并对这些元素操作。生成结果保持限定条件的根本特征，然而，却可能产生更为奇妙甚至有令人吃惊的突变结果。显著的过程导向性是生成艺术的基本特征。生成艺术可以在运行中实时进化自身，应用反馈和生成进程实现创作过程，生成艺术作品绝不会出现两种完全相同的输出结果。其表现形式可以是表达复杂进程的图形、音乐、源自绘画的调色板等等，也可以为基于语言的写作，如诗歌，或两者结合的产物。此外，生成艺术也应用于建筑设计、进化论的科学模型、人工智能系统[②]等等。生成艺术归之于艺术家创作过程的任何艺术实践，如一系列自然语言规则、计算机程序、机械或其他过程控制创造，这些被设定成具有一定程度的自治行为，可以产生繁复的艺术作品[③]。计算机是处理符号程序的机器，和其他软件一样，生成方法的工具是一种符号处理器。这种生成编码有两种运作方式：一种制造一系列符号，另一种则通过把这些符号描绘或设定成设计作品的元素特征来"解释"它们，这样就表现出了一种"设计"的可能性。对于任何一种方式来说，即使只有一个元素也可以被应用于生成单元。这种制造符号与解释符号之间的符号学关系，对于其偶然性来说是严谨、有意识并具其特殊的积极意义。

建筑设计基于"创造性"，并在"模糊性"中得到了充分体现，而客观上"创造性"本身又一直就没有明确的定义。众所周知，计算机只会按照人们所编制的程序执行，因此，最初人们对于生成方法能否为创作过程提供支撑平台抱有疑问。建筑设计生成法在某种程度上有别于其他设计方法，在此过程中，设计者通过计算机程序生成系统促进设计者的创作能力，并使设计领域内更多的探索成为可能。建筑设计生成通过非传统的方法整合多学科思维模式，与之相关的学术资料，如计算几

---

① 莫扎特的《音乐骰子游戏》（*Musical Dice Game*）包括了许多个第一小节、第二小节、第三小节……每次演奏前，都必须掷骰子来决定选用哪一个第一小节、哪一个第二小节……以此方式将各小节的内容排列好。

② 摘、译自维基百科：http://en.wikipedia.org/wiki/Generative_art

③ 摘、译自：Philip Galanter，What is Generative Art? Complexity Theory as a Context for Art Theory 一文。

何学、计算机科学、离散数学及图论、计算机算法研究、复杂系统等等都是计算机科学及数理学科的派生物；相关的生成算法规则，如人工生命系统、不规则图像、突现行为等等均源自于建筑设计者知之甚少的数学领域。但大量实例表明，设计元素的自组织方式排列组合确实能够激发设计者借助传统方法不能或不易得到的灵感与思想，建筑设计生成方法可以从根本上实现CAAd（Computer Aided Architectural Drawing）到CAAD（Computer Aided Architectural Design）的巨大飞跃。北京2008年奥运会主体育场（鸟巢）设计方案便是一个如何取得非标准形态并优化生成成果的实例，它运用"遗传算法""多智能体"等研究法则优化大小区域的比例及整体结构，从而将计算机生成工具融合并转化到传统方法需花费漫长时间才能得以实现的程序载体。

就建筑设计计算机生成方法研究本质来看，并不需要形成统一划一的研究模式或特定的模型框架，这与该方法所涉足的跨学科研究特征相关。而在生成方法的实际操作及其研究过程以及解决"生成什么"与"如何生成"两大疑问时，计算机生成方法往往首先选择"如何生成"为其研究出发点。必要的算法模型支持可以使特定的专业课题在"山重水复疑无路"之时，顿有"柳暗花明又一村"之感。鉴于此，本书并非立足于特定建筑学课题及其生成方法，而是将算法模型及其实现作为研究主轴，并在此基础上导入建筑学相关课题，进而运用模型方法探索建筑设计相关课题的解决之道。与此相关，由于算法模型是程序编写的核心，所以本书也不将程序软件开发作为最终目的，各种与建筑设计相关的模型算法在程序实现之后便可以得出合理的实践结论。

建筑设计计算机生成方法整合多学科研究方法，从而具有明显的跨学科研究特征。貌似"简单"的建筑学课题可能潜在着源于其他学科的技术支持，并最终需要借助计算机程序工具及算法模型得以实现。在数理运算过程中，特定专业课题的解决往往预示某种计算机生成新方法的诞生，它将成为建筑设计不可估量的强大工具，并由此对建筑设计方法产生巨大影响。

本书秉承作者建筑设计计算机生成研究的一贯方法，以计算机程序实践为先导，在算法探索与程序运行的交互作用中研究相关模型运行特征，并以此探索扩展建筑学设计方法的可能。本书共分为五章：

第一章：建筑设计生成方法科学之道。通过High Density Generator(HDG)引入建立模型的概念，进而基于复杂系统建模方法建立建筑设计计算机生成方法的理论研究框架。最后，在陈述生成方法研究现状的基础上，以"X-立方体"为例初识建筑设计计算机生成方法思维特征。

第二章：建筑设计生成方法研究平台。围绕建筑生成设计研究手段，阐述生成方法研究所需要的计算机程序、教研团队及数理方法三大平台。

第三章至第五章：借助程序实践，分别以细胞自动机、遗传算法及多智能体复杂系统建模手段，展示建筑设计生成方法研究系统。其中涉及建筑设计计算机生成方法的程序实践，如"happyLattics""Cube1001""TSP""keySection""notchSpace""highFAR""gen_house2007"等等均为基于复杂系统研究框架下的程序案例。

尽管本书涉及多种计算机程序语言，如XML、Flash ActionScript、Java等，但程序知识并非本书的重点，读者可以从大量扩展读物中汲取程序知识。尽管本书兼顾程序知识"零起点"的建筑设计者和试图将算法工具渗透到建筑设计的程序工作者，但对于已经掌握了一门程序语言的读者将有助于理解本书中的各类细节，程序逻辑性及其过程导向性贯穿本书各章。

1 方法

Method

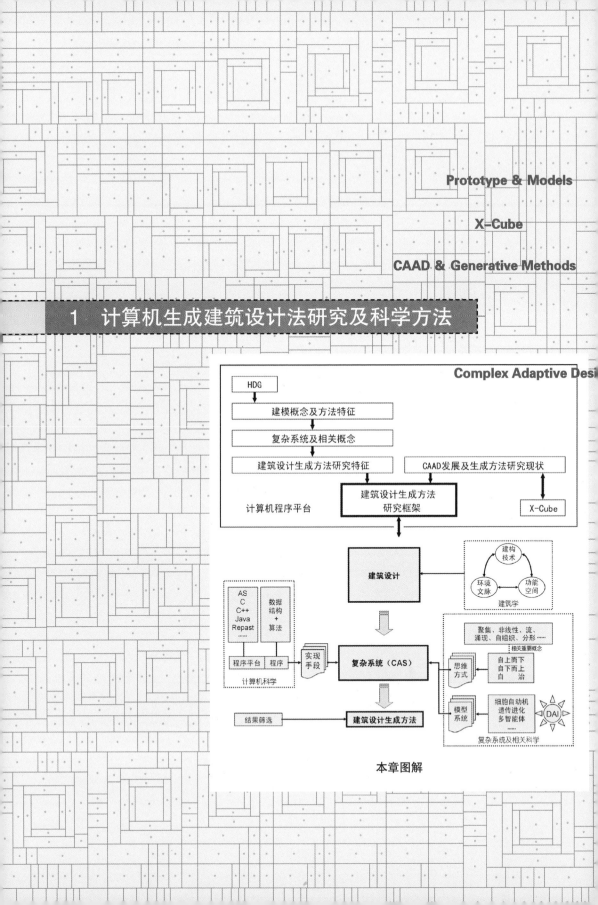

1 计算机生成建筑设计法研究及科学方法

Complex Adaptive Desi

HDG

建模概念及方法特征

复杂系统及相关概念

建筑设计生成方法研究特征

CAAD发展及生成方法研究现状

计算机程序平台

建筑设计生成方法
研究框架

X-Cube

建筑设计

建构
技术

环境
文脉

功能
空间

建筑学

AS
C
C++
Java
Repast
……

数据
结构
+
算法

程序平台   程序

实现
手段

复杂系统（CAS）

聚集、非线性、流、
涌现、自组织、分形……

相关重要概念

自上而下
自下而上
自   治

思维
方式

模型
系统

细胞自动机
遗传进化
多智能体

DAI

计算机科学

复杂系统及相关科学

结果筛选

建筑设计生成方法

本章图解

建筑设计系统包含若干彼此关联的因素，如建筑环境与文脉关系、建筑功能与建筑空间、建筑营造技术及建构特征、建筑造型艺术等等，通过它们之间互动作用构成建筑设计复杂适应系统（CAS，Complex Adaptive System）的总体行为特征。其中，建筑设计的任何单一元素均不能代表建筑设计总体系统，建筑设计系统的总体行为特征不等价于元素个体行为特征简单线性迭加，建筑设计过程也无法用传统的数据方程作线性分析。随着计算机运算能力的大幅提高，这种非线性元素之间的复杂关系可以适度转化为可执行的计算机程序，该过程的转化需要计算机建模系统方法辅助，通过计算机建模可以简化建筑设计原型在实际操作过程中需要长时间演化的复杂系统进程。计算机建模方法应用于建筑学领域研究可以产生一系列计算机生成建筑设计方法。

本章在简述CAAD及生成方法研究历史沿革的基础上，阐述生成方法的科学手段，借助HDG建筑设计生成工具说明模型概念，进而引出复杂系统与生成方法研究基本特征，并建立生成建筑设计方法研究框架，最后以瑞士联邦理工大学CAAD研究组的"X-Cube"为例详述计算机生成方法研究基层操作方法。

1.1　计算机辅助建筑设计及生成方法研究简述

建筑设计生成方法研究伴随计算机辅助设计的发展，并从中逐渐分化成独立的研究体系。追溯其发展根源，许多外因起到关键性作用，如强大的个人计算机功能、计算机图学的发展、人工智能认知系统的研究、网络及多媒体技术等等。1977年，米契尔所著的《计算机辅助建筑设计》对计算机在设计中的角色及能力做出展望，尽管当时的计算机软、硬件并不及如今功能强大，但这并没有妨碍人们对计算机图学的研究步伐，传统资料及图学理论同时也推动计算机软、硬件及计算机辅助设计的发展与定义。在建筑学领域，计算机辅助建筑设计已从狭隘的辅助绘图"进化"为广义的辅助各类建筑设计进程，包括运用程序相关算法对建筑设计过程的可行性分析、概念发展、替选方案评估及建筑原型生成等等。

1.1.1　计算机与建筑设计发展

从计算机与建筑设计的发展关系来看，其发展大致可分为三个渐进过程：

（1）早期建筑学与计算机被认为是两个毫无关系的不同领域，随着两专业的不断渗透，它们逐渐变成互相支持、彼此学习，并逐渐产生配合关联，此时的计算机可以为建筑学完成一些简单的绘图与计算工作。

（2）在人们进一步熟悉计算机功能之后，建筑设计者开始思考如何更有效地使用计算机提供的各种功能，程序工作人员开发出一系列应用程序，它们有效地辅助建筑设计的各种建筑活动，程序开发者进而开始思索建筑学应用需求及方法特征与计算机算法逻辑之间的关系。20世纪90年代后期，视觉模拟与数值分析已经全方位运用于辅助建筑设计，其后，随着信息技术与网络技术的迅速发展，计算机对于建筑设计的影响日渐明显，计算机已不同于传统的建筑设计操作工具，它逐步进入建筑学方法的方方面面。

(3) 如今，建立计算机及其后台技术支撑与建筑设计之间的信息互动、算法探索、模型特征生成相应的建筑空间已逐渐从一种技术条件转变成一门建筑学新的专业方向。

从人、机发展关系来看，计算机在辅助建筑设计功效上可概括为以下几方面：

(1) 建筑设计的工具平台

计算机正逐步替代百年不变的传统工具，构成建筑设计的诸多问题也能依靠某类程序工具得以解决。由于个人计算机的普及，计算机及其丰富的建筑辅助应用软件逐步成为建筑设计的电子化工具，建筑学及其相关领域的研究均可能运用计算机来分析、计算、模拟及表现等等。

(2) 信息来源

建筑设计构思过程需要获取建筑相关信息，如新材料的应用、建筑设计做法、设计细部及空间感受等等。传统获取信息的方法局限于课堂教学与图书资料，如今知识、信息迅速扩展，动态的多媒体手段及全球网络快速发展，虚拟图书馆也提供相应的数字支撑。它们为建筑设计教育、建筑案例研究、建筑作品研究提供重要的知识信息来源。

(3) 专家咨询系统

建筑设计教学经特定教师的指导，由师生共同探索建筑设计方法及其构思模式。教师在协助学生解决问题的同时为学生界定建筑设计总体架构。然而，通过教师课堂教学并不一定能够解决学生可能碰到的所有问题。建立完善的专家系统，并使之充分应用于建筑学教学及建筑师的日常设计工作必将有效解决建筑设计过程的许多实务问题，从而有效解决建筑设计过程可能出现的许多问题。

(4) 设计交流平台

网络技术为建筑师提供一种整合各种技术设计平台的机会，国内外建筑设计教学合作已经从实物合作发展为网络合作，分散于世界各地的设计团队可以通过计算机网络技术完成彼此之间的协作设计。

(5) 思考模式的延伸

计算机解决问题通常将建筑课题分解为许多子问题，然后分步解决，计算机无限扩大的储存载体可以视为建筑设计者的延伸记忆体，与此同时，它也可以增强人类解决并处理问题的能力。运用有效的程序算法，建筑设计者可以扩大"问题空间"的搜索范围，设计者在思考建筑问题的时候可以不再局限于有限的空间范围。

1.1.2 计算机生成建筑设计方法历程

计算机生成建筑设计方法派生于计算机辅助建筑设计，所以其发展离不开计算机软、硬件及各类程序平台的发展。CAAD研究主要呈现"应用性"及"科学性"两方面："应用性"主要运用现有知识解决实际问题；"科学性"着重于研究并探索科学的方法，拓展建筑设计方法论内涵。CAAD研究二者兼有，而建筑设计生成法更侧重于后者。

国外建筑设计生成法研究分散于世界各地，雏形可追溯到20世纪60年代，但其蓬勃发展却是近十年的事。美国卡耐基梅隆大学（CMU）、伯克莱大学、加州大学洛杉矶分校（UCLA）、麻省理工学院（MIT），澳洲墨尔本大学、悉尼大学，欧洲苏黎世联邦理工大学（ETHZ）、东伦顿大学等等均占据计算机生成建筑设计法研究的领先地位。国外生成法研究一直在先驱者的引领下发展，如O. Akin、C. Eastmen、G. Stiny、T. Maver、W. Mitchell、U. Flemming、J. Gero、Y. Kalay、G. Schmitt、L. Hovestadt、Ubaldo Soddu、M. Gross、青木义次等等。短暂的建筑设计生成法研究史，却使其从程序设计运算及其认知角度为建筑设计方法学注入新鲜活力。

20世纪60年代，数位板的发明驱使人们开始研究人与机器之间的关系，设计自动化被理想化的提出，但仅限于探索计算机化的可能发生。70年代，建筑设计资料库被大量应用于建筑实践之中，如建筑结构、材料计算、能源计算等等，成为计算机辅助建筑设计工具的启蒙发展阶段。20世纪80年代是计算机图学及视觉模拟技术的蓬勃发展时期，与此同时，形式分析（Formal Analysis）与形状语法（Shape Grammar）为其后的建筑设计生成方法提供了必要的引导方法。CAAD受人工智能（AI）、专家系统（ES）、模糊理论、机器学习等等理论方法的影响，在规则系统控制下，人们只能解决定义清晰的各种问题，所以如何定义建筑相关课题的算法规则变得扑朔迷离而纷繁复杂。

90年代至今，设计者运用以前的案例，解决建筑设计过程中的复杂性问题，这就是"案例式"（Case-based）设计及推理方法。前人的许多案例被储存，并成为寻求建筑设计成果的系统手段，将前人的建筑设计概念应用于计算机算法进程，使案例成为建筑成果搜索过程的启蒙状态。同时，许多学者致力于提升无法解决的各类建筑基本问题，他们从建筑设计认知阶段进入到了解设计行为，并运用计算机运算法则、程序逻辑努力使建筑设计黑箱透明化。

进入21世纪后，人们对计算机生成建筑设计法的研究进行了逐步调整，网络技术提供全方位生成方法研究平台，跨学科的研究特征正将建筑设计生成方法从"边缘学科"逐步演变成建筑学学科的重要科研前沿。

在CAAD研究中，从事计算机生成建筑设计法的研究者寥寥无几，这从CAAD

17

国际学术组织与研讨会的论文集所涉内容可见一斑。当计算机辅助建筑设计日渐普遍，便在各大洲逐渐形成相关研究组织，并形成每年一次的区域性国际集会。目前主要组织分别以北美洲的ACADIA、欧洲的ECAADE、亚洲的CAADRIA及中美洲的SIGraDi为主要代表，在此基础之上形成横向联系的学术网络，其研究集会成果也在网络上构建出相应的资料库，如CUMINCAD、i-CAADRIA等等，它们为组织内的研究群体提供免费的合作研究及交流平台。现对上述四个国际CAAD学术组织简述如下：

1. ACADIA[1]

1981年在美国创建，是最早的CAAD专业学术组织，该组织以引导计算机技术进入建筑设计应用与研究为其宗旨，通常在每年的10月在北美各地进行，全球相关建筑学者、CAAD研究人员共同探讨计算机辅助设计的方向及其专业应用技术。

2. ECAADE[2]

于1983年成立，为推动计算机辅助设计的教育与研究及信息交换提供平台，每年9月在欧洲各国家举行研讨会。

3. CAADRIA[3]

成立于1996年，为推动亚洲地区及澳大利亚、新西兰的计算机辅助设计教育及研究，每年4月或5月在亚洲国家或澳大利亚、马来西亚举行研讨会。从成立至笔者撰写本书，CAADRIA亚洲年会已分别在中国香港（1996）、中国台湾（1997）、日本大阪（1998）、中国上海（1999）、新加坡（2000）、澳大利亚悉尼（2001）、马来西亚吉隆坡（2002）、泰国曼谷（2003）、韩国首尔（2004）、印度新德里（2005）、日本熊本（2006）、中国南京（2007）举行。2008年已定于泰国清迈进行。

4. SIGraDi[4]

拉丁美洲、中南美洲的数字图形学会，成立于1995年。建筑师、设计师及艺术家均可参加该集会，主要研讨计算机新技术及图形学技术。

此外，"国际CAAD未来研讨会"[5]与"人工智能的设计应用"[6]的规模及知名度很高，"国际CAAD未来研讨会"每两年举办一次国际性CAAD未来发展的研讨会，研讨会在国际著名大学举行。涉及计算机生成建筑设计方法研究的国际性研讨会也包括其他生成艺术国际会议，如每年秋季在意大利米兰举行的"生成艺术国际会议"[7]，其中融合了各种艺术流派的计算机生成技术手段，如绘画、音乐、建筑等

---

① ACADIA为 "Association for Computer-Aided Design in Architecture" 的简写。
② ECAADE为 "Education and Research in Computer-Aided Architectural Design in Europe" 的简写。
③ CAADRIA为 "Computer-Aided Architectural Design and Research in Asia" 的简写。
④ SIGraDi: "Iberoamerican Society of Digital Graphic" 。
⑤ "Computer-Aided Architectural Design Futures" ，简称 "CAAD Futures" 。
⑥ "Artificial Intelligent in Design" 简称 "AID" 。
⑦ 参见网站: http://www.generativeart.com

等，相似的技术特征可以提供来自不同领域的方法共识。

1.2 计算机建模方法

人类从认识的形成到对世界的建模是一个从原始静态抽象模型到高度抽象和形式化的数、理模型解析过程。如今，各种计算机程序已发展为各类动态模拟模型。**Prototype** 模型通常运用主体及其相互作用或演化结构来描述，人们对世界的认识就是对世界 **and** 不断的模型建立；同时，通过建立模型反过来又可以提高人类对世界的认识。模型 **Models** 对相关领域信息和行为进行某种描述，是关于真实对象及其互相关系中某种特性的抽象与简化。

1.2.1 模型与计算机建模

模型是人们对认识对象所做的一种简化描述，对象事物的认识原型可形成与之相对应的模型提炼，如下等式可表示计算机建模内涵：

计算机模型＝概念模式（含公共、专业知识）＋个体观察＋提取和筛选＋程序架构＋修订[①]。

对上述公式可分解如下：

(1) 概念模式：构建模型前必须具备的预设知识，相关公共与专业知识确保模型可以在一定范围内讨论，它们是建立模型的理论基础；

(2) 个体观察：建模者根据公共、专业知识的信息收集及个人概念对模型对象的操作过程；

(3) 提取与筛选：根据建模的目的、数据及建模手段等对信息的分析过程，并在此基础上建立可行计划；

(4) 程序架构：建模者具体化模型的过程，如通过计算机程序完成现实观测到模型空间的选择性映射；

(5) 修订：将程序模型运行结果与实际系统比较，从而调整模型参数、程序结构以达到建模者预先的模型计划。

建立计算机模型是每一个程序开发必备的工作过程，模型的建立不是对原型的复制，而是按研究目的实际需要及其侧重面的信息提炼，从而取得便于进行系统研究的"替身"。

建模者根据对原型系统规律的认识建立计算模型，与此同时，人们也可以从该过程中挖掘新规律。模型一般比原型系统更简单，建模过程需要对原型系统简

19

[①] 根据方美琪、张树人著《复杂系统建模与仿真》对模型公式定义改写。

化，从系统属性中寻找典型性指标，再根据系统原型逐步加入其他算法以达到程序系统与实际需要之间的最大程度逼近，以此简化传统方法很难或需要长时间解决的问题。以名为"High Density Generator"（以下简称HDG）的建筑设计计算机生成工具为例阐述计算机建模特征如下：

HDG原型从板式住宅剖面入手，探索如何控制各住宅剖面形态以达到矩形正交基地中行列板式住宅最高容积率。程序界面如图1-1所示，界面顶部为程序生成侧立面简图，左侧显示平面大致布局（包含建筑层数信息），中间窗口显示当前程序进化年代（图1-1显示第1297代进化结果）极优解，右侧为用户初始化输入及相关控制数据。HDG将大量运算交给计算机。从建筑设计的角度看，在既定矩形正交基地上布置矩形正交多层住宅单体（倘若层数控制在六层以下），根据日照间距来控制住宅单体布局，并非将所有单体层数设置到极值（六层）就可以获得总体规划的最大容积率。为了实现这一目标，可能需要将不同层数、不同进深的单体合理组合才可能"求得"特定基地中建筑容积率最大化，应用一定的程序算法（如遗传算法、多智能体系统方法），把不同住宅单体选型与"拼装"工作交给计算机，HDG生成工具便可以在数分钟内搜索出容积率极高的规划方案。

其实，从提出HDG程序目标开始，建模的相关手法已经参与到该生成工具中。"概念模式"构建前必须了解居住区类建筑日照间距相关的理论知识及规

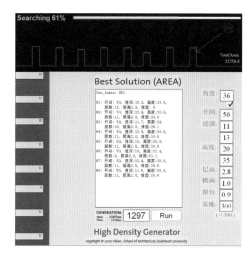

图1-1 HDG界面

则需求，并从中抽象出需要实现的学科课题，它们是建立HDG模型的基础，理想的概念模式选题是强大程序工具的前提；"个体观察"涉及"概念模式"建立所需的众多知识信息，并与日后程序功能设计密切相关。例如，如果需要在HDG工具中加入点式高层住宅并满足其采光需求，那么"个体观察"中便需要收集更多与居住类建筑规划相关的信息，如点式高层影域对其他住宅单体的采光影响、交通流线组织方式及景观控制因素等等；"提取与筛选"过程需要对"个体观察"过程中收集的信息提炼，从而形成程序概念模式实现的目标。"个体观察"过程收集的信息可能很多，但在程序操作，即程序架构前，建模者需要确定明确的程序目标，对个体观察信息适当取舍。HDG程序目标较为单一，只涉及特定正交基地中建筑容积率的最大化目的；"程序架构"涉及计算机科学、数学等学科，它是模型实

21

现具体化的程序操作过程。程序架构不仅仅是程序编码的计算机录入，更需要相关算法的支撑，算法是程序的核心。如果将算法探讨过程和建筑方案构思过程比拟，那么程序编码则相当于建筑设计方案的计算机输入，"程序架构"与"概念模式"相互促进、相互依存。如图1-2所示为HDG四种不同的初始化输入条件生成结果；"修订工作"通常在程序架构调试过程中进行，也包括程序开发后期通过市场试用来收集各方面有益信息，从而修正原型的过程。

原型系统与模型之间互动，且彼此间信息"反馈"，如图1-3所示，建模者根据对原型系统规律的认识建立计算机模型。与此同时，通过模型所进行的实验过程又可以发现许多新规律，并在此基础上建立更丰富的原型系统。由此可见，模型形态的变化是一个逐级从简单到复杂的过程升级，它从最初原始的思维意向模型发展到借用外部工具搭建出各种复杂模型。

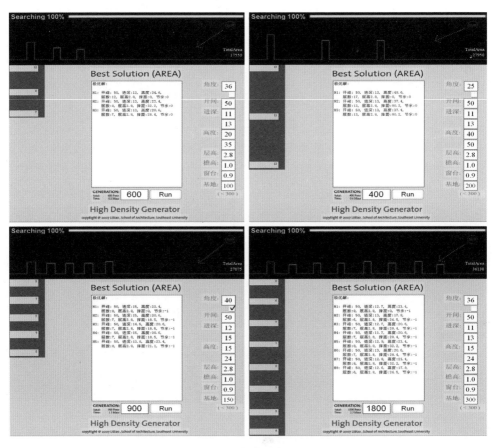

图1-2 HDG不同初始条件的剖面生成结果

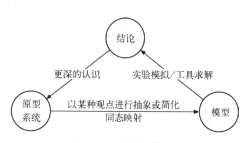

图1-3 原型与模型

1.2.2 模型分类与计算机建模方法特点

模型空间分为物质模型与思维模型两大类。物质模型以自然或人造模型实体再现原型，它是诸多学科模拟实验赖以进行的物质手段；思维模型则通过人类创造性的思维结果，并使之应用于思维过程进行数学演算、逻辑推理。思维模型又分为形象模型和符号模型，形象模型以想象的、理想的形态去近似地反映客体。广义上讲，用于表达建筑形体关系的效果图、建筑三维动画、虚拟现实（VR）等均属于形象模型的空间范畴；符号模型借助于专门的符号、线条，并按一定的形式组合去描述客体。思维模型是建筑设计生成方法研究的主要研究手段，在建筑设计与生成结果之间形成数理运算逻辑的关系同构。建筑生成方法模型通常是一种逻辑演算，或者体现为大量抽象的数学公式，也会通过形象模型反馈、验证思维模型运算结果。

建模者对同一研究客体模型的研究会随着理解的逐渐深入发生建模动机的变化，根据建模动机及其类型的不同可分为以下四个不同层次，它是人类认识事物逐渐加深和逼近实际的过程：

（1）解释与理解：用于解释既存事物及现象背后的运行机制，如用于解释太阳系结构的天体模型，建筑透视效果图、建筑实体模型对建筑设计方案的表达等等。

（2）科学预测：在解释、理解事物规律的基础上，对事物的发展进行预测以达到趋利避害的目的，并根据预测决策人类行为。如天气预报、地震灾害预报等。

（3）实践控制：在理解及预测的基础上对事物发展过程进行干预及控制，以此达到改造自然的目的。

（4）理性技术和工具的创造：建模者对事物发展机理深入理解，并在完全控制的基础上有意识地创造工具。如仿造事物机理，发明自主控制的生产工具；模仿建筑师设计思路，可以创造有效的建筑设计生成工具。

计算机建模是计算机工具对原型系统的同态构建，是数学、系统科学、人工智能等学科密切结合的综合性、实用性技术学科，需要计算机编程知识和相关研究实体的专业知识背景。计算机可以表征人类思维和创造过程，计算机建模过程可以看成是人类知识向计算机运算的转化过程，将计算机建模运用于建筑设计领域可以引发建筑设计生成方法相关算法的探索。

建筑设计生成方法建模与计算机模型相同，具有如下类似的特点：

（1）计算机模型不必追究其变动机理，只需从实际数据、直观感觉出发模仿原型系统。生成建筑程序开发往往都从最简单的数据模仿开始，然后逐步求精，最终达到满足原型需求的生成系统。

(2) 计算机用离散的数值模拟现实现象，其丰富的数据结构可以方便地描述系统各瞬时状态，并通过图像直观显示。计算机程序提供的数值计算能力、逻辑判断能力可以灵活描述各种复杂进程。除此之外，建筑设计生成方法大量采用计算机程序具备的随机、模糊变量功能成为其模拟、逼近建筑师思维特征的基础。一旦明确原型问题的数据特征后，生成工具开发者便可以用计算机程序直接模拟建筑设计中某些复杂现象。

(3) 计算机模型具有广泛的应用空间。可以涉及各种专业领域，如调度、规划、设计及决策等等。尽管由于建筑学的专业特征，计算机建模应用于建筑设计领域尚是近几年的事情，但这恰恰意味着建筑设计生成方法广阔的探索空间。

(4) 计算机模型充分发挥人、机各自优势。计算机机械而刻板，它只能依据建模者设计的程序指令执行流程，但在人类碰到关系复杂并具有多种选择可能性时，计算机强大的储存功能、高速的运算能力可以同时顾及原型系统的方方面面，通过计算机对原型系统的科学建模、优化决策便成为可能；与此相反，人类思维方式直观、灵活多变，在寻求复杂事物因果关系过程中可以去粗取精，忽略许多细节，从而敏锐地提出框架性模型结构。但当人类思维涉及复杂系统中动态变化的诸多因素时，很难考虑和跟踪原型系统中变化着的每一个细节。计算机模型将人类直觉思维和推理过程构建成程序模块，是人类思维的提炼，并以此驱动程序流程，成功的计算机模型可以充分发挥人、机各自优势。

(5) 灵活多样的计算机模型实现手段。对于相同的原型通常仁者见仁、智者见智，不同建模者的建模方式常常因人而异。不同的模型也可以反映同一原型的不同侧面，但只要其结论正确便可以算成功的模型，模型正确与否的最终衡量标准必须依据程序编写的客观实践及切实的程序输出。

(6) 计算机模型智能化发展方向。计算机模型结合人机优势，以解决传统数学、物理方法不易解决的复杂系统认识问题。人工智能原理集成人脑处理问题模式及计算机数理算法规则，所以现代计算机模型必然需要利用人工智能已经取得的各种成果。建筑设计生成方法需要应用到分布式人工智能(DAI)许多算法，如遗传进化算法、多智能体系统方法等等。

尽管计算机建模方法具有科学性、安全性及预见性诸多优势，但计算机建模方法也有一定的局限性。任何模型均基于建模者对本专业认知水平及观察能力的主观结果，观测事实及观测目标的取舍都留有建模者预先设定的种种痕迹，从而模型模拟的可信度缺乏统一的衡量标准。因此，计算机建模方法很容易引起别人的质疑。但建筑生成设计模型相对于其他领域计算机模型简明易懂，其假设通常也非常直观，这就提供专业人士共同探讨的客观平台。

1.3   复杂系统模型与计算机生成建筑设计方法特征

建筑设计计算机生成方法涉及诸多复杂系统建模方法，不同学科对复杂性的观点及概念不尽相同，但均具有共同的研究特征。这就是它们均试图从不同的角度，使各学科概念及直觉的复杂性概念相符合，力图用精确的手段（如计算机程序代码）解释这些直觉上的复杂性概念。正是因为复杂性具有这种学科概念的差异性特征，所以，研究复杂性概念往往从常识性概念开始，并由此导出复杂性概念与特定学科之间的关联。

1.3.1   复杂适应性系统计算机模型

复杂适应性系统（CAS[①]，下简称复杂系统）是系统科学研究的核心学科，复杂性科学兴起于20世纪80年代中期，是主要研究复杂系统和复杂性的一门科学。在诺贝尔物理学奖获得者盖尔曼和安德逊、经济学奖获得者阿诺等人的支持下，一批从事物理、经济、理论生物、计算机等学科的研究人员于1984年在美国成立了圣菲研究所（SFI），他们试图找到一条通过学科间的融合来解决复杂性问题的道路，从而实现人机结合的大成智慧。尽管复杂系统的范围很广，涉及自然现象、工程、生物、经济、管理、军事、政治、社会等各个方面，但概括起来，目前的复杂性科学研究基本都在物理、生物和社会等三个层次上开展，也包括三个层次之间共性的探讨，即关于复杂系统和复杂性理论与方法的研究。

Complex Adaptive Systems

对于什么是复杂系统问题，不同学科的学者都有不同的理解，至今对于复杂系统尚没有统一明确的定义。但透过以下对复杂系统的特征描述[②]，可以发现复杂系统与建筑设计生成算法之间密不可分的彼此关联：

（1）具备较大的规模。

（2）子系统、元素或个体具有主动性，不但能够与外界（包含系统内和系统外）进行信息、能量、物质的交流，也会根据经验改变自身。简言之，子系统是"活"的。

（3）系统是动态的，随着时间的推进，系统在宏观和微观尺度上都不断变化。

（4）系统的功能与行为复杂，难以预测。

建筑设计生成方法研究不仅具有上述相同的研究特征和思维模式，同时也借鉴了复杂系统研究的共同算法，如元胞自动机系统、遗传算法、多智能体系统的计算机建模方法等等。这是建筑设计生成方法研究的理论基础及系统方法之一。

25

---

① CAS：Complex Adaptive Systems的简写。

② 摘自钱学森，于景元，戴汝为.一个科学新领域——开放的复杂巨系统及其方法论.自然杂志，1990（1）

另一些资料对于复杂性概念给了以下类似的定义[①]：

(1) "具有许多不同的互相关联的内容、模式及元素，从而难以完全理解"；

(2) "许多部分、方面、细节、概念互相牵连，从而必须认真研究或考察才能理解与处理"。

从以上两点可以看出，复杂性概念具有系统元素的复杂性与系统元素之间互相关系的复杂性。所以，对复杂性系统的研究可以从系统中的元素及元素之间的关系进行分析，也可以结合以上两方面的共同研究。

复杂系统研究需要考虑的元素数量较大，以至于不能精确地讨论它们之间的相互作用。在其他情况不变的情况下，当系统中有较多数量的元素需要区别、识别或计算时，该系统便具备复杂性系统特征。但复杂系统更关注系统各元素之间互相关系的复杂性，如元素之间的互相约束、互相依赖和互相规定等等，如果建模者需要了解其中的某一个元素，必定要了解与之相关的其他元素，由此导出研究系统的复杂性特征。所以对复杂性的研究，建筑模者必须了解整体依赖于对部分的分析，而要分析部分又必须对整体进行了解。

系统的复杂性通常随元素的数量成算术级数增加，这对于高效率的计算机运行并不存在任何问题，而元素之间的关系所决定的状态成几何级数增加，如果不充分利用计算机程序的高效，同时建立适当的算法模型，完成对复杂系统的正确分析几乎不可能。

1.3.2　建筑设计生成方法思维模式及相关概念

复杂系统的研究方法提供了动态模拟诸多学科课题的综合系统。目前主要运用于生物、生态、经济、金融及社会科学等的仿真探索。将复杂系统的思维特征融合于建筑学方法，并借助计算机程序手段探索建筑学方法时，建筑设计计算机生成方法便应运而生。这是一门跨学科的新兴交叉学科，其跨越学科的广度及深度均要求研究人员转变自身学科原有的思维模式。建筑师必须从另一个角度重新审视建筑学相关方法。

对复杂性的研究其实是对复杂性产生机制的研究，其基本思想可以概况为"适应性造就复杂性"。适应性是建筑设计计算机生成方法的基本概念，在程序世界中，适应性与虚拟的各主体对应，主体的适应性与其所处的特定环境相关。围绕主体及其适应性展开的建筑设计生成方法研究，需要将建筑学相关元素分解成与复杂系统主体环境相符合的适应性主体（Adaptive Agent），然后运用程序平台实现、验证建筑原型预测。研究建筑设计生成方法首先需要理解如下几个相关概念，每一个概念背后均

26

[①] 摘译自维基字典：http://en.wikipedia.org/wiki/Complex_system

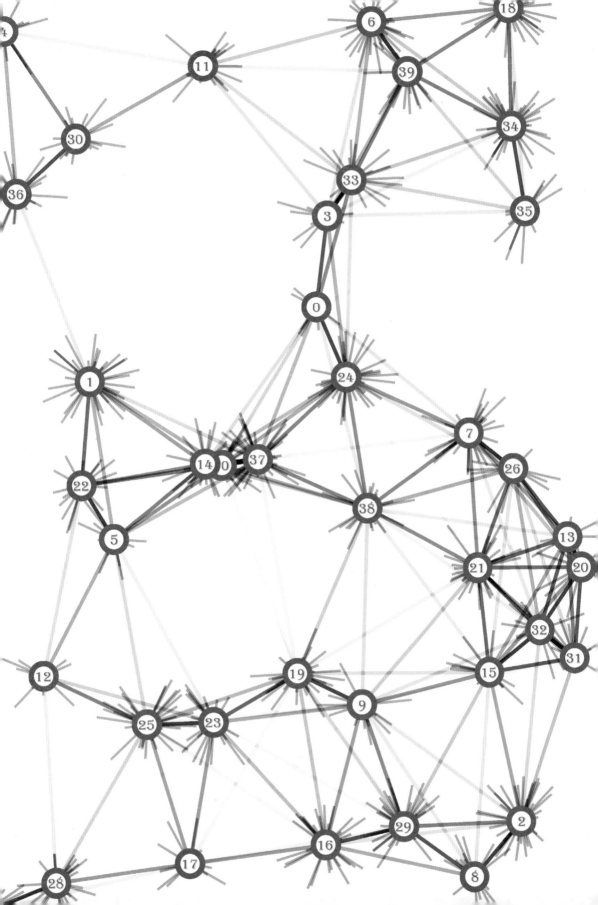

具备丰富的学术内涵，计算机生成法将综合运用它们的思维特征及程序方法。

1. 非线性（None-Linearity）

相对于非线性而言，从数学上来讲，线性是指方程的解满足线性叠加原理，即方程任意两个解的线性叠加仍然是方程的一个解。线性意味着系统的简单性，但自然现象就其本质来说，均体现复杂的非线性特征。建筑设计生成方法中，非线性是指个体自身的属性变化以及个体之间的互相作用并不遵循简单的线性关系，在与系统或环境的交互作用中，这一特点表现得更为显著。主体之间、主体与环境之间的互相影响也不是简单的、被动的因果关系，主动的适应性是建筑设计生成系统各主体元素活动的基本特征，其行为也难于预测。复杂系统将事物的演变归结为主体的内因和主体的主动性、适应性。计算机生成方法通常将个体的非线性活动特征描述为"活性"实体。

2. 流（Flow）

个体之间，个体与环境之间存在物质形态流、能量流、信息流等等，"流"渠道的通畅与否常常直接影响整个系统的演化进程。"节点""连接者"及"资源"三者是流的典型表示方法，在生态系统中，流被描述为"物种""食物网"及"生化作用"之间的物质交换；互联网中流体现为"计算机""光缆"及"信息"三者间的信息流；建筑设计生成方法中则可能描述为"建筑功能体""功能关系约束"及"建筑空间布局"形成统一的建筑设计信息流。

3. 涌现（Emergence）

当一种现象不能还原解释其组成元素之间的作用，低层次单元间交互作用而导致的高层次新现象，称之为"涌现"。涌现通常被假设为没有理性、在主体本能驱动下产生的群体行为，个体对群体的涌现不具备理性的分析能力。在建筑设计生成方法中，涌现通常是建筑设计生成工具所呈现出的程序运行现象，由于建筑设计生成工具通常运用动态方式研究主体在虚拟空间的行为特征，涌现又体现为简单建筑规范控制下，建筑各功能主体之间的群体互动行为。

4. 自组织（Self-Organization）系统

自组织系统能通过系统自身的发展、进化形成具有一定的结构功能的系统。系统中的各主体与外界进行物质能量流交换，重组自身的复杂功能，自动修复缺损和排除故障、恢复正常的结构和功能通常也是自组织系统的特征之一。自组织系统理论的研究对自然科学、社会科学和自动控制技术都有重要意义。如今，自组织系统已逐渐运用到建筑设计生成方法研究，在特定规则的控制下，系统中的建筑元素自动形成符合建筑学要求的建筑功能布局及建筑形态需求。建筑设计方法中的自组织行为将伴随众多生成算法的深层次探索。

5. 自治（Autonomy）

多智能体系统最重要的特性之一，自治也称为独立性。生成工具在程序运行过程中不直接由人或其他主体控制，程序可以在与环境的交互作用下自主执行任务，主体行为对系统的内部状态有一定的控制权。自治性是生成工具区别于普通软件程序的基本特征。

6. 分形（Fractal）

分形具有自相似特性的现象、图像或者物理过程等，它同时也被誉为"大自然的几何学"，属于现代数学中的一个分支，是研究无限复杂却具有一定意义的自相似图形结构的几何学。分形诞生于20世纪70年代中期，与欧几里得几何图形相比，分形拥有完全不同层次的复杂性。分形提供了一种描述这种不规则复杂现象秩序结构的新方法。究其本质，分形是一种新的世界观和方法论。

7. 自上而下（Top–Down）与自下而上（Bottom–Up）

自上而下与自下而上是两种截然不同却互为协作的分析问题方法，二者的差异主要体现在决策方式的不同。自上而下关注宏观层面设定规则，并对主体实施控制；与此相反，自下而上从微观上分析各主体间的相互关联。建筑设计生成方法研究通常需要将"自上而下"和"自下而上"分析法相结合。此外，在程序世界中，它们为创建"面向对象程序"（OOP，Object Oriented Programming）设计方案提供了有价值的认识。

随着计算机硬件技术和程序平台的不断提升，承载人类文明各种经验和思维能力的计算机系统方法及其人类认识正朝着更广博、精深、复杂的领域开拓。许多从前无法处理的问题，都找到新的建模途径。复杂系统科学的动态建模理论提供了计算机程序实验的有效途径，复杂系统建模方式正日益影响到各个学科分支，统一的计算机建模手段正逐步形成崭新的横断学科，完善计算机建模方法论将加快各学科之间的密切融合。

1.3.3　计算机生成建筑设计方法研究特征

计算机生成建筑设计方法面向建筑学科及其他新兴交叉学科领域，如果将建筑学理解为一门复杂性系统，那么生成方法则专门面向建筑设计中的复杂系统建模。这类复杂性系统来源于建筑环境景观特征、建筑功能空间布局、建筑技术构建方式等等诸多因素。它们具有以下共同特点：

(1) 多个元素直接或间接交互作用。生成工具以多元素作为其基本特征，模型主要探索系统内各元素之间直接或间接交互关系。这种交互作用具有非线性特征，元素间相互作用、相互影响不能简单地线性叠加。以建筑功能布局为例，功能的合理性不通过空间中随机加入所需的功能空间获得，平面面积指标、空间拓扑关系、周围文脉关联等等一系列元素直接或间接的交互作用最终导出合理的建筑成果，并具有互为因果的彼此反馈，这种非线性特征体现在建筑学的方方面面。

（2）动态研究特征。生成系统需要动态研究思路，系统状态随时间变化不断演化趋优，这与遗传算法、多智能体系统算法的人工智能研究方法相对应。

（3）"流"通畅与否直接影响系统演化进程。生成系统与系统外的环境存在信息、能量的交换，而环境影响通过随机方式实现，生成系统内的元素受到系统状态的影响也呈现随机特征。该特征与既定因素控制下建筑设计成果多样性相对应。

（4）生成系统内的构成元素具有层次结构，且各元素具有多种属性，并具备一定主动适应性。系统总体演化随定义元素的逻辑关系的发展而演变。元素层次之间存在互相关联，其规则也会在程序演化过程中发生变更。

1.3.4　计算机生成建筑设计方法研究框架

计算机生成建筑设计方法是一种科学的艺术创作方式，它类似生物基因编码的转换，最终形成人造物或者人造世界。生成技术试图寻求可以产生无穷多形式的"基因"编码，并通过计算机编程实现人们的主观想法，从而生成丰富多彩的设计形态。如同生物因不同DNA的结构特征而具有不同表现形式，生成艺术借计算机编码以"自组织"方式实现设计思维的变更，进而产生迥然不同、不可预知的艺术品（工业产品、建筑作品、音乐作品等等）。通过生成艺术的"自组织"系统，可以创造设计产品的新种群，并保证其进程中的唯一性，开发者在输出终端直观认知可能生成的结果，感触空间、建筑艺术的复杂性。生成艺术"自组织"系统的内在机制决定其进程是一个自行从简单向复杂、从粗糙向精细不断提高自身复杂度和精细度的过程，并逐步提高系统有序度的过程；是一个自发地从可知状态向几率较低的方向迁移的过程；是一个在"遗传""变异"和"优胜劣汰"机制作用下，其组织结构和运行模式不断地自我完善，从而提高其"环境"适应能力的过程。

对于建筑设计生成方法研究，通常倾向于使用"解释模式"的形式，这种方式大多沿袭国外著名研究机构的探索手段，有助于发掘生成方法的核心内涵。本书着重于将程序算法设计与数理计算方法融入建筑设计过程，通过各种自生成机制协助设计者快速生成评估候选方案。此外，与建筑设计生成方法研究相关文献、人物、研究工作及其发展沿革本身便构成一部CAAD及计算机发展史，本书对其作概括阐述，但这并非本书的重要构成，相关信息均可在本书参考文献及其延伸读物中获取。

鉴于以上对复杂系统的分析，本书以复杂系统相关模型方法为基础，从计算机建模、复杂系统细胞自动机、遗传进化算法及多智能体系统模型入手，建筑设计生成方法研究、试验平台，见图1-4。计算机科学、复杂系统相关科学之间互为因果，是建筑设计生成方法研究的基本手段和思想核心，并由此逐步展开理性计算机生成建筑设计方法的探索进程。

Research
Framework

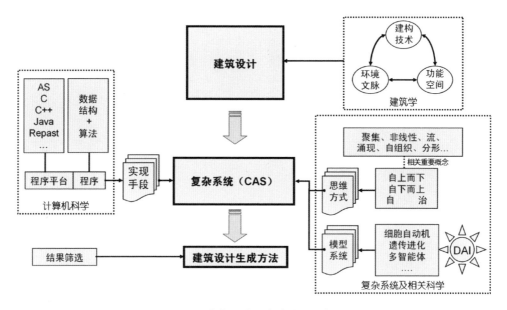

图1-4　建筑设计生成方法理论框架

1.4 ETHZ建筑生成设计方法教学实践——"X-立方体"

本节通过瑞士联邦理工大学（ETHZ）CAAD研究组的"X-立方体"生成案例，初识建筑设计生成方法思维模式及程序生成机制。

"X-立方体"（X-Cube）是ETHZ-CAAD 2004年攻读Diploma[①]学位的学生完成的课题。它要求学生使用计算机程序控制并制造"X-立方体"，通过参数定义生成不同构建方式的结构体。同时，生成不同空间角度的结构框架，其成果为不规则框架的立方体（图1-5），随后由三维打印机输出小比例构件，通过构建三维规则、小比例构件的研究实现设计构思。最终，由CNC[②]设备生产并进行装配。另外，1∶1原型（边长为3m的立方体）的制作必须考虑成品装配及运输的便捷。网格表皮体现平面随机交叉和具有内部空间的立方体，内部空间由立方体布尔相减产生。输出成果由网络参数控制并生成不同密度的结构体，根据随机参数实现不同角度的结构框架及内部空间定义。

---

① 2004年瑞士ETHZ教学体系尚未进行Diploma学位至硕士学位的改制，Diploma学位与硕士学位相当。2007年上半年ETHZ完成了Diploma学位至硕士学位的改制。
② CNC：Computer Numerical Control的简称。

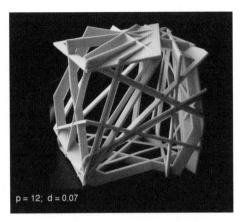

p = 12; d = 0.07

图1-5　"X-立方体"外形框架
（资料来源：CAAD实验室-ETHZ）

1.4.1　设计概念

该工程实验基于遗传算法，运用程序设计语言来生成、优化并生产复杂的结构系统。工程设计过程直接通过循环参数脚本生成，每次生成结果只是理论上无数可能性的版本结果之一，其成果随着设计师给定的参数及方向干涉而改变。课题选择立方体结构形态，外部边界由结构体和立方体形式交叉生成。貌似随机方位的各结构框架彼此交叉，从而形成非对称的"细胞结构"。从不规则的"蜂巢"减去另一个较小的立方体，产生"X-立方体"内部空间。内外形体的尺寸差异被定义为最终结构的壁厚。

在此过程中，计算机并不是重复生产或形体预定义的工具，它充当探索设计新方法的生成载体。设计者通过运行相关算法，观察不可预料的结果，进而导致新决策的产生。赋有开创性的设计过程将传统的形式输入转变为对输出成果的解释与操作，设计结果则成为形式与编码的高度统一。这种生成方法集成设计能力和编程环境的综合技术，计算机程序支撑体现为创造性的程序设计解答过程。在动态执行过程中，设计者随时可以调整设计参数、干涉程序运行，从而取得符合输入参数的极优输出。

如表1-1所示，可总结"X-立方体"从"虚拟设计"向"现实制造"转换过程的20个设计概念：

表1-1　"X-立方体"从"虚拟设计"向"现实制造"转换过程的20个设计概念

1	该结构体现一种概念、并非实际的工程	11	进化为实时过程
2	该结构为无尺度构筑物	12	设计干涉随时可以影响程序进程
3	该结构为数字化产品	13	及时阻止程序进程可得到一个成果
4	该结构完全被逻辑代码定义	14	程序过程的结果可视化
5	代码由参数设计算法构成	15	一种生成结构可通过数据来表达
6	设计者能够控制相关参数	16	避免二维绘图
7	参数影响算法	17	结构体可以建造
8	算法控制进程	18	实体结构体体现生产装配过程
9	代码优化确保"X-立方体"进化	19	实体结构体体现概念的提炼
10	进化等同于进步	20	结构体的自持性

1.4.2 "X-立方体"总揽及脚本语言的选择

为了实现"X-立方体"的概念，脚本由Maya软件的MEL[①]。语言编写。其基本结构通过加入立方体随机旋转的平面框架形成，这些参数可以由设计师输入平面个数、立方体外部尺寸及结构体厚度形成。生成器脚本用三个基本点及一个方位向量定义每个平面，平面的实际几何形状通过它与立方体边界的交叉取得。最终数据定义为平面周长上的一系列笛卡儿空间点。一旦空间中所有的平面被确定为相应的数据，第二步过程便可以比较不同的数据值，从而优化整体结构。

该案例运用程序运算规则实时显示立方体模型框架结构，以便平面元素的绘制，它们将作为随后用于机械及激光加工图的基本图纸。在"X-立方体"程序工具开发之前，研究小组必须根据师生的知识状况确立生成工具的主要程序平台，"X-立方体"考虑过VectorScript、MAXScript和MEL三种脚本语言作为三维模型运算或草案推敲的应用程序，结合三种脚本语言的优缺点可总结如下：

(1) VectorScript：VectorWorks自带的脚本语言

优点：简单，并为建筑事务所和学生熟悉，可以开发出用户化应用程序。

缺点：没有三维放样功能，三维引擎慢。

(2) MAXScript：3D studio MAX自带的脚本语言

优点：3D studio MAX应用程序在建筑事务所中的使用比Maya广泛，可以开发出用户化的应用程序。

缺点：设计组无人了解MAXScript语言，需耗费时间来学习。

(3) MEL：Maya自带的脚本语言

优点：设计组中大部分学生具备MEL的基础知识，编程工作立即可以执行；可以开发出用户化的应用程序；构建三维模型迅速。

缺点：无人完全了解。

综合分析上述情况，设计组最终选择MEL作为开发"X-立方体"的脚本语言。生成、优化及生产"X-立方体"的所有脚本均在MEL中完成。MEL语言允许使用者创建程序及用户模型、动画、动态渲染脚本，也包括Maya界面。为此，设计组对MEL进行如下详细分析：

MEL的优点：

(1) 不需要编译程序：脚本语言命令能够直接在Maya中执行；

(2) 不必进行数据转换：生成、优化及生产图纸绘制可以在相同的程序中计算和准备；

(3) 快速的图像反馈：运算结果能够通过程序运行直接在屏幕上得到检测，这对三维向量计算非常重要；

(4) 三维曲线放样对复杂形体显示更快，并且图像精度很高。

---

① MEL（Maya Embedded Language）是MAYA自带的脚本语言，程序员可以让Maya自动执行某些工作流程、定制个性化工具，建立用户界面。

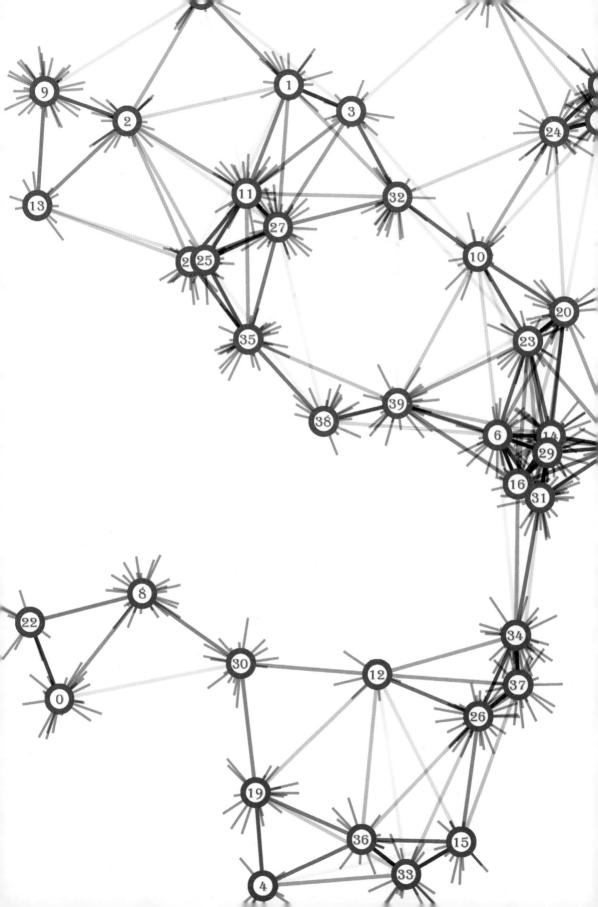

MEL的缺点：

（1）对于长时间运行及复杂计算，Maya不是很稳定，对于工具的优化过程这一点很重要；

（2）诸如动态矩阵计算的某些有效的函数在MEL中不存在。

脚本结构、数据储存在生成和优化"X-立方体"的整个过程中均被评估。最终的生成及优化过程可以不通过任何图像显示并计算出来，生成过程的数据输出可以运用文本文件轻松载回Maya程序，这个信息对以后的实验尤其重要，因为更复杂的数学计算在Maya/MEL中执行很困难。

1.4.3 "X-立方体"的生成

构筑物的外形为立方体，其结构通过平面自由旋转、并由具有一定厚度的元件构成，它们之间彼此连接形成稳定的整体结构。平面交叉处为连结节点，各面之间的封闭空间多边形为嵌板（Panels）。

嵌板的数量也是生成过程中的输入参数，它们必须满足这样的条件：生成空间由不规则构件构成最终形态，且各构件与立方体六个面不平行，同时，必须和其他的立方体的面互相交叉（不与立方体的面重叠）。对这些空间面制定如下生成规则：

（1）面通过立方体边界上三个随机点定义；

（2）三点不能位于立方体同一面上（图1-6条件判断a）；

（3）不能有两点位于同一边上（图1-6条件判断b）；

（4）生成面在三维坐标空间任何方向的角度不能接近90度（图1-6条件判

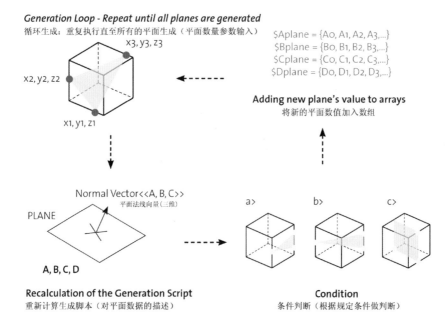

图1-6 运算脚本流程
（资料来源：CAAD实验室-ETHZ）

断c）。

构成定义平面三点的数据（9个数值：x，y，z坐标值各3个）其后需要被重新计算，以便可以通过坐标数值及垂直于该面的法向量（x，y，z）的4个数值来描述。这是一个有意义的改变，如此简洁描述的方式可以将其后图形刷新的运算量降到最低。

从编程的角度来说，生成过程及生成结果均没有必要实现数据的图形化，生成数据足以描述一个完整的空间形体。但三维图形可视化有助于编程人员和设计者评价脚本结果，也能检查算法错误。设计人员可以从美学的角度审视该程序运行结果，并在需要时手工修改某些特征。可视化脚本为此创造了便捷而直观的平台。

在Maya程序环境中，通过MEL脚本语言生成的"X-立方体"数据并不能有效储存下来，描述该结构的部分数字信息将丢失，只剩下模型框架

储存在".mb"文件中。从那以后，所有脚本数据（参数、坐标、系数等等）都被创建并将它们储存在写字板中，这意味着不必在Maya中存储"X-立方体"的生成数据，写字板可以满足所需的所有功能。

生成结构体的三维模型用空间线连接平面与立方体相交的各点，每一个平面可能包含3、4、5或6个点构成的多义线。在如何连接各点时，有可能产生如图1-7b所示连接错位的问题。解决问题的办法是：对每个面单独处理（图1-7d）然而在共同的三维空间中绘制。也正因为这样，大部分运算都在立方体六个面所在的平面中进行，而非在真正的三维空间中进行，这使得程序更为简单、耗费更少的变量资源。

空间面的方程式为：$Ax+By+Cz=0$（x，y，z为平面上一点的坐标），平面数据储存及描述如图1-8所示。

对结构体的优化与生产最重要的

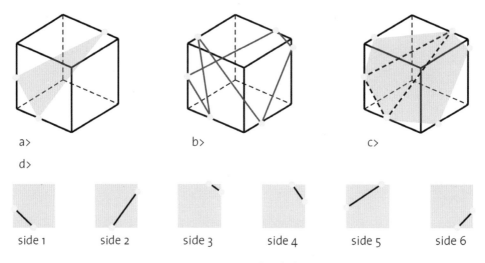

a>

d>

side 1   side 2   side 3   side 4   side 5   side 6

图1-7　平面绘制方法
（资料来源：CAAD实验室-ETHZ）

$Aplane = {A_0, A_1, A_2, A_3,...}$
$Bplane = {B_0, B_1, B_2, B_3,...}$
$Cplane = {C_0, C_1, C_2, C_3,...}$
$Dplane = {D_0, D_1, D_2, D_3,...}$

$Aplane = {-0.8464384105, 0.595807, 0.5461631397, -0.7931392819,
-0.7075098671, 0.153747, 0.465137461, 0.858724, 0.395076 };
$Bplane = { 0.5552307892, -0.097311, 0.4829963586, 0.4004663735,
0.8736476983, -0.950545, 0.3839430073, -1.140121, -0.981543};
$Cplane = {-0.8580282306, -1.14713, -0.2349151238, 0.4380900804,
-0.9447640897, -1.036641, 0.391744454, -0.246476, 1.199279 };
$Dplane = {0.4899769628, 0.530634, -0.5304495668, 0.0374235896,
0.6483634222, 1.036054, -0.6155449899, 0.243194, -0.22325 }

Schema of the data storage
数据储存模式

Example - description of the study object
实例：对（面）对象描述的研究

图1-8　平面数据储存与描述
（资料来源：CAAD实验室-ETHZ）

资料是各节点的位置，以及如何构建嵌板。从数学的观点出发，节点是各线与立方体面的交点，和节点相关的数据存储在各数组中，这些数据的属性为：

（1）点所在面的编号；

（2）点的三维坐标 (x, y, z)；

（3）产生点的俩俩相交的线段数量。

数组中还需要存储线段相关的信息，考虑这些线总在立方体的六个面上

绘制，所以可以用直线方程来描述。线的数据为：

（1）A，B，C：为直线方程 $Ax+By+C=0$ 的系统，(x, y) 为直线上点的坐标；

（2）该线所在面的编号；

（3）形成该交线的平面编号。

结构体数据描述参见图1-9。

"X-立方体"变化过程均定义为三维数据以方便形体渲染，也可以由"三

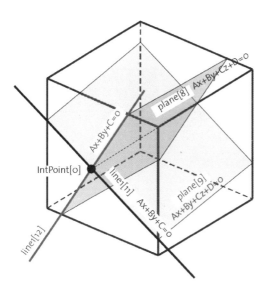

Intersection points	
IntPoint[0] coordinates	$XintPoint1[0]
	$YintPoint1[0]
	$ZintPoint1[0]
Lines	$firstLineIntPoint[0]=11
	$secLineIntPoint[0]=12
Lines	Ax+By+C=0
line1[12]	$Aline1[12]
	$Bline1[12]
	$Cline1[12]
	$Pline1[12]=8
Planes	Ax+By+Cz+D=0
plane[8]	$Aplane[8]
	$Bplane[8]
	$Cplane[8]
	$Dplane[8]

37

图1-9　"X-立方体"形体数据描述及储存
（资料来源：CAAD实验室-ETHZ）

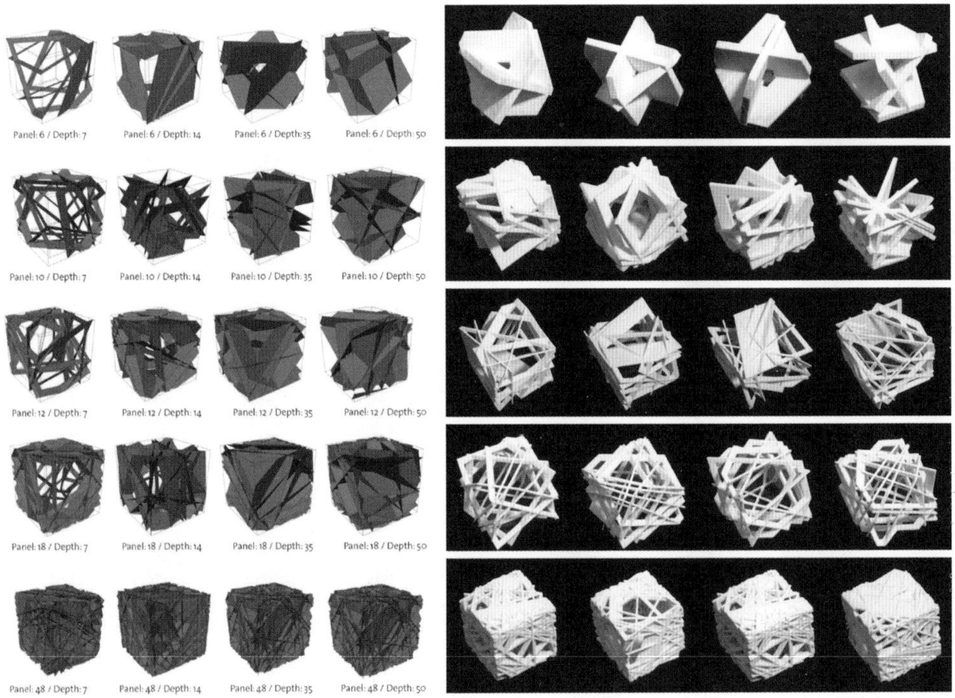

图1-10　渲染及三维实物
（资料来源：CAAD实验室-ETHZ）

维打印机"（3D Printer）等各类CNC设备输出。如图1-10A和图1-10B分别为渲染、三维打印输出。

1.4.4　"X-立方体"的优化

1. 优化总揽

一旦结构体的初始状态生成，生成工具便采用遗传算法对其优化。软件根据预定义适应度（Fitness）条件对各平面的方位评估并优化。优化通过一系列"测试-替代"（Test and Replace）函数实现，适应度函数对每个平面测试其适应度，具有较差适应度的平面将被删除，新的平面被加入数据矩阵中，如此

循环下去。这种测试形式基于进化生长原理，使之有效地优化整体连接结构。适应度测试函数考虑到人们的审美情趣及结构体静态状况。一旦预定的材料和比例确定，程序运行的每次成果均具有唯一性。

适应度判断函数条件可总结如下：

（1）各平面在方位上具有一定的差别；

（2）各平面不能与立方体六个面近似平行；

（3）平面与其邻居应有最多的交叉点；

（4）平面为参数空间定位，确保它们在立方体中；

（5）交点间线段长度的比例不应超出定义的极值范围。

记录每次结构体迭代操作的全局适应度，并将前次状态下的适应度与当前版本的适应度做比较。该步骤是计算机的随机、更正、进化计算过程，最终通过手工终止，过程见图1-6。

2. 优化过程

由MEL脚本生成的结构体不能立刻作为有效的"X-立方体"，结构体通过随机方式创建，它可能不满足实际建造中所必须的条件。这些条件的种类可能很多，如材料的品种、厚度对结构体的影响，用于嵌板材料的特征要求等等。结构体还依赖于用何种加工设备来输出构件，每种设备均有其局限性和容错率。所有这些信息都收集起来，并在结构体的优化过程中使用。

优化程序的结果不是"唯一仅存"

的解决方案，但具有"独特性"且每次运行结果总不相同。通过可视化脚本生成的数据不包含需要分析、优化该结构体的所有信息。从建造的角度出发，最重要的数据是如何处理交点使其彼此互相连接，何况所有的计算只是通过边的关系获得。

优化操作使用了简易进化算法，进化算法是模仿自然生物进化过程解决问题的工具，本书第4章将对此算法详细介绍。其简单的流程为：根据给定平面的环境参数来分析结构体，找到结构体中导致最多问题的平面，它被认为是适应度最低的平面，删去该平面，生成一个新的平面，如此周而复始，直到结构体尽可能靠近最佳的解决方案。

在对实例优化的过程中，需要分析并优化以下条件，参见图1-11：

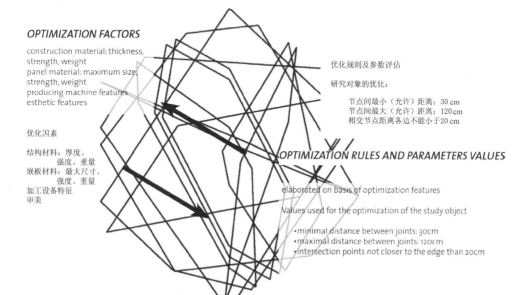

OPTIMIZATION FACTORS

construction material: thickness, strength, weight
panel material: maximum size, strength, weight
producing machine features
esthetic features

优化因素

结构材料：厚度、
　　　　　强度、重量
嵌板材料：最大尺寸、
　　　　　强度、重量
加工设备特征
审美

优化规则及参数评估

研究对象的优化：

节点间最小（允许）距离：30 cm
节点间最大（允许）距离：120 cm
相交节点距离各边不能小于20 cm

OPTIMIZATION RULES AND PARAMETERS VALUES

elaborated on basis of optimization features

Values used for the optimization of the study object

• minimal distance between joints: 30cm
• maximal distance between joints: 120cm
• intersection points not closer to the edge than 20cm

Optimizing Process

图1-11　结构体的优化
（资料来源：CAAD实验室-ETHZ）

（1）位于立方体的各面上的交叉点不应离边界太近；

（2）嵌板边缘长度，不能比选择加工材料的最大持力长度更长，同时不能小于节点间所需最小距离；

（3）每个平面的交点数；

（4）优化实验表明优化过程倾向于选择那些与其他平面没有交点的平面，它们不能形成稳定结构体，所以需要避免。

在以上对各平面分析的基础上，程序将产生相应的适应度数值结果，交点离嵌板边缘太近、平面没有足够的交点（交于立方体之外的"负交点"）等都判定为存在问题的平面。该阶段的分析结果被纳入适应度的列表供随后对比之用。

优化过程包含以下几个步骤：

（1）计算嵌板的相关数据；

（2）分析交点的位置；

（3）分析嵌板数据（嵌板边缘长度）；

（4）分析各平面上交点的数量；

（5）计算各平面的适应度；

（6）删除最低适应度数值的平面；

（7）生成新的平面。

工具提供了脚本（计算机）和设计者交互操作功能，设计者不仅可以设置相关参数，还可以"手动"修改某些属性以满足审美需求。为此，需要额外开发一些便捷的工具，如Maya中缺少组织数据结构的有效平台，数组结构均以离散的列表形式呈现，所以当需要从Maya中导入数组数据时需要一个该列表的分离器（图1-12）。"Print Cube Array"便是一个精巧的小工具，它可以有效地转换可被程序理解的数

```
1
2          $array = {1,2,3}
3
```

Maya中的数组打印方式　装载数组数据所需的格式

图1-12　分离器的数据转换
（资料来源：CAAD实验室-ETHZ）

组结构。另一个工具名为"Generate Plane And Add"，在生成一个结构体后可能需要将另一平面数据加入其中，这意味向Maya列表中增加新数据，"Generate Plane And Add"提供用户在该结构体平面数据中加入其他的三点坐标的功能。对新增平面适应度计算后，它们被加入具有足够空间的动态列表之中。

如何处理交点（节点）互相连接，以及嵌板如何构建并形成立方体"外表皮"是优化过程中至关重要的部分。

1.4.5　材料选择与装配研究

每一个程序原型都可以用各种CNC输出，小尺度原型通过三维打印机或激光雕刻机完成，"X-立方体"的加工则使用了三轴铣床（3-Axis Mill）。"X-立方体"的建造系统关系到以下几方面，这些要点始终影响寻求合适建造方式的决策过程：

（1）使用简单：工件易于安装、运输和储存（轻而小的元件）。

（2）可制造性：通过既有的设备快速加工，无后续工序及合理的材料造价。

（3）美学需要。

1. 槽口式节点

最初对于结构体交点的设计采取了直观而迅速的建造方案：构件带槽口，

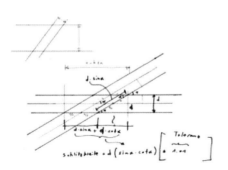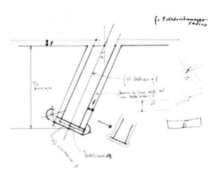

相交节点几何描述草图
Sketches describing the geometry of the intersection slot

为了装配，（构件）分解的数量及特制的细部均需描述清楚
For the assembly, both parts numbering and special details had to be introduced

图1-13　槽口节点分析
（资料来源：CAAD实验室-ETHZ）

这样可以将它们彼此插接。该方法唯一的问题是一些板材带有好几个彼此互不平行的槽口，这需要开发更多的特殊节点（图1-13）。在后期的工序中该建造系统再次被提出，因为各元素需要分解以便于加工生产，所以分解各构件很有意义，最终的解决方案很接近该最初想法。

生成、优化代码的开发及结构体建造方法采用彼此咬合的构造节点，举例如下：

由于平面交叉角度均不同，在两个板材元素相交的时候便会出现不规则的连接槽口，槽口的宽度也必须自动生成。图1-13的草图反应了这种情况，计算槽口宽度的函数参数包括：

(1) 材料的厚度；

(2) 交叉的角度；

(3) 加工设备刀具直径。

2. 窝眼式节点（Pocket Joints）

窝眼节点存在有两个原因：一方面，构件框架必须被分割，窝眼节点有助于构件装配；另一方面，构件材料的尺寸不允许大于加工台幅面。

图1-14为"X-立方体"不同的连接方式。

从理论上讲，以上节点制作方法均成立，但由于时间的限制，程序只完成该阶段的部分工作。许多步骤不得不通过人工半自动加工完成，工厂加工所需的代码也运用到多种应用软件，这与原计划有所出入。

41

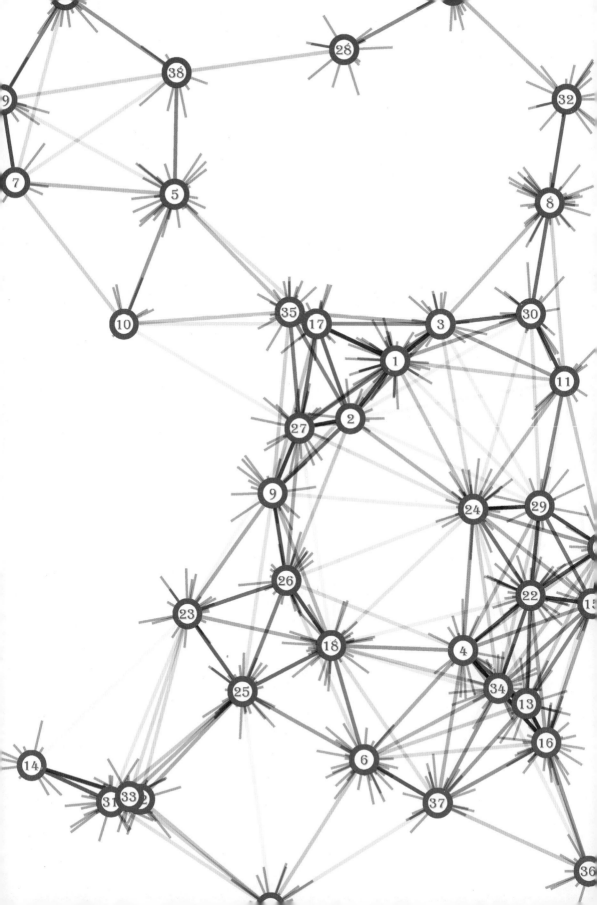

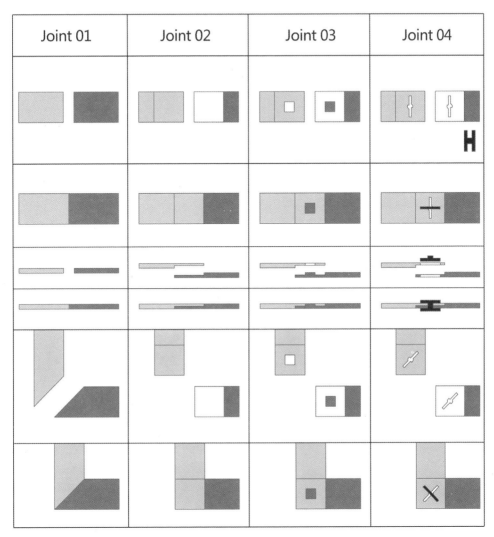

图1-14　节点
（资料来源：CAAD实验室-ETHZ）

1.4.6　自动化绘图编程方式及结构体装配

所有平面框架实体及节点应该从CNC设备加工中自动形成，生成工具需要为加工做好生产准备。该准备工作通过第三方脚本语言来完成，所需的槽口节点在各平面框架中生成，它们都从前述三维模型的优化中产生。随后，该草案被作为结构体工厂加工的平面图，尺寸、运输条件及CNC节点通过手工方式加入额外所需。最终的工作是将它翻译成三轴铣床可以识别的机器代码。

由于构件框架为平面的材料，其材料厚度为立方体高度的1/200，并通过三轴铣床设备或激光雕刻机加工而成，所以可以将它们考虑成不带厚度的三维框架。

为了编写绘制节点的程序，并使之符合普通脚本语言的结构，可以通过该程序绘制各交叉点，从而形成所有的节点，此外，还必须考虑它们的装配顺序。在构件绘制准备期间，结构体的总体形象变得越来越清晰，需要确定设计、材料、加工方式的某些细节问题，如墙体厚度、材料厚度、设备加工精度等等。自动绘图的程序输入条件包括：

（1）墙体厚度：该尺寸为一个间接数值，因为任何平面在空间中被旋转，它们均不能够真实反应该数值，该数值对最终边长为3m的立方体实体模型至关重要。

（2）实用材料的厚度：槽口的宽度取决于它的厚度，参见图1-15。节点宽度的计算不仅涉及材料的跨度，还包括彼此相交的角度。

各平面的相关信息存储在数组中，每个平面均有其编码（注：编码

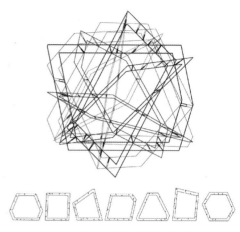

图1-16　构件所有槽口节点
（资料来源：CAAD实验室-ETHZ）

从0至8）。脚本的每次操作和运算都根据该编码进行，这意味着"X-立方体"结构的装配过程也可以按照该编码顺序来操作，软件自动绘制每个平面的槽口等等（图1-16）；框架和槽口放在不同图层，按照这种方式，生产加工的基础图可以在二维空间中自动绘制。

"X-立方体"的挑战不仅在于举不胜举的技术与设计问题，研究组成员对设计概念的分歧、多变的专业技术及对跨学科知识的关注都影响着最终的成果。诸多引起激烈争执的讨论最终都化为程序问题，这从另一个侧面预示CAAD更广阔的发展空间。其方法改变了设计组成员对设计观念的理解，他们对脚本的生成给予更多关注。最终，合适成果的输出需要依仗编程技术。生成工具不可能被期望成可以解决现实世界中建筑设计的所有复杂问题，它只是扩展建筑设计方法的有效工具。所以，"X-立方体"只是概念或理论上的构筑物。

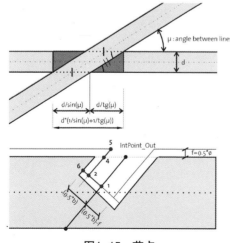

图1-15　节点
（资料来源：CAAD实验室-ETHZ）

2 平台

Platform

Java vs ActionScript

Rules & Randor

Groups Methodology & Math

2 计算机生成建筑设计法研究平台

Programming with Mathematics & Phys

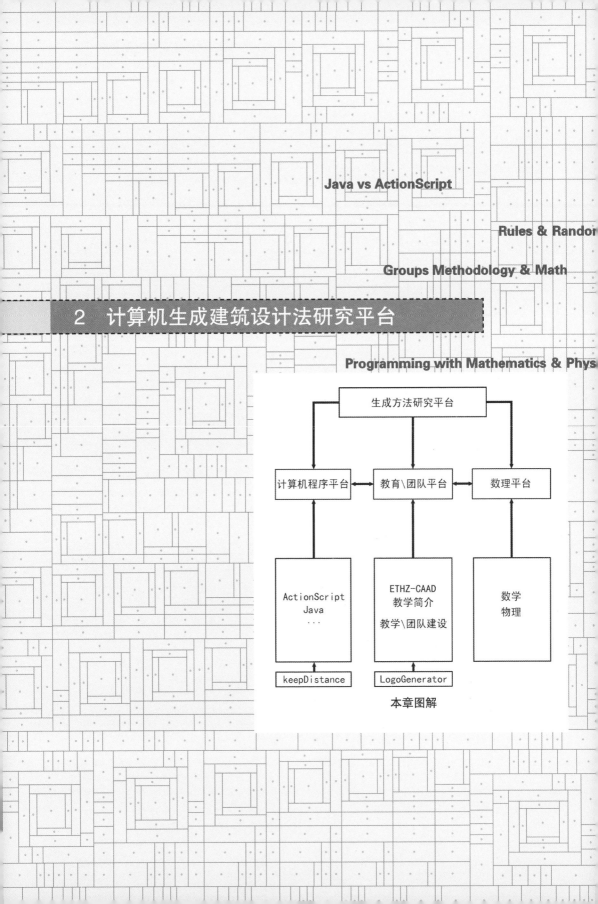

本章图解

　　建筑设计生成方法通过非传统设计模式整合多学科思维模式，与之相关的学术资料，如计算几何学、计算机科学、离散数学及图论、计算机学科相关算法研究等等都是计算机科学的派生物。生成方法的交叉学科研究特性决定其探索进程的多平台支撑需求，必要的技术平台及团队合作是建筑设计生成方法研究的基础条件。本章简介计算机程序、建筑设计教育及合作团队及数理运算等三种建筑设计生成方法研究平台。

2.1　建筑设计生成方法计算机程序平台

　　建筑设计生成方法研究离不开计算机程序开发，脱离计算机程序便谈不上建筑设计生成方法。生成方法的最大特点就是将计算机变成一种真正的设计工具，进而辅助建筑师提高建筑设计的创造与表达的能力。计算机技术可以把人们的创造性思维转换成一种逻辑编码，它善于处理数据量大、重复性的工作，生成法正好利用计算机的这一特点，将计算机程序开发区分为两类：第一类为基于应用软件的二次程序开发，在国内，此类人员占据开发研究的大部分。建筑设计中应用很广的"天正系列软件"（Tangent）便是在AutoCAD软件平台上的成功二次开发。由于二次开发在现有应用软件平台上发展而来，它们已具备一定的绘图、编辑功能及运行基础，所以比较容易开发出切实可行、易于操作的应用成果。但正是因为此，二次程序开发受制于应用程序的原有程序框架，这限制了程序功能的进一步扩展。另一类开发从程序逻辑基层平台出发，将原型课题与计算机算法模型相融合。这需要从计算机、数学及应用原型学科中提炼出需要解决的具体课题，并建立对应的解决模型，再通过计算机程序平台不断验证、调试，从而开发出适合本学科特定课题的新工具，笔者暂将其命名为"原型开发"。建筑设计生成方法大部分采取"原型开发"的研究手段，这源自于生成方法的客观需求。应用软件通常也被作为"原型开发"成果的可视化验证平台，这在某种程度上也决定程序工具"原型开发"与"二次开发"息息相关。如"原型开发"的数据输入与输出也包括"二次开发"程序数据接口的编写等等。

　　从本质上看，无论使用哪种计算机程序平台，都可以进行建筑设计生成研究。但在挑选哪种程序平台时依然需要考虑许多因素。如程序平台是否高效而便捷，非计算机专业研究人员是否易于上手等等。对比Flash ActionScript和Java可以看出：对建筑设计背景的研究人员来说，Flash ActionScript是一款操控简单且易于入门的程序开发平台，开发者只需了解计算机程序基本流程便可以实现复杂的程序模型；而Java程序平台强大的功能模块、完备的"类库"资源、开发源代码及其跨平台属性，使其在各方面受到计算机专业人员青睐。除此之外，Java平台运行的高效性更符合建筑设计生成方法中惯用的动态显示，这是ActionScript望尘莫及的巨大优势。

Computer Programming

47

本节简述Flash ActionScript及Java两个程序开发平台[①]以及建筑设计计算机生成方法常常运用的程序方法，本章第3节还将涉及生成方法数理平台的程序化实现。

2.1.1 "Flash ActionScript"程序平台简介

对于具备编程经验的开发者，只需要数日研究便可以掌握ActionScript程序语言的基本特征；而对于没有编程经验及没有受过程序训练的建筑设计生成方法研究者，ActionScript是最为理想的入门程序语言之一。

Flash是一个功能与定位不断演变的程序开发及应用软件。众所周知，Flash动画在互联网上随处可见，所以，许多人对其的理解往往只认为Flash是一款动画制作软件。早期的Flash版本（1~3版），其定位还仅限于美工人员制作动画，从Flash 4开始，Flash里出现了编程语言ActionScript，简单的变量、逻辑运算及循环指令被内嵌于Flash应用程序之中，美工人员可以通过控制面板组合框选择相关指令，该操作方式与程序员键盘输入代码的习惯差异很大。

到了Flash 5，ActionScript的内嵌指令陡然增加至300多个，ActionScript已经初步发展为一种程序语言，不再是简单的脚本语言，其语法结构与JavaScript类似，语言同时提供面向对象（OOP）的编程方法。Flash 5提供了"常规"与"专家"两种操作界面，透过这一现象，可以发觉当时的Flash 5正处于普通动画软件与专业程序开发平台的转型期。当时许多应用Flash做动画片的设计师已觉察他们与熟识的Flash软件越来越远，美工人员觉得他们越来越难于操控Flash。与此相反，越来越多的程序员加入到ActionScript的程序开发之中，游戏程序开发者占据了Flash的主导地位，Flash所"绘制"的动画片也呈现出前所未有的交互复杂特征。

Flash MX正式将其定位成网络应用程序的前台工具，并将"面向对象"编程概念完全引入的ActionScript程序平台。Flash MX自身提供的指令达到800多种。组件在平台的出现方便应用程序的编写与发布，同时，组件也提供了方便的程序"方法"（Method）。

Flash MX 2004将ActionScript完全变成适应程序员键盘输入代码的习惯，ActionScript面向对象编程语法也彻底改变。其代码特征与专业编程平台Java很类似，Flash MX 2004吸引了一大批传统编程语言的程序员加入到网络应用程序工作中，那些熟悉面向对象编程模型、严格数据类型指定的程序员可以灵活操控并享受Flash带来的便捷。Macromedia公司将Flash MX 2004之后的ActionScript版本改称ActionScript 2.0，其前的版本为ActionScript 1.0，ActionScript 1.0所代表的面向对

---

① 本节只涉及Flash的基本界面及生成方法中常用的函数方法，不对ActionScript 2.0和Java系统作详细介绍。

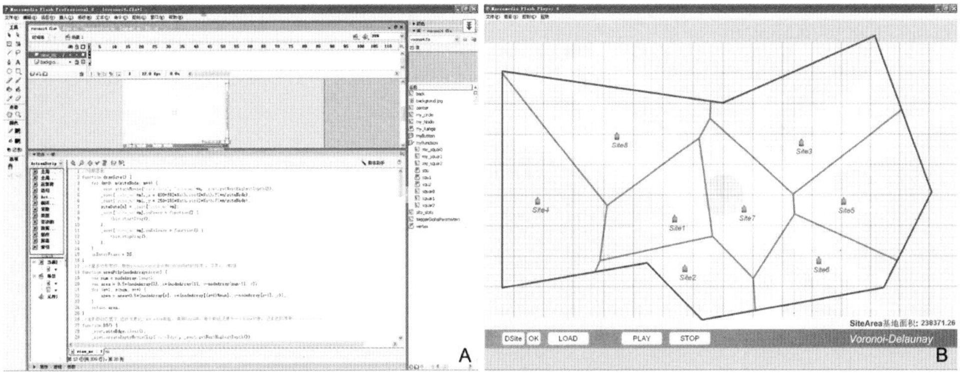

图2-1　Voronoi图在ActionScript中的运行

象编程语法被彻底淘汰，主要原因是其语法特征使专业程序员很难接受。对于美工人员来说，ActionScript 2.0的学习门槛突然提高了许多，许多一边使用Flash一边努力提高ActionScript 1.0编程能力的美工人员感觉到无法提升自己编程水平的极点。

　　Flash MX 2004之后还曾经出现与此差异不大的Flash 2008，现在的Flash已归于Adobe公司名下，同样强大的Adobe公司会将Flash变成越来越理想的程序开发平台，图2-1为在Flash MX 2004平台中开发的"Voronoi图"[①]程序结构界面（图2-1A）及程序运行结果（图2-1B）。可以看出，在代表动画进程的时间轴（Timeline）上已少有操作，取而代之以动作窗口的ActionScript程序代码（Voronoi4.fla）及与之相关的类（Class）定义：Edge.as、HappinessView.as、Segment.as及Dot.as。

　　作为一个专业的程序平台，ActionScript程序开发并非只属于Flash应用软件。除了Flash Professional自带的编辑器外，ActionScript还可以通过其他编辑器来完成，如：SciTE|Flash、SEPY ActionScript、Editplus配合ActionScript的STX文件、PrimalScript等等。其中SciTE|Flash执行速度最快，而SEPY ActionScript编辑器功能最为强大。

　　源于动画制作的Flash ActionScript程序平台具有非常友好的开发界面，其与生俱来的程序数据图形可视性能给建筑设计生成法研究带来极大的方便，与其他专业程序开发平台相比，ActionScript更易于将非计算机专业人员带进程序设计研究领域。ActionScript具备专业程序开发平台相同的程序编码、结构特征，这有助于使他们将全部注意力集中到自己专业的相关问题，也为其日后转换功能更强大的专业程序平台提供了方便。

---

① Voronoi图：计算图形学中重要的空间剖分方法（算法）。

2.1.2　Java专业程序平台简介

　　"一次编写，到处运行"是Java最响亮的程序平台哲学，除了Java的跨平台编译特征以外，Java是有史以来优点最多的专业程序编写语言。从Windows到UNIX，从超级计算机到小小的手机，到处都在使用Java。Java的创造者构造了灵活、稳健的编程语言，其应用程序几乎可以在所有的系统平台上运行自如。Java一直在创造其辉煌的历史，它专注于抽象和面向对象的原理，简单而巧妙的Java哲学使程序开发者目光所及到处可以发现丰富多彩的Java创新与令人振奋的变革。"Java是长时间以来最卓越的程序设计语言"这句出自比尔·盖茨之口的话，从另一个侧面表明Java所占据的国际领先地位。

　　Java起源于名为"Green"的科研项目。1991年美国Sun MicroSystems公司成立一支研发队伍，其目的是研发电视机机顶盒、烤面包机等家用电子产品的分布式代码系统，使人们可以远程控制电冰箱、电视机等家用电器，并进行信息交流。起初开发小组的主持人James Gosling想用C++语言，C++到现在为止仍是最流行、最强大的语言之一，但当他看到C++过于复杂、安全性差的缺陷之后，研究组人员决定寻求更理想的解决方案。Sun研究工作的中间成果之一名为"橡树"（Oak）语言，橡树语言最终发展成今天的Java。

Java
Eclipse

　　Java与其他语言有所不同，每隔数月便会推出改进或扩展新版本。但1998年底发布Java 1.2之后，其版本核心技术发生了很大的改进，所以该版本成为Java的分水岭：此前的Java 1.0x、1.1x版本称为Java开发包（或JDK），其后的版本统称Java 2至今。

　　在没有完全确信是否用Java平台进行建筑设计生成方法研究前，笔者对使用Java还是C++语言并不是非常明朗。最终选择Java的原因很多，主要有以下C++不可替代的优点：

　　（1）平台兼容性。在某一个系统编写的Java程序可以自动转化为任何支持Java平台的系统中运行。因此，相同的代码无需修改便可以在任何系统中执行，这一点C或C++均无法做到。此优势提供了日后建筑设计生成工具的国际交流平台，国内大部分软件开发平台均采用C++，但C++跨平台编译的局限性无法摆脱其地域缺陷。众所周知，国内个人计算机系统平台绝大多数均基于Windows系统，但在国外大部分国家，UNIX与Windows系统几乎各占50％，这不得不考虑程序编写的原始开发平台。

　　（2）Java API及其源代码完全公开。Java本身带有许多不断丰富的工具包，其代码可以从网络免费下载，只要明晰其数据结构，便可方便地将它们组织到自己的建筑设计生成工具之中。层出不穷的各类API将把程序开发者从繁琐枯燥的底层任务中解脱出来，让开发者专注于具体的建筑设计生成问题，而无须被太多的细节困绕。

（3）易于互联网发布。当今，绝大多数科研工作都离不开网络平台的交流探索，Java语言数据大部分为互联网设计，Java建筑设计生成工具可以很轻松地在互联网上运行。网络平台为生成方法研究提供丰富资料的同时也建立了不可替换的交流空间。

（4）更简洁的数据结构。建筑设计生成方法研究编程需要数学、物理、图像设计、人工智能等其他学科的知识储备，对非计算机专业人员而言，运用Java自带的很多结构语言可以让编程新手很快适应。Java允许将工程分解成多级、可管理的不同步骤。

（5）免费开发平台。Java及Eclipse程序综合开发平台均可以从网络中免费合法获取。Eclipse是IBM公司于2001年开发的集成开发产品，如今，IBM已经将耗费巨资开发的Eclipse作为一个开源项目捐献给开源组织Eclipse.org。Eclipse具有出色的平台稳定性，它吸引了众多国际大公司加入Eclipse平台的发展，开发式扩展IDE提供了功能丰富的开发环境，开发者可以高效地创建无缝

集成的Eclipse平台工具。这些免费的资源提供了合法的建筑设计计算机生成工具开发基础。

2.1.3 ActionScript与Java程序平台运行比较

与ActionScript相比，Java平台具有更强大的运行高效性，通过简单的测试便可以比较它们运行效率的差异所在，分别在ActionScript与Java中通过多重循环语句进行测试。在ActionScript中编写三重循环语句并通过计数器执行，通过"counter"计算器记录最终运行结果，当ActionScript的运行系数"number"达到142次时，ActionScript便因运行时间超过15秒而终止程序运行（图2-2A）；相反在Java平台中，"number"系数为2700时，程序依然运行自如（图2-2B）。简单的程序测试表明Java的运行效率高出ActionScript很多。但ActionScript运行代码更为简洁，代码比较见表2-1。

图2-1B为笔者运用ActionScript所做

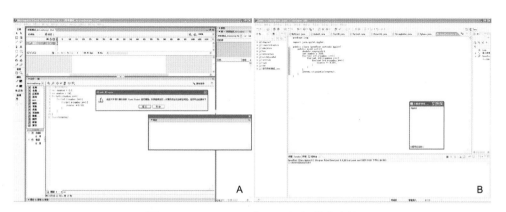

图2-2 ActionScript与Java运行效率比较

表2-1　ActionScript与Java运行效率比较程序代码

ActionScript运行效率测试	Java运行效率测试

<pre>var counter = 0.0;
var number = 142;
for(i=0; i<number; i++){
    for(l=0; l<number; l++){
        for(k=0; k<number; k++){
            counter += 0.001;
        }
    }
}
trace(counter);</pre>
	<pre>import java.applet.Applet;
	public class SpeedTest extends Applet{
	    public void init() {
	        double counter=0.0;
	        int number = 2700;
	        for(int i=0; i<number; i++){
	            for(int l=0; l<number; l++){
	                for(int k=0; k<number; k++){
	                    counter += 0.001;
	                }
	            }
	        }
	        System.out.println(counter);
	    }
	}</pre>

的Voronoi图程序实践，其中用于显示功能的点被称为"智能体"（Agents），它们包含大量的数据信息，运用Voronoi图也可以对两大程序平台进行类似的测试。笔者与东南大学CAAD实验室的钱敬平副教授共同改进了Voronoi图的相关算法，并运用Java平台进行测试，其结果令人惊讶：在ActionScript中，"智能体"数量增加至20个左右时，Flash运行已难以承受；而用Java平台并辅以适当的程序算法，其"智能体"可增至30万个以上！这是一个差距极大的运行结果，其中的算法固然起着非常重要的作用，但理想的程序平台在此所起的作用也不可忽视。由于"智能体"太多时，屏幕无法清晰显示，图2-3只显示智能体数量为1000的运行结果。

2.1.4 "随机"与"规则"

正如绪论所述，所有生成艺术方法都以程序运行规则及公式模板为原料，并运用随机或半随机的方法对这些元素操作。生成结果保持限定条件的根本特征，在特定规则控制下驱使生成系统生成更为奇妙、甚至令人吃惊的突变结果。在生成系统中，"随机"与"规则"是一对相互矛盾却高度统一的联合体，它是生成工具的方法基础。

在ActionScript与Java程序平台中都提供了对随机数据的操作方法，运用随机方法模拟内部运算机制的过程比较复杂，尽管它并不能达到真正的随机数据效果，但从建筑设计生成工具运行效果来看，随机函数依然可以获得满意的生成结果。在ActionScript与Java

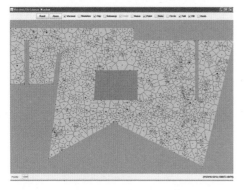

图2-3　Java运行平台的Voronoi图程序实践

中生成随机数据极为类似，可以以ActionScript的方法统一阐述"随机"方法的功效，其程序方法如下：

Math.random（）。

上述代码会产生一个0至1之间的随机小数，如0.830123747512698、0.0889531262218952等等。在其前面乘以某一整数如"10"后，便可以获得一个"0"至"10"之间的随机小数，其代码如下：

10*Math.random（）。

按此方法，可以获得任意数据区间的任何随机数，表2-2列举了几种不同数据区间的随机数获取方法。

联列两组随机区间之间的随机数便可以生成特定笛卡儿空间中的随机点坐标，如二维空间中的P（x，y）、三维空间的P（x，y，z）等等，如在平面长、宽分别为l、w的矩形中生成任意点（x，y）与在长、宽、高为l、w、h的立方体中生成任意点（x，y，z）类似，但首先需要确定它们的基准点坐标（x_0，y_0）与（x_0，y_0，z_0），表2-3为该算法程序描述。

如果生成技术程序实现过程只受盲目的随机函数控制，那么其生成结果永远不可能达到设计师的预设目标，建筑设计生成更是如此。通过必要的程序规则可以将程序的随机数据合理地控制在理想的"进化"范畴之中，规则的程序转化需要算法辅助，并通过适当的数理方法得以实现。计算机生成建筑设计法需要将建筑相关规范转化为程序可识别的算法代码，简单数学运算的计算机程

Rules Vs Random

表2-2　区间中随机数生成举例

区间	程序代码	举例
[0, 10)	10*Math.random()	4.2504262458533、3.23214284610003、7.81036539003253、0.436610272154212……
(−5, 5]	5−10*Math.random()	−4.18367912527174、3.35965064354241、−2.884089772589505、0.971968797966838……
[40, 50)	40+10*Math,random()	46.6063716392964、40.686135279946、42.291841417551、49.2006407808512……
(m, n) (m<n)	m+(n−m)* Math,random()	……

表2-3　二维与三维空间中生成随机点

基准点	程序代码		举　例
(x_0, y_0)	var $x = x_0 + l$*Math.random() var $y = y_0 + w$*Math.random()	长800 宽600	(414.12, 21.03)　、　(189.68, 463.65) (566.84, 537.99)　、　(255.92, 267.42)　……
(x_0, y_0, z_0)	var $x = x_0 + l$*Math.random() var $y = y_0 + w$*Math.random() var $z = z_0 + h$*Math.random()	长800 宽600 高400	(700.37, 138.07, 190.99)　、 (642.34, 507.51, 173.72)　、 (424.75, 12.96, 372.47)　、 (340.38, 63.33, 148.25)　……

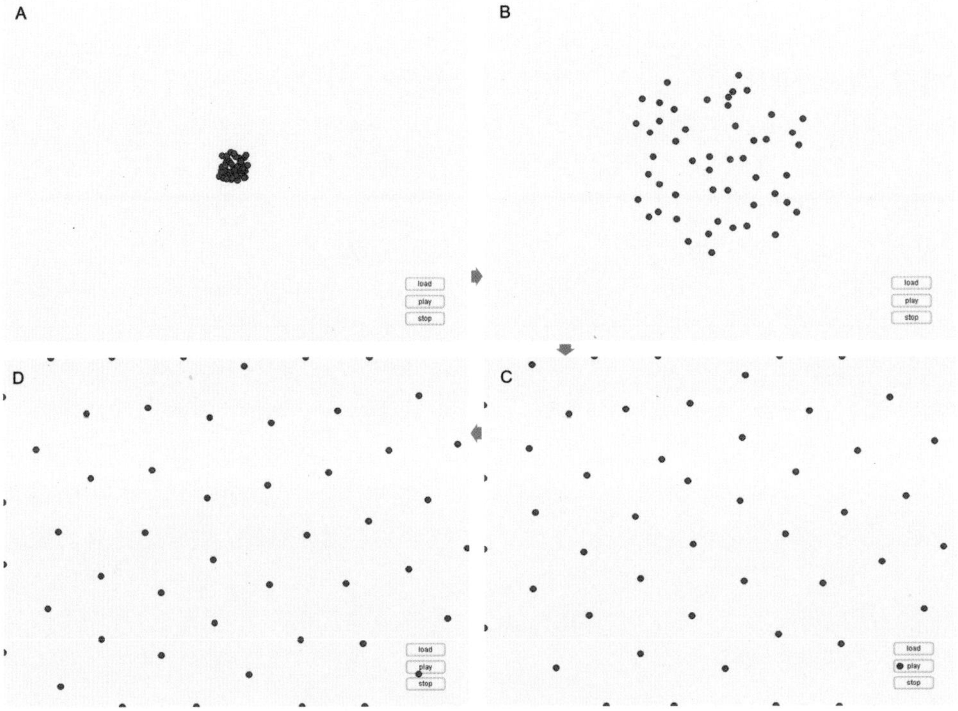

图2-4 "KeepDistance"运行效果

序转译过程并不复杂，但当涉及建筑元素平面及空间关系的时候其算法探索也许相当复杂。建筑设计生成原型的提炼往往比解决具体化的建筑问题更重要，建筑师如果熟悉了程序运算的逻辑方法，便可以敏锐地寻求符合计算机方法的建筑问题解决之道，从而建立适用于程序运行规则的建筑课题。此外，动态演化往往是建筑设计生成工具的基本特征之一，在ActionScript中通常需要名为"onEnterFrame"或"setInterval"两种方法得以解决；而Java中则可以通过"Timer"类或"多线程"方法实现生成工具的动态呈现。规则通常会在程序动态演化过程中不断变更，以此引导程序向算法设计者预定的方向进化。

以自主开发名为"keepDistance"的程序练习呈现出"随机"与"规则"之间的互动关联，该程序练习为笔者众多建筑设计生成方法教学的前导练习之一，其规则很简单，程序流程如下：

（1）在屏幕中央狭小空间中生成随机位置的50个点（图2-4A）。

（2）设定各点之间必须保持的最小距离"Distance"。

（3）当每两点之间的距离小于设定最小距离"Distance"时，两点便沿连线方向动态背离，从而加大彼此间距离，且各点不能超过预设的空间范围（图2-4B~图2-4D）。

(4) 逐点检测与其他各点之间的距离是否大于设定的最小距离 "Distance"，如果所有点均满足要求，那么所有点便停留在相应的平面位置，否则返回第3步。

"keepDistance" 程序运行效果见图2-4，由于各点的初始位置为随机生成，所以每一次程序运行的结果均不相同，但它们均遵循相同的规则设定，即各点之间的距离必须大于设定的最小距离。

计算机程序是建筑设计生成方法研究首要平台，只有熟悉程序数据组织特征才可以有效地进行建筑设计生成创作。离开计算机程序平台的辅助，生成方法便犹如"隔靴搔痒"，不可能涉足真正的建筑设计生成方法。

2.2   计算机生成建筑设计法教育及其研究团队平台

至今，国内在建筑生成设计教育领域仍缺少系统的方法、教学经验以及学习材料，可利用并涉及生成算法规则系统的教科书均源自于国内建筑设计者不熟悉的数学领域。现有国外生成设计教学大多针对于自然规律的再现及创新这两者之间的关系，这些资源提供了丰富的实例和生成方法。然而，当这些经验被应用于国内建筑设计教育时，学生和教师均面临巨大的跨学科的挑战。必要的教学铺垫只是未来团队建设的预先储备，它并不能代替团队可能产生的潜在力量。本节在介绍瑞士苏黎世联邦理工学院CAAD研究教学模式的基础上呈示该教学实验过程。

2.2.1   计算机生成建筑设计法教育背景

建筑设计生成方法需要教学理论与课程设置的探讨，引发教育观念思索的早期步骤主要针对于课程设计者及控制生成设计方法的指导老师以及在刚刚迈入此领域的初学者们，如本科生、硕士生及博士生等。尽管建筑设计生成方法教育在国内、外仍缺乏系统的理论基础和方法，然而，随着生成方法的重要性得到越来越多的认可，介绍建筑生成设计法的原理及运用必将成为建筑学课程的重要部分。

1. 引言

最初关于生成艺术所产生的研究成果主要关于生命复制、变异的内在联系，在人工艺术品中采用与自然法则类似的手法，如采取"适者生存"的规则在特定领域背景下生成艺术作品。据此，生成方法从创作过程、艺术成果均体现了设计规则，激发设计师对自然动力的兴趣。

生成方法没有规定必须使用的特定工具。对于生成对象，在某种程度上意味着一种工业化的生产方式，要求其能够自动有效地提供大量的解决方案，程序控制、功能强大的计算机无疑在这方面具有得天独厚的优势，因此，计算机被作为最合适的选择。与工业化生产相比，生成方法把千篇一律的工作留给计算机运作的同时也在克服及避免作品的单一化。此外，生成方法涉及很多设计元素及特征的排列组合，这对以符号运算为特征的计算机来说是轻而易举的工作。计算机辅助设计的符号化表达方式在整合设计元素的方面能够做得天衣无缝。生成方法通过数据表达所实现的设计目标，并在实际的（如物理的）造型、生产和运用前进行前期评估。从这方面来看，生成方法与传统方法的原始动力区别很大，它需要将数据处理、传输过程以及设备有机结合，并将数学、物理、编程、计算机以及数字化工具应用于建筑设计生成方法的研究与教学。

如今，基因、细胞自动生成机系统及多智能体系统都具有重要的意义，并且是在与CAAD相关的高端国际会议上出现频率极高的关键词。这不仅因为生成设计牵涉多学科的复杂跨度，同时由于与设计相关的复杂性使得这些方法很大程度上在本科学习中被忽略。迄今为止，在方法论、教材、生成方法设计教学以及对有关内容和技巧的解释资料都远远不够。从两个方面可以显著体现建筑设计生成方法教育的匮乏：首先，稀缺的教材，研究者所寻求的与生成方法相关的资料均来自看似与建筑学方法毫无关联的其他领域，如数学方法、程序算法、人工智能、游戏编程等等。其次，对相关术语尚无明确的定义。对国外资料同词多种翻译、同一概念多种解释的现象屡见不鲜，层出不穷的新概念加上生成方法的跨学科特征往往让初学者迷惑不解。对此，人们通常只能通过列举一些对外行和初学者来说晦涩难解的基础编程范例来解释生成设计法，不能通过明确的概念来表达。当然，这种模糊、不具针对性的教学模式对生成方法教学来说可以激发学生们的好奇心，鼓励或激励学生着手研究。但当需要解决具体矛盾和严峻问题时，还是需要明确的内容与概念。建筑设计生成方法需要从其他学科汲取有益的知识概念、方法论，但不能从其他学科生搬硬套，甚至陷入望文生义的主观臆断。

2. 计算机生成建筑设计法教学

建筑设计生成方法的发展常常依赖于编程技术，建筑学教师和学生往往对此望而生畏。其实，对于非专业编程人员来说，熟悉它们并非高不可攀。生成方法的教学主要针对技巧方面，与"生成方法"相对应的是关于"如何生成"，尽管有经验的"生成"设计者可以根据具体的项目选择及调整生成的方法及规则，但在传授生成技巧之前仍应该对生成方法有系统的介绍。与生成课程相关的内容涉及前述的所有内容及其他，如数学技巧、数据整合、参数设计、程序编制及其扩展工具、生成美学等等。教学早期阶段，对技巧的介绍往往着重于其广度而非深度。

经典的生成方法（如遗传学规律）都是从数学领域衍生出来，或者至少在相关领域有先进的实践范例。设计艺术越来越多地用到这些工具，它们的方法及其赋予程序工具所体现出的能力，使得设计艺术与数学之间出现新的学科契合点。诚然，由于生成技术及方法起源于多种学科，这很容易导致教学上的误区。这些误区大多

57

由于设计者把注意力集中在开放性问题[①]及倾向于用数学来解决问题而产生。迄今为止，在设计领域里，这种方法主要在先进学术研究工作以及设计项目中使用。生成方法的学生课程设计大多针对业余的学习及尝试，很多方面仍不能代表一种主流趋势。如今，随着生成技术在设计中变得越来越重要，本科及研究生设计教学也越来越多地被要求涵盖到相关领域范畴。

3. 小结

尽管设计教育越来越摆脱细节工艺和技术要求的限制，并日益集中地倾向于各学科交叉、文化和概念问题，但生成方法及其在设计领域的地位的提高依然需要在工艺、科技和方法学等方面进行深入的实践与研究。建筑设计计算机生成方法可以极大地丰富建筑教学活动。生成方法很容易将实际思考与教学过程联系起来，生成方法和生成教学强调过程的重要性，必将促进各种辅助工具的发展。

从某种意义上，与传统的方式相反，生成方法教育的初期可能导致掌握程序技术及数学知识优先于实际应用，解决之道可以参照瑞士苏黎世联邦理工学院CAAD教研组的方式得到部分弥补——学生在需要抛开技术因素，而从本质上理解生成设计学习的初期阶段，不依赖于计算机的生成系统来完成建筑设计的实际应用。为了传授这种技术，上文提到一些可行的方法，它建立在深厚的数学领域知识之上。生成方法所面临的紧迫挑战需要在实际设计项目中得到应用甚至超越，其教育为建立学习环境提供了非常适合的范例，一旦这些项目被实施，学生的工具就得服从于批评性的反应和"生成方法能做什么，生成方法不能做什么"的问题，而最终的答案只能依赖于生成设计教育体系的建立及由此可能产生的生成方法研究团队。

2.2.2 ETHZ–CAAD"数字链"建筑设计生成方法简介

苏黎世联邦理工学院建筑系CAAD（以下简称ETHZ–CAAD）教学实验有别于软件应用的机械模式，它将计算机与建筑师二者之间的关系从简单的生产关系转移到设计本身的探讨和实验。建筑设计生成艺术作为发展中的应用软件与程序探索的不断发展，设计师可以拓展认识事物的方法，并运用特有的工艺来挖掘自身的设计潜能，生成技术可以被有计划地应用于建筑、建筑师和计算机程序的相互作用之中，运用综合性CAAD教学及CAM技术体现计算机程序、人类思维、CNC机器与手工操作之间协同工作的可能。

ETHZ–CAAD的研究课题以数字媒体、程序辅助设计、计算机控制构件制作及建造方式覆盖构件设计、生产的全过程。课程基于建筑设计及自动化生产技术的计算机程序设计，通过学习、训练使学生熟悉计算机程序设计、计算几何算法、

---

① 开放性问题是指可以从多方面、多角度回答的问题。

构筑物生产及多媒体表达。这些技能扩展学生成为成熟建筑师的综合能力，并增强与新领域协同工作的技巧。ETHZ-CAAD的"数字链"（Digital Chain）教学模式将建筑构筑物设计及其制造通过纯粹的数字技术实现彼此连接，同时它们被虚拟为没有纸质打印输出的生产步骤，并试图摆脱人工机械操作过程。

"数字链"学习课程被分成不同的教学单元，每个单元注重不同课程主题（图2-5）。在前六个月中，学生主要进行相关理论学习和单元练习实践。技术课程设置如下：

(1) 基于网络的建筑设计；

(2) 标准CAAD软件的参数化生成技术；

(3) 脚本语言（如ActionScript）的学习；

(4) 数字文件的交换；

(5) 面向对象程序设计（OOP）及基于CNC的多种机械原型生成。

从第七个月开始，学生进入专项课题设计研究（如第一章第四节所介绍"X-立方体"），平均每四周完成一个学习单元。所使用的辅助软件如下：

(1) 学习VectorWorks和Maya的脚本扩展（MEL语言），关注于它们的参数化及生成技术代码；

(2) Macromedia Flash/ActionScript交互使用，及其网络设计软件；

(3) 基于mySQL和Perl的配置及网络应用；

(4) Speak/Smalltalk及Java的面向对象编程，自生成结构及多智能系统（Multi-Agent Systems）。

上述各个教学情况并不新鲜，但将它们联合起来用于建筑设计计算机生成方法教育及计算机综合加工却有独具创新意义。该教学方式可以显著提高学生运用程序综合处理CAAD及CAM中出现的诸多实际问题。

block	duration (in weeks)	module	technology	level of complexity (A-E)	dependency to module	programming	theory	cnc-production
block1 - supported tools								
	1	1. warm-up	flash/actionscript	A		X		
	4	2. parametric CAD Scripting	vectorscript	A	1	X		
	3	3. historical analysis	flash	A	1		X	
	4	4. caam milling 'surface light'	maya/mel, cncmill	BB	1,2,3	X	X	X
block2 - digital interaction								
	2	5. database & e-shops	mySQL, Perl	CCC	1,2	X		
	4	6. configurator & e-shop	actionscript, Perl	CCC	1,2,5	X	X	
	4	7. caam 'sculpted surfaces'	vectorscript, cnc laser	CCC	1,2,3,4,6	X	X	X
block3 - artificially generated								
	3	8. objects oriented programming	squeak, java	DDDD	1,5,6	X	X	
	2	9. agent systems	squeak, java	DDDD	1,4,6,8	X	X	
	3	10. caam laser cutting	vectorscript, cnc laser	CCC	1,2,3,4,6,7,9	X	X	X
final thesis								
		11. final groupwork	all above + 3d-printer, mel	EEEEE	1 to 10	X	X	X
		and individual thesises		EEEEE	1 to 10	X	X	X
		12. final exhibition & documentation	large scale printing			X	X	X

图2-5　ETHZ-CAAD课程设置
（资料来源：CAAD实验室，ETHZ）

2.2.3　建筑设计生成方法教学探索

作为多学科非传统手段的整合，国内建筑设计生成缺乏基本的方法，高等建筑教学更没有系统的教学体系。结合ETHZ-CAAD的教学经验与中国状况，2006年至今，笔者主持东南大学建筑学院与瑞士苏黎世联邦理工学院CAAD研究组的建筑设计生成法合作教学，探讨这一新方法在建筑学本科教育的可能，并不断总结教学经验与教训，逐步完善的教学系统。

1. 建筑设计生成方法教育现状

国内建筑学教育一直汲取西方先进教育方式及设计理念，通过丰富多彩的学生作品可见一斑。透过这一现象，但我们从中汲取名目繁多的"款式"多于方法与理念，学生在尚未理解时，已"懂得"如何操作。对于国内建筑设计生成法的教学环境总结如下：

（1）师资紧缺。缺乏彼此理解的多学科师资团队，建筑设计生成方法需要多学科研究人员共同探索实践，它不是各学科知识的简单叠加。例如建筑师如果不知道计算机科学的相关算法、程序结构就不能发掘并提出符合计算机程序算法的建筑课题；相反，如果程序员不了解建筑设计的基本方法则可能导致不必要的误解。国内尚紧缺系统了解建筑设计生成方法所必须的跨专业人才。

（2）学生基础贫乏。数学知识、程序方法隶属于国内建筑设计专业学生望而生畏的学科，学生自高校入学后一直远离此类知识结构的训练。然而，数学、程序及算法却是建筑设计生成方法最基本的研究工具，离开它们，建筑设计生成方法只能退化为建筑设计辅助绘图或计算机应用软件对建筑新"款式"的模仿。

（3）研究资金投入不够。一方面，建筑设计生成需要各种昂贵的CNC输出设备（包括初投资、正常设备使用维护及设备耗材等等）辅助，在科研资金短缺的情况下，生成方法所需的教学环境难以满足。另一方面，建筑设计生成方法研究需要集合多学科精英长期从事无偿的基础研究，没有足够的科研资金，这些来自不同学科的研究人员很可能转而挖掘各自专业的"谋生之道"。

综合上述国内现状，建筑设计生成方法研究尚处于启蒙阶段，更缺乏集结跨专业人才的研究团队，屈指可数的研究者大部分仅限于个人兴趣爱好，他们通过自学相关领域的知识，结合国外发展状况，探索建筑设计生成方法国内发展。

2. 生成方法教学探索总揽

2006年至今，笔者一直尝试将建筑设计生成方法移植到本科建筑设计教学中，并根据逐年情况调整教案。教学探索在大学四年级与五年级毕业班学生中进行，小组学生成员有机会参加特定专业项目的建筑设计生成方法研究。这些课题被编制于建筑学学科计划中，主要提供基于技能、技术训练的交叉学科学习探索，师生关注体验及交流中所形成的各种资料。

以2007年初毕业设计为例，10位本科毕业班学生、一位硕士研究生及笔者参加到周期四个月的生成设计毕业课程教学探索中。学生充分利用寒假时间预习与生成方法相关的基础理论、程序工具等。教学进度安排参见表2-4。

教学之初，各学生没有人懂得建筑设计生成概念和计算机程序方法。学生在寒假中自学完成程序基本概念相关知识。开学后，教师直接通过趣味性案例传授生成方法，在此过程中进一步加深程序经验。通过相关国外读物的翻译学习，可以有效辅助学生对生成方法的进一步理解。国内、外与之相关的读物均基于某些生成案例（国外情形）及相当隐晦的概念（国内情形），建筑设计生成方法惯于使用图表描述程序范例的算法逻辑及产出结果，这有助于激起建筑系学生的研究热情。通过对诸多生成方法案例（如动画、游戏等等）的成功实现，其研究探索的基本方法及概念便会

在此类练习中建立。此外，趣味性的案例，可以增强学生对生成方法研究的内动力，他们无须学习深晦、枯燥的程序知识便可以初步掌握程序运行的基本法则，这对深入建筑生成设计主题的研究大有裨益。

11位学生被分成4个信息共享的研究小组，学生通过分析研究某些他们非常熟悉的生物、社会、城市及建筑现象，从另一个角度关注某种客观存在以及计算机程序逻辑表达方式，并进一步考虑如何通过程序实现其他社会、自然现象及某些游戏程序实践。他们先后完成包括细胞自动机（一维及二维细胞自动机）、运用多智能体系统理论分析徽州古村落布局形态、公共建筑空间规划生成、蜂群智能活动行为、Logo自生成系统及遗传算法基础等等热身练习。其后，4个研究小组分别提出各自建筑设计主题，并将之发展为完整的毕业设计图文资料。

表2-4　2007年建筑设计生成小组日程安排

时　间	具体内容	备　注
2.10—3.10	ActionScript语言程序学习 主要学习内容：程序——数据类型、常量与变量、运算符与表达式、程序流程控制、数组、面向对象设计概念。生成艺术设计相关资料的翻译	寒假 学生掌握ActionScript语言程序结构，在完成相关国外文献翻译的过程中初步了解生成建筑设计基本原理
3.11—4.10	ActionScript程序学习，结合程序学习过程完成followMyMouse，getMe，keepDistance，gameOfLife等等练习。理解复杂系统理论的研究方法	主要学习内容： ActionScript程序设计、理解生成建筑设计的程序机制
4.11—5.10	探索建筑设计问题的计算机程序实现主题（中期检查） 学习MatLab或Rhino等应用软件	主要学习内容：解决程序结构及其算法的相关问题
5.11—6.10	各组确定具体建筑研究方向，并完成主程序的编写、调试	自主编写完成，结合课堂辅导
6.11—	完善建筑方案及答辩所需基本材料答辩	

3. 前导练习举例

建筑设计生成设计教学研究包括很多前导预热程序练习，通过类似的小练习，学生初探算法和设计的融合方式。以"Logo"装置前导练习为例，介绍如下：

"Logo"装置生成练习主要考虑如何将计算融入设计，为传统的概念设计提供更加缜密而感性的思维方式，并进行更为精确的图形仿真，加速图形化的效率，为后期加工提供传统手段难以实现的精确度。虽然对象的范围不同，但过程必须系统化。

(1) "装置"

很多时候"装置"与雕塑、造型、空间甚至行为交融在一起，实际上，"装置艺术"本身就是一门"虚幻"的艺术表现形式，说其虚幻是因为它可以在各种艺术领域之间游弋，也包括建筑本身。在"建筑"与"艺术"的关系中，"装置"仅仅是其中的表现因素之一。或者说，借助"装置"来表达建筑的"艺术性"或"空间关系"是个不错的艺术方式。该练习试图通过计算机语言挖掘装置设计的生成方式。

"装置"对象为Logo的生成与生产，可以给它设定背景，也可以把它作为一种生成平台，并使用于更广泛的领域。假设"装置"为某门厅的Logo标志，那么该装置便是与标志相关的主题，"装置"便衬托诸如"S-ARCH"之类的文字或图案。"装置"要求具有一定的模糊性，但又必须明确表达其Logo意义，该装置练习的意义是：运用所开发的软件工具，用生成的概念完成一系列类似装置，达到生成方法的预期目标。

"装置"的一种可能生成方式是用一系列圆形孔洞来组合形成字母的Logo。考虑使用材料的刚度，生成方法要求精确控制孔洞边缘的最小间距。如果使用材料为钢材，那么钢构件的孔洞边缘的最小间距必须严格控制在材质刚度要求的最低值，预设该值为3，那么位于Logo边缘最小间距必须大于3。如图2-6所示通过传统CAD辅助设计可能产生的效果。

(2) 精确的模糊性——"LogoGenerator"

程序划分文字与非文字部分两个系统，文字部分由均质小圆孔组合而成，非文字部分用自上而下总体渐变的大圆孔衬托（图2-7）。用传统方法来完成这样的设计，将耗费大量时间与人力。一方面，设计师无法宏观控制两个圆之间的距离都符合设定值（如距离控制参数3）。另一方面，如果需要改换Logo显示的文字或字母信息，那么设计师必将按相同的方式重新工作。"LogoGenerator"生成系统工具可以解放设计师繁琐的工作，同时提供灵活改变Logo内容的动态机制。

"LogoGenerator"的生成结果为随机图形，直观视觉感受为一块整体性很强的带孔钢板，类似于传统平面艺术图形。但稍加留意便可从中看出隐藏其中的"S-ARCH"文字，灯光的烘托可以有效加强Logo主题。这便是"LogoGenerator"所追求的"精确的模糊性"，"LogoGenerator"解决了从图示、构建到数据输出所

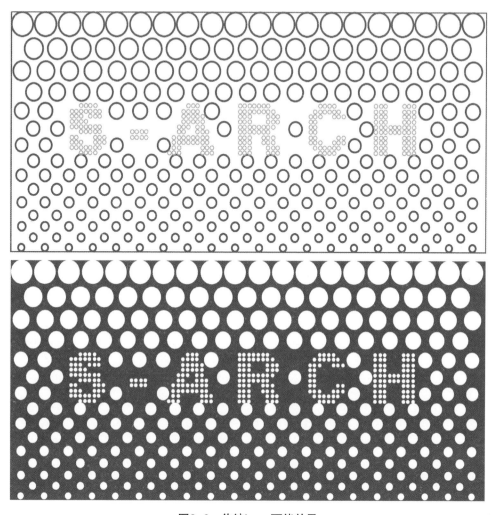

图2-6　传统Logo可能效果
（资料来源：2007年建筑设计生成小组）

有问题。

程序脚本细节这里就不一一列举，可参看附录相关程序代码。

(3) 存在问题

通过一系列的对比，程序脚本非常核心的问题都与算法及数据量相关，倘若有更长的调试时间、更理想的算法支持，程序的运行效率可以得到更大的提升。

① 数据量与效果：Logo"装置"的精致程度和组成图案的镂空圆孔有很大的关系，随着镂空圆形的不断加入，程序的数据量急剧增加。如果把文字部分与非文字部分分成两个系统，程序运行会更有效率，但软件包的系统性将降低。文字部分和非文字部分采用了不同规则来驱动图形生成，计算量必然很大。总之，数据量越大，图形系统的整

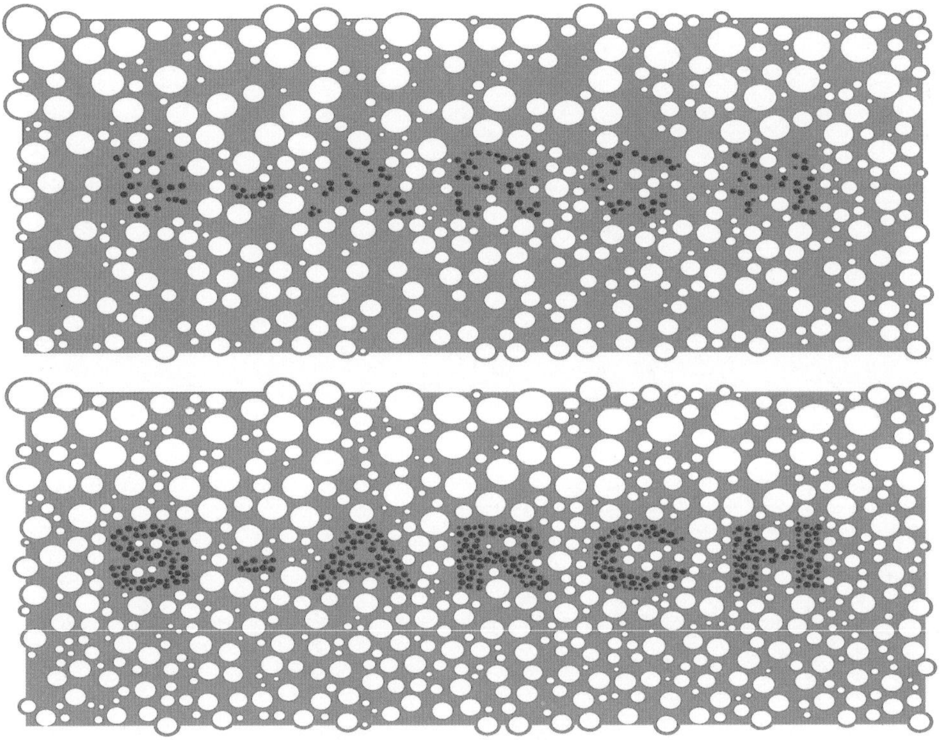

图2-7　生成Logo效果
（资料来源：2007年建筑设计生成小组）

体性就越强，Logo的主题便越明确，Logo"装置"的精致程度越高，但程序就需要更长的运行时间，对比图2-7上、下两图可以发现这一现象。

②　数据量与效率：程序中存在大量的计算，如圆与文字之间的关系、圆和圆的彼此距离、圆半径的大小、数组长度等等。每加载一个圆孔就会进行若干计算。其中距离的计算量会随着圆的数量呈非线性的增长，且一旦镂空圆形的数量到达某个值，运算量将超过计算机的常规运算能力，程序将无法继续运行，应该采用更高效的算法。

③　数据量与计算机性能：正如

上文所述，由于计算机性能的局限，"LogoGenerator"结合生成的效果、生成的效率，并在程序所允许的稳定运行环境下进行图形生成。因此，试验及程序调试便成为了一项有效而可靠的选择方式。从多次试验中选择合适的规则和数据量，最终，可以将程序运算控制在可接受的时间内获得满意的效果。

另外，由于ActionScript 2.0程序平台的低效性，而且当"Logo-Generator"数据量巨大时，偶尔还会发生数据混乱。如果需要将"LogoGenerator"开发成真正的应用程序，应该借助更高效的开发平台，如Java或C++程序平台。

总之，建筑设计生成方法需要教学平台及志趣相投的研究人员共同研究，它将给该研究过程提供交叉学科理想平台。科研团队建设必将构建理想的建筑学生成方法强大支撑，并使之应用于建筑设计的实际创作之中。

2.3 计算机生成建筑设计法数、理平台简介

建筑设计生成方法涉及数学、物理的相关知识，它们是软件得以实现的基础。关于程序中实现实例运动在很多书籍都有相关介绍，但最常见的方式是运用代码或伪代码来讲解算法，在大部分情况下，它们只适用于具体的项目。另一方面，程序代码与图形实现混为一体，难以将数学和逻辑关系从程序编码中剥离出来，并运用到具有普遍意义的项目中去。为此，本节改写常用的数理方法，并将它们封装在自定义的类文件中，并开发出清晰而便捷的图形框架。本节阐述程序实现建筑设计生成案例中常用的部分数、理知识[①]及程序方法。

2.3.1 关于计算几何算法[②]

计算几何是计算机科学的一个分支，它主要研究并解决几何问题的相关算法。在图形学、游戏编程、机器人技

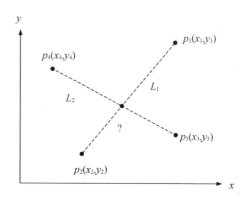

图2-8　根据四端点坐标判断线段是否相交

术、超大规模集成电路等等领域中，计算几何占据举足轻重的位置。对于建筑设计生成法的研究，它也是一门较基础的课程。

谈及笛卡儿坐标系，很容易想到的便是解析几何的基本方法。计算几何和解析几何有许多内容相交，但其解决问题的方式却很大，可以通过以下简单的实例说明它们的区别：

命题：已知p_1，p_2及p_3，p_4四个二维平面点坐标，它们分别为线段L_1和L_2的端点，根据四点的坐标判断在二维平面中L_1和L_2线段是否相交（图2-8）。

此命题可以通过解析几何的方法解决，通常解法为：根据4点坐标：p_1（x_1，y_1）、p_2（x_2，y_2）、p_3（x_3，y_3）、p_4（x_4，y_4），求出线段L_1和L_2的直线方程。

经过点p_1、p_2的直线方程求解可联立以下两方程：

① 注：建筑设计生成方法所涉的数学、物理知识远多于本节所谈及。考虑此类知识极强的专业特征，本节只介绍程序实践中的常用基础方法，相关知识可在扩展文献中获取。

② 注：本节将点表示为p（x_p，y_p）；与此相对应，以原点为起点，p为终点的向量表示为$\vec{p}$ [x, y]。"*"为数学乘、"×"为向量叉积、"·"为向量点积。

$$\left.\begin{aligned} y_1 &= x_1 \times k + b \\ y_2 &= x_2 \times k + b \end{aligned}\right\} \tag{1}$$

求解L_1的斜率k及斜切b为：

$$k = \frac{y_1 - y_2}{x_1 - x_2}、\quad b = \frac{x_1 \times y_2 - x_2 \times y_1}{x_1 - x_2} \tag{2}$$

从而求得经过p_1、p_2的直线方程：

$$y = \frac{y_1 - y_2}{x_1 - x_2}x + \frac{x_1 \times y_2 - x_2 \times y_1}{x_1 - x_2} \tag{3}$$

同理可求得经过p_3、p_4的直线方程：

$$y = \frac{y_3 - y_4}{x_3 - x_4}x + \frac{x_3 \times y_4 - x_4 \times y_3}{x_3 - x_4} \tag{4}$$

再联立以上方程（3）及方程（4）可求得交点p交：

$$\left.\begin{aligned} p_交 x &= \frac{\dfrac{x_3 \times y_4 - x_4 \times y_3}{x_3 - x_4} - \dfrac{x_1 \times y_2 - x_2 \times y_1}{x_1 - x_2}}{\dfrac{y_1 - y_2}{x_1 - x_2} - \dfrac{y_3 - y_4}{x_3 - x_4}} \\[4ex] p_交 y &= \frac{\dfrac{x_3 \times y_4 - x_4 \times y_3}{x_3 - x_4} \times \dfrac{y_1 - y_2}{x_1 - x_2} - \dfrac{x_1 \times y_2 - x_2 \times y_1}{x_1 - x_2} \times \dfrac{y_3 - y_4}{x_3 - x_4}}{\dfrac{y_1 - y_2}{x_1 - x_2} - \dfrac{y_3 - y_4}{x_3 - x_4}} \end{aligned}\right\} \tag{5}$$

通过如此复杂的运算可以求得四点构成直线的交点$p_交$。但在求得两直线的交点后，还需要加上另一个判断：$p_交$是否位于线段$p_1 p_2$及线段$p_3 p_4$内，如果在其上，则相交，否则不相交。

通过以上解析几何的方法不失为一种做法，它可以科学地解决这个简单的命题，但运用计算机来处理这一问题却存在诸多不便。首先，在计算机浮点不允许用斜截式或点斜式描述直线方程：当直线平行于y轴时，直线的斜率为无穷大，计算浮点无法表达。其次，程序在进行除法、开方或三角函数时，计算机运算代价昂贵、误差较大。再者，命题只问及线段$p_1 p_2$和线段$p_3 p_4$是否相交，并未要求计算其交点。实际上，在生成法中，更多的情况首先需要判断几何对象之间的相互关系，如线段是否相交、两矩形是否相交、点是否在多边形内等，然后再根据它们位置关系作进一步程序反馈。这是计算几何可以解决的大部分问题，计算几何算法非常简洁，仅限于加、减、乘、除及比较运算就可返回"是"或"否"。当然，计算几何并不可以完全避免浮点误差，只是相对解析几何把浮点误差降低到很低程度。

以下罗列在建筑设计生成方法编程过程中常使用基础计算几何方法。

Matchematics

Physics

67

1. 基本向量计算

向量定义非常简单：用x和y两个值，表示其在二维笛卡儿平面中水平与垂直位置。用数学符号表示为：$\vec{v}=[x, y]$，通常用$\vec{v}$（vector）表示向量。从坐标原点出发，绘制箭头指向坐标$p(x, y)$的点，向量具有长度和方向两个分量。

向量计算有向量等价、向量加减、向量数乘、向量叉积等等：

（1）向量等价两个向量相等与否，其分量包括向量方向与长度，而位置并非定义的部分，如图2-9之1，向量$\vec{u}$和向量$\vec{v}$具有相同的方向和长度，即使绘制位置不同，它们依然相等。

（2）向量加法：若两向量$\vec{u}=[x_1, y_1]$与$\vec{v}=[x_2, y_2]$，则$\vec{u}+\vec{v}=[x_1+x_2, y_1+y_2]$，其几何意义见图2-9之2；

（3）向量减法：若两向量$\vec{u}=[x_1, y_1]$与$\vec{v}=[x_2, y_2]$，则$\vec{u}-\vec{v}=[x_1-x_2, y_1-y_2]$，其几何意义将向量$\vec{v}$方向取反，再与$\vec{u}$相加，如图2-9之3所示。

向量的加减法通常可以用于控制智能体运动的速度和方向。

（4）向量数乘：若两向量$\vec{u}=[x_1, y_1]$，用实数常量a各向量分量相乘，该向量即为$a\vec{u}=[ax_1, ay_1]$，其几何意思为对该向量的缩放，而方向保持不变，如图2-9之4所示。

（5）向量点积：点积用符号"·"表示，对向量$\vec{u}=[x_1, y_1]$与$\vec{v}=[x_2, y_2]$点积的定义如下：

$$\vec{u}\cdot\vec{v}=x_1*x_2+y_1*y_2 \qquad (6)$$

点积的几何意义是两向量之间的单位投影。于是可以用$\vec{u}$向量与$\vec{v}$向量的长度相乘，再乘以$\vec{u}$与$\vec{v}$的夹角的余弦，表达式为：

$$\vec{u}\cdot\vec{v}=|\vec{u}|*|\vec{v}|*\cos\theta \qquad (7)$$

点积是常用的向量操作，它可以用来判断两向量的交角，如点积为0的两个向量，可以判定它们是互相垂直关系。

（6）向量叉积：计算向量叉积是与直线、线段相关算法的核心部分。设有$\vec{u}=[x_1, y_1]$与$\vec{v}=[x_2, y_2]$两个向量，则它们的向量叉积为原点$o=[0, 0]$、$\vec{u}=[x_1, y_1]$、$\vec{v}=[x_2, y_2]$及$\vec{u}+\vec{v}=[x_1+x_2, y_1+y_2]$所组成的平行四边形带符号的面积数值，向量叉积用符号"×"表示，其数学计算值为标量：$\vec{u}\times\vec{v}=x_1*y_2-x_2*y_1$。显然，向量叉积有性质：$\vec{u}\times\vec{v}=-(\vec{v}\times\vec{u})$、$\vec{u}\times(-\vec{v})=-(\vec{v}\times\vec{u})$。根据叉积的数学定义，即

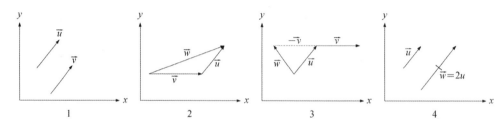

图2-9　基本向量计算

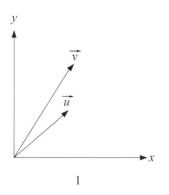 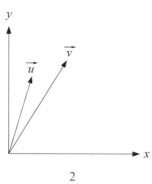 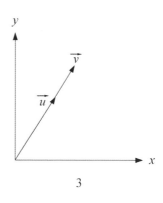

1   2   3

图2-10 向量叉积几何意义

两个向量的叉积值可以得出如下关于向量互相之间的顺逆时针关系的重要性质（图2-10）：

① 如果 $\vec{u} \times \vec{v} > 0$，则相对原点而言，$\vec{u}$ 在 $\vec{v}$ 的顺时针方向，参见图2-10之1；

② 如果 $\vec{u} \times \vec{v} < 0$，则相对原点而言，$\vec{u}$ 在 $\vec{v}$ 的逆时针方向，参见图2-10之2；

③ 如果 $\vec{u} \times \vec{v} = 0$，则 $\vec{u}$ 与 $\vec{v}$ 共线（可能同向或反向），参见图2-10之3。

2. 向量夹角的计算

有了两相量点积的概念，求它们的夹角便很简单了，见图2-11所示。点积的表达式为：$\vec{u} \cdot \vec{v} = \| \vec{u} \| * \| \vec{v} \| * \cos\theta$，对该方程作代数变形可得：

$$\theta = \cos^{-1} \left(\frac{\vec{u} \cdot \vec{v}}{\| \vec{u} \| * \| \vec{v} \|} \right) \qquad (8)$$

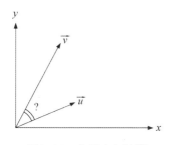

图2-11 向量夹角计算

3. 折线拐向判断

折线段拐向的判断由上述向量相减、向量叉积的性质导出，折线段拐向可用于判断物体的运动方向及几何图形凸凹状态。设有三点 u (x_u, y_u)、v (x_v, y_v)、w (x_w, y_w)，对应于起始点为原点的三个向量 $\vec{u}$、$\vec{v}$、$\vec{w}$，求有向线段 uv 在 v 点处拐向左或右侧后得到线段 vw，根据向量相减和向量叉积的性质可作如下判定：

(1) 如果 $(\vec{w} - \vec{v}) \times (\vec{u} - \vec{v}) > 0$，则线段 uv 在 v 点拐向右侧后得到 vw，参见图2-12之1；

(2) 如果 $(\vec{w} - \vec{v}) \times (\vec{u} - \vec{v}) < 0$，则线段 uv 在 v 点拐向左侧后得到 vw，参见图2-12之2；

(3) 如果 $(\vec{w} - \vec{v}) \times (\vec{u} - \vec{v}) = 0$，则线段 u、v、w 三点共线，参见图2-12之3。

4. 点是否在线段上的判断

点 w (x, y) 在线段 uv 上必须同时满足以下两个条件：

(1) $(\vec{w} - \vec{u}) \times (\vec{v} - \vec{u}) = 0$；

(2) w (x_w, y_w) 在 u (x_u, y_u) 和

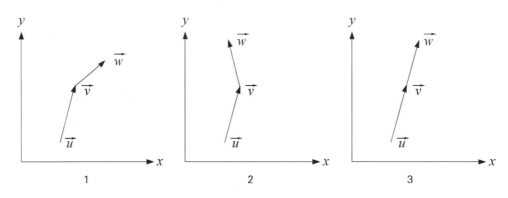

图2-12　折线拐向判断

v（x_v，y_v）为对角点，并与x，y轴正交的矩形内。

前者确保w（x_w，y_w）在直线uv上，后者确保点w不在uv或vu有向线段的延长线上。只有这两个条件全部满足的情况下，才可判断点w位于线段uv之上。

5. 两条线段是否相交的判断

考虑程序运行的高效性，判断两条线段是否相交一般需要分两步，如果第一步已不满足相交的条件，那么就不必对第二判断。设已知两条线段为u_1u_2和 **Primitive Geometry** v_1v_2，判断它们是否相交（即本节开始的命题）。

第一步：设Ru为线段u_1u_2为对角线的正交矩形，Rv为线段v_1v_2为对角线的正交矩形，如果Ru与Rv不相交，则返回该两条线段不相交，如图2-13之1所示。

第二步：两条线段满足第一步条件的情况下，两条线段也不一定相交，如图2-13之2所示。则必须做所谓"跨立实验"，两条线段相交则它们必定互相跨立，即同时满足点u_1和u_2位于线段v_1v_2两侧及点v_1和v_2位于线段u_1u_2两侧。"跨立实验"原理和折线段拐向的判断相同（程序代码见本章第4节）。

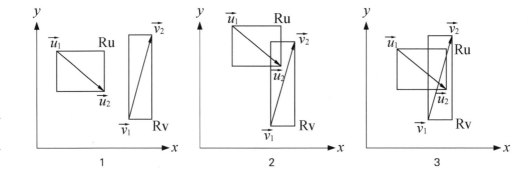

图2-13　线段是否相交的判断

（1）如果点u_1和u_2位于线段v_1v_2两侧，则必须满足$(\vec{u}_1-\vec{v}_1)$和$(\vec{u}_2-\vec{v}_1)$位于$(\vec{v}_2-\vec{v}_1)$的两侧，如图2-13之3，即$(\vec{u}_1-\vec{v}_1)\times(\vec{v}_2-\vec{v}_1)*(\vec{u}_2-\vec{v}_1)\times(\vec{v}_2-\vec{v}_1)\leqslant0$；

（2）同理，点v_1和v_2位于线段u_1u_2两侧，必须满足$(\vec{v}_1-\vec{u}_1)$和$(\vec{v}_2-\vec{u}_1)$位于$(\vec{u}_2-\vec{u}_1)$的两侧，即$(\vec{v}_1-\vec{u}_1)\times(\vec{u}_2-\vec{u}_1)*(\vec{v}_2-\vec{u}_1)\times(\vec{u}_2-\vec{u}_1)\leqslant0$。

当同时满足上述两个条件时，该两线段便可以判定相交。此外，不能忽视乘积为0的临界状态，它表示一条线段的顶点落在另一个线段中，也可能两条线段部分或全部重叠。

6. 线段是否与直线相交

解决了判断两条线段是否相交的问题后，线段与直线相交的判断只需其一半的计算量，如判断线段u_1u_2是否与直线v_1v_2相交只需判断点u_1与u_2是否位于直线v_1v_2两侧即可，换言之，判断线段u_1u_2是否直线v_1v_2：$(\vec{u}_1-\vec{v}_1)\times(\vec{v}_2-\vec{v}_1)*(\vec{u}_2-\vec{v}_1)\times(\vec{v}_2-\vec{v}_1)\leqslant0$。

7. 点是否在矩形中的判断

该判断较为简单，判断该点的横坐标x是否介于矩形左右面之间，同时，判断纵坐标y是否介于矩形上下边之间。

8. 两矩形关系判断

两矩形关系存在相离、相交和包含关系，需要对矩形左右边和上下边逐个比较。本书第五章内容将应用到矩形从何方位相交，代表智能体的矩形对于来自不同方向的矩形及自身情况作何种反应的复杂运算。

9. 圆是否被矩形包含的判断

圆被矩形包含的条件：圆心点位于矩形中且圆的半径小于等于圆心到矩形四边的距离的最小值。如果用圆表示建筑功能的智能点，矩形为基地限定，那么这种必要的判断可以将建筑智能点的移动控制在基地之内。

10. 多边形面积的计算

多边形面积的计算是指只知道多边形各顶点坐标，如p_1（x_1, y_1）、p_2（x_2, y_2）$\cdots p_n$（x_n, y_n），如何根据这些坐标直接计算其面积。建筑设计生成计算中该算法经常需要运用，如计算非规则房间的面积、建筑基地总面积等。由于多边形有可能是凹多边形，所以情况会稍微复杂一些。通常有梯形剖分法和任意点为扇心的三角剖分法，以下只介绍通常使用的梯形剖分法。

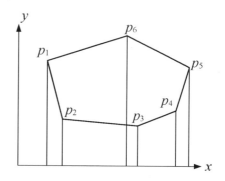

图2-14 多边形面积计算算法

该方法是非常重要的"竖条分析"（Vertical Stripes）法，如图2-14所示。前述关于向量叉积算法中，涉及平行四边形带符号，即"负面积"的概念，竖条分析再次运用这一概念。多边形p_1 p_2 p_3 p_4 p_5 p_6六点依次两两与x轴作垂线形成六个带正负面的梯形，绕多边形一圈，得梯形面积总和（由于梯形面积正负抵消，此值即为多边形面积）：

$$S_T = \frac{1}{2} \sum_{i=1}^{6} (y_i + y_{(i+1)\%6})(x_i - x_{(i+1)\%6}) \tag{9}$$

将多边形形外的部分去除，从而得到n边形面积，结果如下：

$$S_{p_1 p_2 \cdots p_n} = \frac{1}{2} \sum_{i=1}^{n} \begin{vmatrix} x_i & y_i \\ x_{(i+1)\%n} & y_{(i+1)\%6} \end{vmatrix} \tag{10}$$

11. 点是否在多边形中的判断

判断点是否在多边形中是个看似很直观的问题，但在只知道多边形各点坐标数据的情况下，如何通过这些数据判定另一点是否被该多边形包含却并非易事。该问题是计算几何中基础而重要的算法。在建筑设计多智能体生成法的研究中，多边形可以代表现实存在的环境限定，如基地、河流或山川等等，而动态的智能点表示建筑功能空间及拓扑关系。

如果$p_1(x_1, y_1)$、$p_2(x_2, y_2)$、$p_3(x_3, y_3) \cdots p_n(x_n, y_n)$为构成多边形的逐个顶点，$d(x_d, y_d)$为另一点，判断$d$是否在多边形$p_1 p_2 p_3 \cdots$ p_n中的方法是：以点$d(x_d, y_d)$为端点向任意方向作射线L（通常向沿着x或y轴的方向作射线，以便计算），然后用前述的方法逐个判断射线L是否与线段$p_1 \quad p_2$、$p_2 \quad p_3 \cdots p_{n-1} \quad p_n$及$p_n p_1$相交，并统计相交次数$N$。当$N$为奇数时，$d(x_d, y_d)$位于多边形内；$N$为偶数时，$d(x_d, y_d)$位于多边形外，参见图2-15之1。在具体程序实践时还需要考虑如图2-15之2所示的特殊情况，并在条件判断中予以去除。

12. 线段是否在多边形中的判断

线段是否在多边形中的判断是该多边形是否包含其他几何形判断的基础，代表多智能体的建筑功能块通常并不由

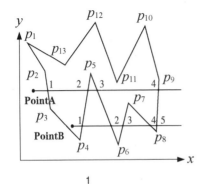

1

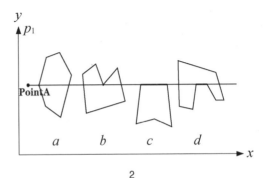

2

图2-15　点是否在多边形中的判断

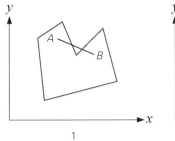 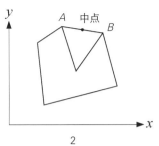 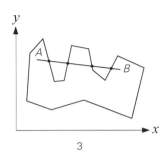

图2-16　线段是否在多边形中的判断

点构成，而是由具体的形体组成（如矩形）。如果将多边形设想成具体的基地限定时，该判断就显示出它的重要性。对于凸多边形情况的基地，线段是否位于其中的判断只需判断线段两端点是否均在多边形中即可。但对于凹多边形的基地，该判断就不能成为线段位于多边形中的充分条件，如图2-16之1所示。所以线段在多边形内的第二个必要条件是线段和多边形的所有边都不相交。

进一步考虑线段刚好与在多边形边端点相交的情况，必须判断两相邻交点之间的线段是否包含于多边形内部（反例见图2-16之2），直接根据线段中点是否在多边形中并据此判断线段是否在多边形中并不可取（图2-16之3）。需要加入另一种算法：先求出并记录所有和线段相交的多边形的顶点集合，然后对此点集合按照它们的x、y坐标排序，x坐标小的排在前面，x坐标相同的点，y坐标小的排在前面，该排序确保水平、垂直情况判断的正确性，这样相邻的两个多边形顶点就是在线段上相邻的两交点，如果任意相邻两点的中点也在多边形内，则该线段一定在多边形内。

线段是否在多边形中的判断稍显复杂，但它是判断多边形之间位置关系的基础。

13. 矩形是否在多边形中的判断

在建筑设计实践中，建筑基地多为不规则的多边形，而从使用效果上说，建筑主体平面空间还是以矩形为主。该算法判断在建筑设计生成法中具有一定的实用价值。

有了上述线段与多边形关系的判断后，矩形是否在多边形中的判断就简单了，判断矩形四条边是否均在多边形内即可。

14. 计算点至线段的最近点的距离

该算法是判断圆是否在多边形中基础，设该点为p（x_p, y_p）、线段端点为p_1和p_2的L_{p1p2}：

首先要考虑线段L平行于x，y轴的情况，过点p作线段L所在直线的垂线，垂足很容易求得。判断垂足是否在线段上，位于线段L上则计算并返回垂足至p的距离，否则返回离垂足近的L端点至p的距离；

线段不平行于x，y轴则不存在斜率为0的情况，通过计算L斜率：

73

$k = (p_{2y} - p_{1y}) / (p_{2x} - p_{1x})$，与$L$垂直的直线斜率为$k' = -1/k$，联立两直线方程求得为垂足的交点$D (x_D, y_D)$如下：

$$x_D = \frac{k^2 * p_{1x} + k * (p_y - p_{1y}) + p_x}{k^2 + 1} \tag{11}$$

$$y_D = k * (x_D - p_{1x}) + p_{1y} \tag{12}$$

如果$D (x_D, y_D)$在线段L上，则返回垂足$D (x_D, y_D)$至$p (x_p, y_p)$的距离；否则，表明D在线段L的延长线上，计算并返回垂足D至端点p_1、p_2中较近的距离。

15. 圆是否在多边形中的判断

第五章中的"gen_house"工具运行的第一阶段运用到该算法。具备点至线段的最近点的距离的算法后，只要计算圆心到多边形的每条边的最短距离，如果距离大于等于圆半径则该圆在多边形内，否则表示圆与多边形相交或在多边形之外。

16. 圆与圆的关系判断

计算两圆心的距离d，再将d与两圆的半径之和Sum_{r1r2}作比较，如果$d > Sum_{r1r2}$表明两圆相离，$d < Sum_{r1r2}$表明两圆相交或包含关系，$d = Sum_{r1r2}$时两圆相切。

17. 计算点至折线、矩形、多边形的最近点

计算并统计点到构成折线、矩形、多边形每条线段的最近点，取其中距离最小的点即可。

以上关于二维向量的算法可以扩展至三维空间的向量算法，原理与二维的向量计算差不多，在此不再详述。

2.3.2 物理学运用

多智能体系统研究经常需要将智能体主体的自身状态与周围环境作比较，然后根据具体状况改变自己的运行轨迹、面积大小、边界移动等等。理解多智能体在二维及三维虚拟空间中的运动方式离不开物理世界的运转方式，本节主要讲述多智能体在二维空间[①]中运动所应用到力学的几个核心概念：力及它们之间的关系、速度及加速度等等。

力学研究有静力学、动力学和运动学三个主要领域，它是研究力对物体作用及产生运动的物理学分支，多智能体系统研究主要涉及运动学和动力学的部分知识。前述关于向量的概念给智能体空间定位、运动方式提供了理想的数学方法。

1. 智能体的空间位置

二维向量包含x，y两个分量，说明智能体的空间定位很简单：

---

① 程序编写中可以很方便地将运动学扩展至三维甚至更高维空间，多态技术给它们提供了非常类似的接口。

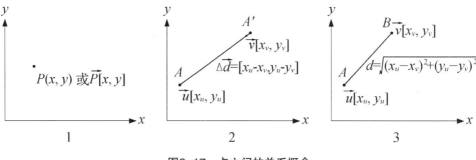

图2-17 点之间的关系概念

P（x，y）或P［x，y］，见图2-17之1。

2. 智能体的空间位移

位移指智能体在空间中位置的改变，位移指两个位置的差，智能体的位移包含大小、方向两个分量，这和向量的概念相同，故位移也可以用向量来表示：

如智能体A从$\vec{u}$［x_u，y_u］位置移到$\vec{v}$［x_v，y_v］位置，那么A智能体的位移$\Delta\vec{d}_A$可以用向量移动目标点和起始点相减获得：$\Delta\vec{d}_A=\vec{v}$［x_v，y_v］－$\vec{u}$［x_u，y_u］，即$\Delta\vec{d}_A=$［x_v-x_u，y_v-y_u］，见图2-17之2。

3. 距离

距离和位移是两个不同的概念，移动是向量；而距离是一个标量，距离没有方向分量，只表示一个长度，从$\vec{u}$［x_u，y_u］至$\vec{v}$［x_v，y_v］的距离为：

$dA=||$［x_v-x_u，y_v-y_u］$||$，即$d_A=\sqrt{(x_v-x_u)^2+(y_v-y_u)^2}$，见图2-17之3。

4. 智能体的运动速度

位移加入时间概念便是速度，所以速度也是向量。位移是位置随时间的变

化，但在多智能体系统研究过程中，通常预先定义智能体移动的速度，然后监测一段时间观察智能体的新位置变化，速度比位置更易于控制智能体。当智能体对象水平速度和垂直速度为恒定值时，其运动轨迹是一条直线。如对象A运动速度为向量$\vec{v}$［x_v，y_v］，其起始位置为$\vec{s}$［x_s，y_s］，则经过时间t后它的位置p为：

$$p(t)=\vec{s}［x_s，y_s］+\vec{v}［x_v，y_v］*t,$$
即：$p(t)=$［x_s+x_vt，y_s+y_vt］ (13)

5. 速率

速度为向量，可以为二维、三维甚至更高维，而速率是标量，它们的关系类似于位移和距离的关系。速率为速度向量的长度，如智能体的速度为$\vec{v}$［x_v，y_v］，那么它的速率为：

$$v=\sqrt{x_v^2+y_v^2}$$ (14)

6. 加速度

速度是位置随时间的改变，加速度则表示速度随时间的改变。加速度不表示运动的快慢，而表示运动快慢的物理量是速度，加速度是表示速度变化快慢的量，在匀速直线运动中，它的数值表示为单位时间里改变的速度，所以加速

度是速度的变化率。当汽车以一定速度行驶时，速度表示在指定的刻度表明当前汽车的运行速度，当汽车加速或制动时，速度表指针的转动速度表明加速度的大小，指针摆动越快，说明加速度越大。加速度也是向量，有大小和方向两个分量。如对象A起始运动速度为向量$\vec{v}$ [x_v，y_v]，其起始位置为$\vec{s}$ [x_s，y_s]，恒定加速度为$\vec{a}$ [x_a，y_a]，则经过时间t后它的位置p为：

$$p(t)=\vec{s}\ [x_s，y_s]\ +\vec{v}\ [x_v，y_v]\ *t+a\ [x_a，y_a]\ *t^2/2$$

即：$p(t)=\ [x_s+x_vt+x_at^2/2，y_s+y_vt+y_at^2/2]$ （15）

7. 牛顿第一定律（Newton's First Law of Motions）

力和牛顿第一定律密不可分，力是对目标对象向某个方向推或拉的作用，它就是向量。力导致物理世界中事物的变化，因为力而引起速度的改变和加速度的存在，这便是牛顿第一定律，牛顿第一定律也称作惯性定律（Law of Inertia）。翻开物理学相关资料可以看到，牛顿第一定律如此表述：

"静止的物体总是保持静止，运动的物体总是保持其运动速度和方向，直到有不平衡的外力迫使它改变这种状态为止。"[1]

8. 合力

牛顿第一定律中所提到的"不平衡外力"可以称为"合力"。智能体在与其他智能体或环境交互作用时可能会探测到多个不同方向、不同大小的外力作用于自己，这些力会推动该智能体向合力的方向产生加速度，如果该合力为零，那么它会保持原有的运动或静止状态。

力可以用向量来表达，向量的长度为力的大小，方向表示力的方向，所以用向量相加来表达合力，f_1 （x_1，y_1）、f_2 （x_2，y_2）、…f_n（x_n，y_n）的合力可如下计算获得：

$$f_{sum}=f_1+f_2+\cdots+f_n，$$

即$f_{sum}=\ [\ (x_{f1}+x_{f2}+\cdots+x_{fn})，(y_{f1}+y_{f2}+\cdots+y_{fn})\ ]$ （16）

先计算智能体所受合力，再确定其下一步运动可以有助提高程序运行效率。

9. 牛顿第二定律（Newton's Second Law of Motions）

牛顿第二定律描述了外界合力、物体质量和加速度之间的关系：

"合力作用于物体所产生的加速度的大小与合力的大小成正比，与物体的质量成反比，加速度方向与合力相同"。[2]

牛顿第二定律的数学表达式为：

$$f=ma$$ （17）

其中，a为物体加速度，f为作用于物体的合力，m为物体的质量。将上式代数变

---

[1] 参见中学物理教材。
[2] 参见中学物理教材。

形：$a=f/m$，可以有效地描述和控制多智能体在空间中的变化。这样，只要给定智能体的初始状态，一个具有质量和外力驱动的智能体可以科学地计算出一段时间后的位置与速度状态。假设对象 A 质量为 m，起始运动速度为向量 $\vec{v}$ [x_v, y_v]，其起始位置为 $\vec{s}$ [x_s, y_s]，在合力 f [x_f, y_f] 作用下，则经过时间 t 后它的位置 p 为：

$$p(t)= [\,x_s+x_v t+x_f t^2/\,(2m)\ ,\ y_s+y_v t+y_f t^2/\,(2m)\,] \tag{18}$$

物理学是一门令人着迷的学科，本节运用数学向量的方法"改编"一些经典物理概念：速度、加速度、力以及它们之间的关系。在此基础上，扩展其他物理概念便成为水到渠成的事情，摩擦力、弹力及万有引力等均可以通过程序模拟出来，这给程序实践的现实仿真提供有力的技术支持。一方面，在建筑设计生成方法研究中屡屡得益于数学、物理的模式化程序类模块；另一方面，在需要对之扩充内容时，新的数理类方法可以在很短时间内迅速实现。这种灵活性给编程者带来的纵横数理的"快意"远远超过了程序编写本身。

数学、物理相关知识是建筑设计生成方法不可或缺的学科平台，它们是生成工具的基石。如果将建筑设计生成程序比作建筑，那么数理运算便是构筑高楼大厦的砖瓦。本节所涉及的知识仅是生成方法中常常应用到的程序数、理工具，如果对此工具信息掌握越多，那么在建筑设计生成方法程序应用中越可以运用自如。（本节相关数学、物理类文件代码参见附录二程序代码）

3 细胞

Cellular

3 "细胞自动机系统"模型

一维细胞自动机简介

Bermuda三角规则
Pascal三角规则

细胞自动机系统(CAS)模型

生命游戏
初始状态及规则改变

二维细胞自动机简介

规则改变及限定

happyLattices建筑生成工具
Cube1001建筑生成工具

算法探索　　程序编写
运行效果　　建筑实例

本章图解

"细胞自动机"（以下可简称CAS，Cellular Automata Systems）是一种自生成计算机图像系统，其基本概念由波兰数学家Stanislaw M. Ulam（1909—1984）与匈牙利数学家John von Neumann（1903—1957）于1950年提出。CAS形态表现为一种离散的动态系统。20世纪40年代产生数字计算机后，von Neumann对自我复制现象产生兴趣，并试图用存储程序模拟这一过程。在此研究过程中他和数学家Ulam提出"细胞自动机"的概念。

CAS由特定的方格单元晶格组成，每个晶格被模拟为一个单元细胞，它们呈现为一些指定的初始状态，某一时刻该细胞处于某种状态。基本的CAS可以包括晶格、相邻部分、细胞状态、转换规则等等。晶格是CAS所在的空间并随着时间的变化改变其存在状态；相邻部分是细胞存在的环境，它包含检测细胞本身以及其周围给定布局的细胞群；细胞状态是指一个细胞的地位或价值，通常基本的CAS模型用"布尔"细胞状态0或1表示（分别代表"死亡"和"生存"细胞）。转换规则是CAS模型的控制部分，它可以通过检测细胞以及周围细胞当前的状态来决定该细胞的未来状态。但随着时间的叠代，方格网中的每个细胞根据周围细胞的状态，按照简单的规则变更其下一时刻的状态。就CAS运行形式而言，它具有三个特征：

(1) 平行运算：每个细胞同时改变其下一时刻的状态；

(2) 局部关联：细胞状态的改变只受到其周围局部细胞状态的影响，从而显示"自下而上"的变更特征；

(3) 同规则性：所有细胞单元均受相同的规则支配。

CAS在空间维度上可分为一维、二维、三维、甚至更高维度。CAS通过简单的规则可以产生复杂的动态交换现象，基于它的基本原理，CAS已被模拟运用于许多领域的研究，如生物系统模拟（人工生命）、物理现象模拟（热和波的波动方程）、巨型并行计算机系统设计等等。CAS是人工生命的第一个雏形系统模型，并且变成复杂系统（或复杂适应性系统）的重要分支。细胞自动机系统基于相对简单的规则可以产生复杂行为特征。这使它们适合应用于复杂系统的仿真，例如城市发展、消防、疾病蔓延、交通仿真等等。

本章第1节阐述一维、二维CAS的运行机制及其建筑设计生成方法研究现状。第2节重点介绍两例程序探索：happyLattices及Cube1001，它们是基于CAS模型的计算机生成建筑设计法程序实践。

3.1 细胞自动机简介

3.1.1 一维CAS运行机理

1. 背景及思维方式

20世纪80年代，根据"生命游戏"（"Game of Life"，二维CAS的一种）的运行机理，普林斯顿高等研究院的Stephen Wolfram[1]（1959年生于伦顿）开始研究更简单的一维细胞自动机（One-Dimensional Cellular Automata），并建立完善的CAS多维空间运行机制。在一维CAS中，细胞"生存"在一排彼此相连的方格中，每个细胞有左右两边的邻居，细胞在指定规则的叠代演算之后呈现某种状态，其中，最简单的状态只有"生"和"死"两种，计算机程序设计通常用不同的颜色模拟细胞不同的"生命状态"。

一维CAS包含两个重要因素：一排"细胞"和一系列"规则"，细胞可以有数种状态。在瞬时周期中该细胞只表现为状态之一，可能状态的数量取决于CAS运行规则，并以不同颜色区分细胞的不同状态，如两种状态的自动机可简单表示为"黑色"和"白色"分别与"生存细胞"和"死亡细胞"相对应。程序设计者也可以用其他颜色表示细胞不同的状态，三种状态的自动机可以用三种不同的颜色表示，依此类推。

CAS是一个动态运行系统，细胞状态随时间叠代呈现不同的动态特征。CAS的预设规则决定细胞状态的变更。其工作过程大致如此：当细胞需要判定其下一时刻状态时候，每个细胞将搜索、收集其相邻或相应映射空间位置细胞的信息，基于自身和邻居"生命"状态，根据CAS的预定规则决定该细胞下一时刻的状态；细胞按相同的方式同时改变自己的状态。一排细胞代表一个微小的"世界"，并以不同的"年"或"代"次序更迭，所有细胞同时决定它们下一年代的状态。

假定影响细胞下一代叠代状况取决于每个细胞相连两细胞及该细胞的当前状态，通常用符号"Nb＝3"表示，代表影响细胞下一次叠代的因素有左、右两个邻居及自己（共三个细胞），如果细胞只有"生"和"死"两个状态，那么用符号

---

[1] ···Late in 1981 Wolfram then set out on an ambitious new direction in science aimed at understanding the origins of complexity in nature. Wolfram·s first key idea was to use computer experiments to study the behavior of simple computer programs known as cellular automata. And starting in 1982 this allowed him to make a series of startling discoveries about the origins of complexity. The papers Wolfram published quickly had a major impact, and laid the groundwork for the emerging field that Wolfram called "complex systems research." ···参见http://www.stephenwolfram.com/about-sw/

Nb=3,States=2,规则因子=8

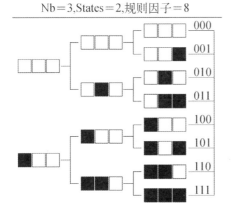

图3-1 8种规则因子

记做"States=2";为了符号表示的方便,用"0"代表细胞死亡,"1"代表细胞存活。当Nb=3、States=2时,规则数目(或称"规则因子")为8,即$2\times2\times2=2^3$,算法为三个邻居不同状态的排列组合:邻居1的两个状态,乘邻居2(当前细胞)的两种状态,再乘上邻居3的两种状态。图解见3-1所示。

运用ActionScript对一维CAS实验如下:

(1)界面状态:用两行分别表示细胞的现在的状态和下一代的状态,当所有细胞完成下一代的更迭,"新一代"将取代"前一代"。

(2)可能更迭状态:两种状态分别用黑、白两种颜色表示。

(3)更迭规则:每个细胞有包括自己在内的三个邻居。如果该三细胞均为白色,该细胞下一代将为白色;如果三个邻居均为黑色,该细胞下一代也将为白色;其他的情况,该细胞将为黑色(如表3-2所示)。根据该叠代规则如表3-1编码。

2. 解析"Pascal三角规则"(Pascal' s Triangle Rule)

CAS的逐级叠代规则在其运行过程中具有举足轻重的作用,下面以"Pascal三角规则"为例对潜在的其他规则作进一步探讨。

"Pascal三角规则"是一种特殊的一维CAS规则。在"Pascal三角规则"中,以0与1的顺序从左边的细胞分解为两组,中间和第三个细胞继续以同样的方式分类,直到所有邻居的不同状态都考虑完。如图3-3所示。

前一代:

下一代:

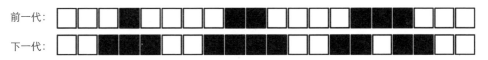

图3-2 一维细胞自动机(Nb=3, States=2, RuleBinary = 01111110)

表3-1 叠代规则

Nb=3,States=2,RuleBinary = 01111110							
编 号	1	2	3	4	5	6	7	8
前一代状况	000	001	010	011	100	101	110	111
后一代状况	0	1	1	1	1	1	1	0

前一代状况   后一代状况（中间细胞）

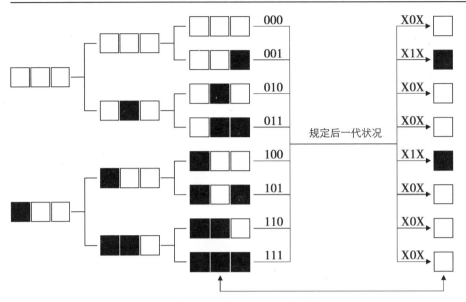

图3-3   "Pascal三角规则"

当细胞有两个状态，三个相邻细胞可以排列成八组不同状态的组合，而每一组细胞的前一代状况决定着下一代中央细胞的状态。固定该八组排列组合的顺序可以从上到下用"01001000"字符串来直接定义CAS更迭规则，这便是"Pascal三角规则"。依该方式可以定义出更多一维CAS的叠代规则，如："10011001"、"01001010"等共 2^8=256种。"Pascal三角规则"叠代编码如表3-2所示。

"Pascal三角规则"所叠代出来的图形称为Pascal三角形。为了使一维CAS呈现如"生命游戏"般的二维视觉效果，可以将新一次叠代的结果列于前一代的下方，进行足够的叠代次数之后，可以看见细胞不同"年代"叠代的连续过程。如图3-4所示为运用Mirek's Celleration v.4应用程序每隔60代Pascal三角形规则一维CAS运行截图，几百次叠代的过程依次自上而下显示在同一幅图后可以发现Pascal三角形

表3-2   Pascal三角规则

Nb=3，States=2，RuleBinary = 01001000							
编　号	1	2	3	4	5	6	7	8
前一代状况	000	001	010	011	100	101	110	111
后一代状况	0	1	0	0	1	0	0	0

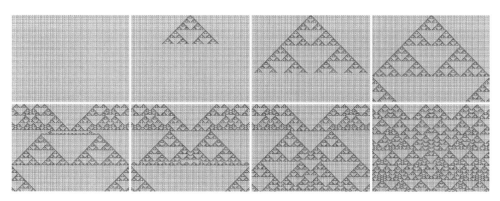

图3-4 "Pascal三角规则"运行

具有"分形"（fractal）图形不断自我复制与几何相似的规则性特征。

3. 规则的复杂性

"Pascal三角规则"用三个相邻细胞（包括当前细胞自身）的前一代决定下一代细胞的更迭规则，其状况只有两种，即"生""死"或"黑""白"，规则的可能性已达256种之多。当超出两个状态时，可能的规则将更多（从CAS对生成建筑设计的实际需要出发，本书只讨论两种细胞状态）。如果将Nb设定为5，即相邻细胞状态3种，其衍生的排列组合将为3^{32}种。

当Nb = 5时，影响细胞下一次叠代的因素为当前细胞及其左边与右边两个，总共为五个相连细胞。"百慕大三角规则"（Bermuda Triangle Rule）是Nb为5、States为2的一维CAS实例，前一代相邻细胞状态如何决定（中央）细胞下一代的状态规则可列表3-3。

Nb为5、States为2时，规则因子数目为32（$2 \times 2 \times 2 \times 2 \times 2 = 2^5$）。用

表3-3 百慕大三角规则

Nb = 5, States = 2, RuleBinary = 00111000111001000100000100111101							
编　号	1	2	3	4	5	6	7	8
前一代细胞状况	00000	00001	00010	00011	00100	00101	00110	00111
后一代细胞状况	0	0	1	1	1	0	0	0
编　号	9	10	11	12	13	14	15	16
前一代细胞状况	01000	01001	01010	01011	01100	01101	01110	01111
后一代细胞状况	1	1	1	0	0	1	0	0
编　号	17	18	19	20	21	22	23	24
前一代细胞状况	10000	10001	10010	10011	10100	10101	10110	10111
后一代细胞状况	0	1	0	0	0	0	0	1
编　号	25	26	27	28	29	30	31	32
前一代细胞状况	11000	11001	11010	11011	11100	11101	11110	11111
后一代细胞状况	0	0	1	1	1	1	0	1

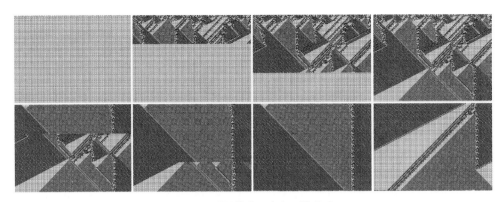

图3-5　"百慕大三角规则"运行

Cellular

Automata

二进制度表示"百慕大三角规则"细胞下一代更迭结果将是"00111000111001000100000100111101"一长串的字符，为简化这一表达可以使用十六进制法的表达这一值为"38E4413D"，这样可以将一长串数字缩减至原来的四分之一。当Nb = 7的时候，一维CAS将会有$128 = 2^7$组规则，即便使用十六进制法来表示该演变可能也需要32个数字，如此庞大的排列组合在此无须一一列举。根据前面所述，当Nb为5、States为2时，其规则种类将有2^{32}，即4294967296种，如果考虑细胞的可能状态不只是两个，那么仅Nb为5的状况其规则的可能性已是天文数。图3-5为运用Mirek's Cellebration v.4应用程序显示"百慕大三角规则"一维CAS每隔数十代的运行截图。

3.1.2　二维CAS运行机理

"Pascal三角规则"和"百慕大三角规则"均以相邻细胞可能状态的排列组合决定（中央）细胞下一代的状态。

另一套规则可以不考虑相邻细胞的状态，而根据它们"生存"或"死亡"细胞的总数来决定（中央）细胞下一代的状态。Conway的"生命游戏"（Game of Life）二维CAS便采取了这样的排列组合规则定义方式。

CAS系统起源于二维平面自动机，此后发展到一维、三维乃至更高维度。"生命游戏"（Game of Life）是特定规则二维CAS的典型实例。

"生命游戏"最初发表于1970年10月《科学美国人》杂志的"数学游戏"专栏中，起源于英国剑桥大学数学家康威（John Horton Conway）1970年发明的CAS。它是一个零玩家游戏，其运行参数包括一个二维矩阵，平面矩阵中的每个方格居住着"生存"或"死亡"的细胞。各细胞在下一个时刻的"生死"状态取决于相邻8个方格中活的或死的细胞数量。（摘自维基百科）

1.　"生命游戏"运行规则

如图3-6之1所示，在二维CAS中，平面被分割成很多类似棋盘的方格子，每一个格子虚拟成一个细胞生命体并存

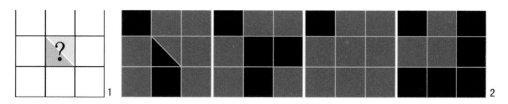

图3-6 "生命游戏"二细胞自动机运行规则

在生、死两种状态，代表活性细胞的格子显示成深色，死去的细胞显示浅色。每一个格子周围有8个邻居格子存在，如果把3×3的9个格子构成的正方形看成一个基本单元，那么该正方形中心相邻的8个格子便是它的邻居。

程序设计者可以根据自己的喜好设定周围活细胞的数目、状态及相关规则，以确定该细胞下一代的生存或死亡状态。"生命游戏"制定了一种特定的"游戏规则"：如果周围生活细胞数目过多，该细胞会因为资源匮乏而在下一时刻死亡；相反，如果数目过低，该细胞则也会因为得不到必要的协助而在下一时刻死亡。通常情况下，根据周围细胞单元的生命数目确定规则，即生命游戏规则（Life Rule），参见图3-6之2：

（1）如果活性细胞的8个邻居中有2个或者3个格子是活性细胞，那么它将继续存活下去；

（2）如果活性细胞的邻居数多于3，该生命体就会因为过分拥挤而死亡，少于2也会因为过分孤独而死亡。

（3）如果当前格子单元原先为死亡状态，当它具备3个活着的邻居时便会获得重生。

按照以上规则将若干格子（生命体）构成了一个复杂的动态系统，运用简单规则构成的群体会涌现出很多意想不到的复杂行为。在程序的运行中，杂乱无序的细胞会逐渐演化出具有对称性的各种精致、有形的结构，出现叠代变化的平面形状。一些已经稳定的结构会因为一些无序细胞的"入侵"而被破

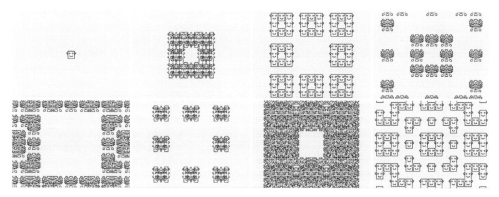

图3-7 "Replicator"初始状态、"生命游戏"运行状况

坏。不同"生命游戏"的初始状态可以生成不同的演化进程，但是稳定的形状和秩序经常能从杂乱中产生出来。如图3-7为被称之"Replicator"初始"生命"状态。遵循上述规则，运用Mirek's Cellebration v.4应用程序显示"生命游戏"二维CAS每隔数十代的运行截图。

在这个游戏中，还可以设定一些更加复杂的规则，例如当前方格的状况不仅由父一代决定，而且还考虑"祖父"一代的情况，不同的初始状态在二维CAS运行进程中呈现迥然不同的动态特征。程序设计者可以尝试设定某个方格细胞的"生命规则"，观察其对生成状态的影响。

2. "生命游戏"的稳定结构

生命游戏的程序实践表明：在此规则控制下，生命游戏运行进程中可能产生以下三类静态、动态或动态移动稳定结构：

(1) 静态稳定结构：在没有外界细胞"入侵"的情况下，每个细胞群位置和状态不作变化，细胞群完全处于静态稳定状态，如图3-8上图所示；

(2) 动态稳定结构：在细胞群在固

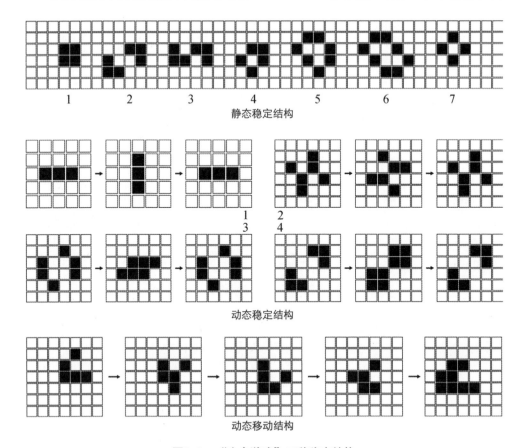

静态稳定结构

动态稳定结构

动态移动结构

图3-8 "生命游戏"三种稳定结构

定的环境内作周期循环叠代，最具代表的著名例子是所谓"眨眼"（blinker）动态更迭，如图3-8中图所示；

(3) 动态移动结构：细胞群作循环形状的变更，同时会稳定地向某个方向均匀移动，其中最著名的代表是"滑翔机"运动，如图3-8下图所示。

就Conway生命游戏的规则而言，无论细胞环境的初始状态如何，也不管一开始叠代是否稳定或混沌，生命游戏最终均会出现稳定的细胞状态。整个图像会呈现静态的、周期式的、或周期式动态移动的状态，抑或所有细胞灭亡。生命游戏展现着超出人们预期的复杂性，从生命游戏中可以发现源于简单规则的复杂行为。简单的规则表现出极其复杂的叠代变化，表面看起来无足轻重、毫不相干的规则，其彼此作用的结果却导致非线性复杂形态变化。

"生命游戏"的简单规则致使无机体具备某种活性生命的特征。"滑翔机"移动并维持形态的结构，似乎能够在生命游戏中扮演传递信息或攻击敌方的细胞载体。"生命游戏"的二维CAS可以建构人工生命的计算机雏形，并已成为人工生命研究领域不可或缺的重要部分。

3. "生命游戏"的规则转变

如果按照一维CAS叠代规则，即按当前细胞周围8个方位细胞的"生"、"死"状态来决定中间细胞体下一代的生存状态，那么通过数学的方法得知其规则因子数为$2^8=256$种，潜在的逐代迭代规则将为$2^{256}=1.15792e+77$之多。在如此浩瀚的规则中寻找出有价值的规则无异于大海捞针。所以，二维CAS通常将更迭规则改变为根据邻居细胞"生"或"死"的数量来决定中心细胞下一代的生存状态，并作通用规则如下：

(1) 对上代"活性"细胞：当有N（0~8的整数）个存活相邻细胞时，该细胞在下一代更迭后将继续存活；多种个数判定因子时，将判定数字依次排列，如上代周围有1、2、4个"活"细胞，其下一代将继续存活，表示为Survivals=124。

(2) 对于上代"死亡"：当有M（0~8的整数）个存活相邻细胞时，该细胞在下一代更迭后将获得新生；多种个数判定因子时，将判定数字依次排列，如上代周围3、7个"活"细胞，其下一代将获得新生，表示为Births=37。

将以上规则合起来表示为LifeRule=S/B=124/37，并称为"规则通用表示法"[①]。

在Conway 1970年提出生命游戏之后的20年间就有几百个不同的规则被许多领域的学者与玩家们提出，随着计算机硬件技术的不断提高，许多二维CAS已经不是Conway当初所能想象的，这些规则展现着令人陶醉的迷人魅力。新颖的"生命游戏"已经变成了美丽图像的制造机。二维CAS的进一步研究便发展为"混沌边缘"

---

① 鉴于细胞自动机在建筑设计领域的具体应用，本书不涉及Brian Silverman提出的"幽灵"（Ghost）及不同级别"幽灵"生存状态细胞因子的复杂情况。

（Edge of Choas），1984年，物理天才Stephen Wolfram将二维CAS归纳成"四个普遍性等级"[①]。人工生命领域的创始人之一Christopher Langton

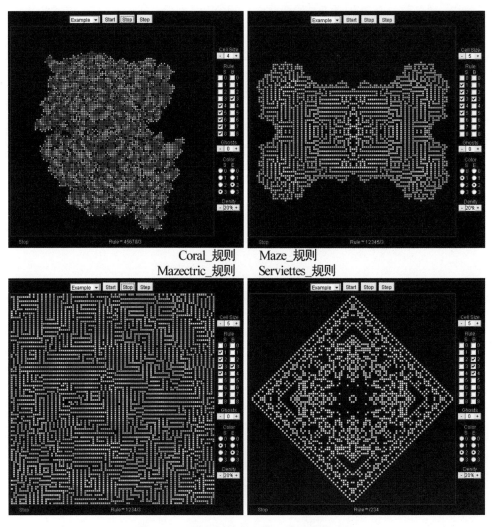

图3-9　四种规则控制下的二维细胞自动机

① Stephen Wolfram二维细胞自动机四个普遍性等级：第一级规则包含了完全的死寂，无论开始时的活细胞或死细胞表现什么形态，它们迭代没有多少次之后一切都会灭亡，最后处于"死亡"状态。第二级规则稍稍有一点生气。在这个规则的运作下，活细胞和死细胞随机散布的初始状态会很快地形成一组静止的块状，另外有几块会处于周期性的稳定振动。第三级规则过度的生气蓬勃，这些规则会产生许多活动，使画面似乎整个都沸腾起来了，一切都是不稳定而不可预知，在里面看不出任何的循环模式。第四级规则，这种罕见的规则既不会产生停滞的块状，也不会制造出全然的混沌，而会产生有连续性的结构，以一种奇妙复杂的方式繁殖、生长、分裂与重新组合。

通过参数调整的实验方法归纳出二维CAS随参数呈现"秩序、复杂、混沌"的变化规则，Langton把这样能够产生"复杂"现象的系统称呼作"混沌边缘"。秩序与混沌交织成有创造性、变幻莫测的生命样态，呈现永远不安定的动态结构，在不断的成长、分裂、重组之中展现令人惊奇的复杂精妙之舞。如图3-9列举部分不同二维CAS规则控制下，特定二维CAS初始状态，某迭代"年代"运行截图，其规则分别为：① Coral规则（LifeRule=S/B=45678/3）；② Maze规则（LifeRule=S/B=12345/3）；③ Mazectric规则（LifeRule=S/B=1234/3）；④ Serviettes规则（LifeRule=S/B=null/234）。

　　寻找并制定切合建筑设计原理的二维CAS规则成为建筑设计生成方法研究的主要目标。在建筑设计生成方法程序建模中，通常根据不同建筑楼层和下一层楼既定运行结果，制定不同的二维CAS规则。本章第2节将介绍类似的建筑设计生成方法探索，由于此类CAS算法实质为二维空间算法模型，而在表达形式上呈现三维特征，姑且将此类实际应用定义为二维半CAS。三维及更高维度自动机涉猎更复杂的规则制定，其算法模式和一、二维CAS类似，在建筑学计算机生成方法运用及程序开发中均存在操作障碍，如CAS算法逻辑与建筑功能空间逻辑并无直接的对应关系；三维CAS算法模型对计算机资源要求极高，故在程序运行过程中不能运行大规模三维CAS模型。本节不涉及三维及更高维度CAS模型。

3.1.3　城市CAS模型中的转换规则

　　细胞自动控制与发展模式以及在建筑和城市设计中的应用都经常被描述为"复杂系统"。这些系统呈现动态展开特征，并且难于模拟。CAS复杂系统包含大量自治而又同时相互影响的元素，它们引发内在循环诱因，并通过反馈结果得到非线性的动态系统。二十几年前，与CAS控制的复杂动态系统及与复杂系统相关的研究开始引人注目，建筑师也被其深深地吸引和影响着。另一些研究领域也开始探究复杂系统理论和城市动态推移之间的类比（Delanda, 2002）。然而建筑中弹性和动态变化的概念优先于当前复杂系统的魔力。20世纪60年代，它们从Archigram[①]的插

---

① Archigram was an avant-garde architectural group formed in the 1960s—based at the Architectural Association, London—that was futurist, anti-heroic and pro-consumerist, drawing inspiration from technology in order to create a new reality that was solely expressed through hypothetical projects. The main members of the group were Peter Cook, Warren Chalk, Ron Herron, Dennis Crompton, Michael Webb and David Greene. Committed to a "high tech", light weight, infra-structural approach that was focused towards survival technology, the group experimented with modular technology, mobility through the environment, space capsules and mass-consumer imagery. Their works offered a seductive vision of a glamorous future machine age; however, social and environmental issues were left unaddressed. The projects of Archigram involve "Plug-in-City", "The Walking City" and etc. 资料来源：http://en.wikipedia.org/wiki/Archigram

入城市（Plug-in-City）、康斯坦特的新巴比伦或者Price的生成项目（Generator Project）等当时流行的乌托邦提议开始就影响着设计策略。尽管这些项目中没有几个被真正建成的，但它们却为新的研究方法奠定了基础。

CAS模型已经证明其城市研究中的能力，尤其是学术研究。但是，CAS在对城市模拟中必须经常暂时性地偏离由von Neumann和Ulam所描述的CAS的原始结构。基本的CAS并不适合城市系统研究，其架构过于简单不能代表真正的城市。为了成功地模拟城市体系，要对基本的CAS模型做一些修改。其中，最重要的便是转换规则，它们可以将代表现实世界行为的算法代码纳入到人工CAS世界。事实上，在城市CAS中，转换规则通常用来解释城市运行。转换规则不同会产生不同的模拟结果，模拟的精度主要取决于规则转换。所以准确地理解和引用转换规则是CAS模型的核心。

在城市模型中，"细胞"的未来状态一般针对土地的利用。在严格的CAS中，转换规则一律被应用于每个细胞。前述基本CAS转换规则依靠临近单位模版的输入来评价细胞变化状态。典型CAS转换规则，用公式可描述如下：

$$TP_{T+1}=f\ (ST,\ NB) \tag{1}$$

上式中：TP_{T+1}为检测细胞在时间$T+1$时的状态；

$\quad\quad\quad ST$为检测细胞在时间T时的状态；

$\quad\quad\quad NB$为邻近细胞状态。

方程（1）表明每个细胞在$T+1$时的状态取决于邻近及该细胞在时间T时的状态。为了使基本CAS模型适用于城市环境，需要将冲突问题空间相关规则隶属于转换规则。在将CAS模型应用于城市系统时，影响因素需要很多。一个检测细胞的状态不仅受到邻里效应（如相邻土地用途）的影响，还受到城市体系中其他因素的影响，如可达性和适宜性等因素。因此，细胞的转换规则，例如从农村到城市、从一种土地利用类型到另一种等，可以这样描述：

$$TP_{T+1}=f\ (ST,\ NB,\ AC,\ SU\cdots) \tag{2}$$

上式中：TP_{T+1}、ST、NB定义与方程1相同；

$\quad\quad\quad AC$为可达性；

$\quad\quad\quad NB$为适宜性。

上面的公式被称作转换潜能规则。在多数有效的城市CAS模型中，上述的规则就被称为转换规则。在这些模型中，细胞的状态仅仅由它的转换潜能决定，当达到某种状态的最大潜力被计算出来后，下一个时间段里的细胞便会出现这样的状态。如果有两种以上的因素同时影响同一城市细胞环境，可以采取加权平均的方式获取地块的综合属性，并据此模拟下一时间城市地块的发展趋势。但是，如果要更精确的城市发展模式，如改变不同土地利用类型，以上所说的简单方法并不充分，因为在这样的模型中，不同土地利用的细胞转换潜能并不一样，而且影响最后细胞的状

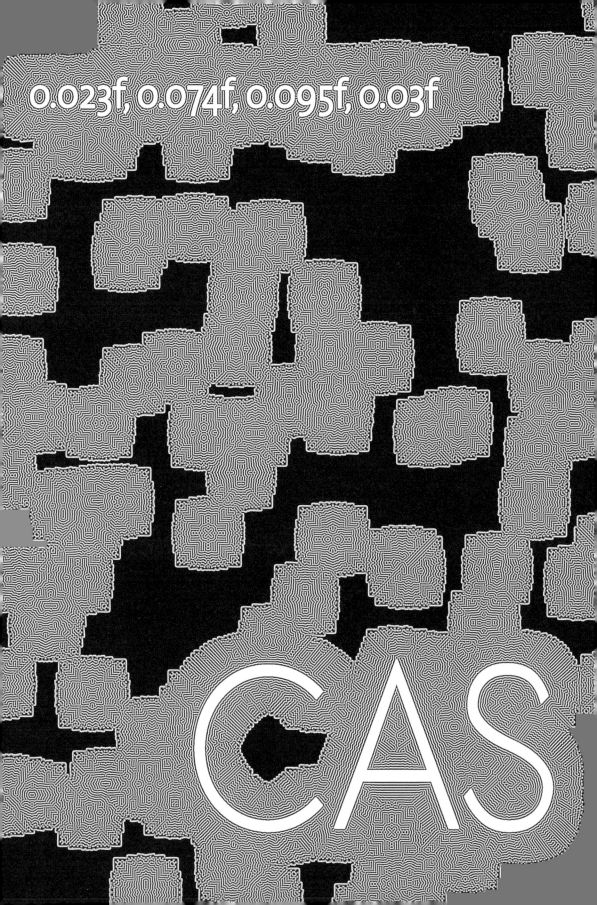

0.023f, 0.074f, 0.095f, 0.03f

CAS

态不仅仅包括其转换潜能，还有其他因素。一些额外、可行的生成方法需要应用到城市CAS模型中，如回归分析法、人工神经网络法、视觉观察法（试错）、多层次模型分析及多标准评估模型（AHP–MCE）方法等等。此外，访谈、文件分析、筛选分类在生成转变潜能规则的同时也成为生成解决冲突的规则。

3.1.4 建筑设计的多样性挑战及CAS生成模型的多样性

在当今建筑文脉中，城市形态大多成型于以"拷贝、粘贴"的方式发展建筑方案。在这个背景下，可以考虑CAS对建筑设计的选择预算、速度限制以及大型项目的特殊潜力。建筑设计中的细胞自动机系统可以受惠于传统自动机系统的挑战并且吸收其特色。例如统一体积的高清晰度模型和全球统一的执行标准，动态几何学对建筑设计的支持等等。

当前高速的城市生长以及越来越高的城市密度导致建筑形态的大规模生产，特别是住宅用途的建筑，为适应高密度和高效空间利用，建筑物发展规模已经在过去的十年中逐渐增长，往往每个建筑容纳数千人而每个居住区更容纳多于10万人。尺度与规模的不断增长明显对建筑品质有害，因此，建筑形式在紧迫的时间和紧张的预算下被多次重复拷贝，逐渐地丧失掉个性。建筑类型经常被标准化，并且不加分析地复制到其他城市，甚至那些不考虑城市文脉的设计缺陷也照样被机械复制。"单调的居住环境不仅仅是在美学上被质疑，更有可能对其居住者造成负面的影响：限制对居住空间的个人控制并且迫使居住者由于缺少自我表达的机会而陷入千篇一律的境地"[1] (Herrenkohl，1981；Evans，2003)。

为高密度的都市生活服务的建筑设计决定于紧张的经济限制和建筑规范。后者严格地决定了从建筑细节到全局设计建筑表达的所有方面。不断加速的规划速度以及开发者对快速经济复苏的压力，建筑师常常面对并不关心他们工作成果的多样性及建筑质量的开发商。因此，高密度建筑受控于追求场地最大发展潜力而产生的有限建筑类型，它展现了带来最大经济利润的理想建筑类型。因此，建筑设计典型依赖于单一、重复、标准化的方案，从而妨碍了文脉设计的选择性的发展，并且促使"复制、粘贴"取代了对各种建筑文脉反馈的设计方案。

CAS能够为设计的复杂性提供带有大量自动化方法，它有能力辅助设计师建立各种设计限制框架，同时，考虑到建筑设计城市环境及文脉关联。处理多种限制和复杂的几何外形是一种单调乏味的任务。为了解决这一类型的设计问题，建筑师需要将大量的时间投入到最初简单的任务。如在设计高密度住宅街区的时候，建筑师

----

[1] "Monotonous living environments are not only aesthetically challenged but can also have a negative impact on their inhabitants， limiting personal control of living space and forcing inhabitants into conformity with little opportunity for individual expression."

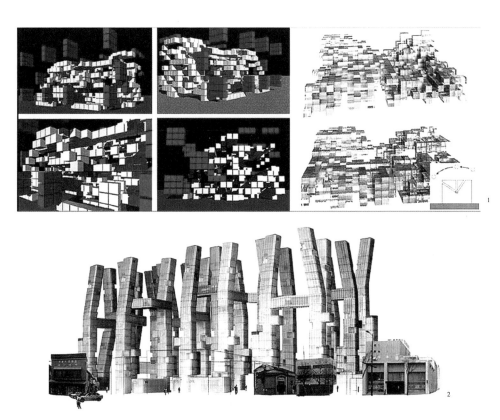

图3-10　日本Watanabe及西班牙Cero细胞自动机生成实例
（资料来源：http://www.makoto-architect.com/Idc97/Idc1/Idc1.html等）

可能花很多时间在满足最小日照和容积率要求上等等，一旦找到解决方案，设计师就会把这个方案拷贝到每一层，而不耗费或没有时间研究不同楼层空间结构上变化的可能。相反，建筑设计生成方法可以推动计算机生成变异引擎，操纵空间方案，并提出意想不到的研究策略。如图3-10之1所示为日本渡边（Watanabe，2002）设计的"太阳、上帝、城市"（The Sun-God City I），该设计中细胞自动机单元被按照日照标准排列，但是很多"细胞"在模型被用于建筑用途时缺乏纵向支撑；图3-10之2为西班牙Cero设计小组于2001年设计的日本北部青森（Aomori）25层高密度"微型摩天楼"城市区域。

细胞自动机生成系统为建筑学提供新的设计方法，并满足建筑设计过程中的高效需求。和思想形式上严格依附专业CAS特征相比，实际工程设计大大增加CAS生成的功用。为了把CAS用于特殊的问题，专业的CAS属性经常随着它们所需的用途变化，这种可变更的特征包括细胞的数量、规则的设置及叠代周期等等。同时，还包括人为干预的介入，邻里映射动态空间的定义，允许细胞形状变化可以有效提供高度灵活的CAS模型。

95

3.2 细胞自动机建筑设计生成方法——"happyLattices"、 "Cube1001"

综合上节对细胞自动机系统模型的分析，本节介绍东南大学建筑学院生成设计部分教学实践案例，"happyLattices"（2006）与"Cube1001"（2007）以细胞自动机系统为模型的建筑设计计算机生成方法案例探索。细胞自动机系统通常作为建筑设计生成系统方法研究的开端。

在三维世界中，运用规则立方体横平竖直的极简魅力，寻求多种立体构成是众多艺术家、工业产品设计者，当然也包括建筑师永不满足的追求。然而，建筑师在创造美感的同时，需要比艺术家和工业设计者考虑更多的实际因素：建筑实体与空间的分布、构成要素的尺度和规模、交通的流动、结构的合理等等。在套上了众多诸如此类的规则后，建筑师们还能肆意地把玩空间，创造成百上千富有趣味而又合乎空间逻辑的建筑吗？事实上，不仅人脑在运算速度上大不如电脑来得利索，许多存储在建筑师脑中固有的想法也限制了设计的创新和效率。建筑设计需要毫无束缚的创新思维和纯熟的建筑经验，然而经验和创新思维似乎是天生一对难于兼顾的矛盾体。"happyLattices"及"Cube1001"试图找到一种手段来替代其中的一种，综合人脑及计算机的各自优势、摒弃相互的不足，从经验与创新中找出彼此兼顾的新设计途径。在建筑设计中，住宅是一种模式化非常高的建筑类型，住宅设计具备相对固定的建筑功能分区、规范要求、建筑规模。然而，一栋适合人居住的住宅不仅要设计新颖，更要考虑到采光、间距、视距、入口空间等种种条件。由于有了众多建筑学的"条条框框"，建筑师们常常会苦于产生造型新颖、空间丰富的建筑方案。如今国内的住宅设计通常采用规整的板式或者点式平面布局，在满足住宅规范要求的同时，忽略了住宅建筑本应扮演的造型艺术、空间艺术载体的责任。"细胞自动机系统"在二维平面上对网格平面的自如控制让人对其"设计能力"充满信心，细胞自动机可变的"游戏规则"也和住宅建筑的种种规范相吻合，基于"元胞自动机"算法原理，"happyLattices"和"Cube1001"试图实现住宅设计造型艺术与空间艺术的综合统一，它们分别在2006与2007年完成，两者有着一定的关联，故在本节一并介绍。

3.2.1 "happyLattices"生成工具

1. 从"生命游戏"到"happyLattices"

"happyLattices"意为"愉快格栅"：每个方格均可获得其预设的愉快适应度（fitness），由2006年建筑设计生成小组共同研讨并开发。"生命游戏"提供现成的计算模型，其基本原理与"happyLattices"建筑设计生成方法相符，可以将"生命游戏"作为"happyLattices"生成系统的雏形。通过对"生命游戏"的改写，并在此基础上改写"生命规则"，使其达到建筑设计生成原型需求。

"happyLattices"程序工具可以辅助多种不同功能类型建筑的早期设计思维，它基于建筑设计诸多可能性的程序抽象思维的人工艺术过程。

"happyLattices"生成系统遵循"生命游戏"程序框架，程序结构分为主程序、各功能函数两大部分，主函数负责参数定义及输入输出等等；功能函数由主程序派生而来，负责主程序引用的具体定义，不同函数定义不同的内容，并完成相应的功能要求。由于该生成工具在"生命游戏"的基础上开发而来，程序开发难度适中，"happyLattices"开发平台采用ActionScript 2.0。

2. "happyLattices"程序原理及运行

"happyLattices"关注建筑平面模度，最终生成受制于既定建筑基地的平面模式，解决建筑基本问题。每一个方格单元根据相应的程序规则（应用于不同建筑功能）和周围相邻方格单元的状态（建筑外部空间或内部空间，与"生命游戏"的"生存""死亡"类似）改变其自身的当前状况（决定该方格为内、外部空间）。最初的方法是试误法，例如，如果仿真出一群细胞慢慢增长但不完全符合建筑平面布局的需求，便微幅修改规则，或改变细胞的位置，如果不行再尝试其他的修改，直到画面中出现预期的平面模式为止。住宅部分具体规则主要有以下几方面：

① 被虚拟为建筑房间的每一方格单元或每两个相邻方格单元至少有一个边向外部空间开启以满足建筑采光的需求。如图3-11所示，如果考虑每个方格单元必须有对外的采光面，图3-11A的中间方格单元（黑色）不符合规则，它将变成建筑外部空间（院落）。图3-11B至图3-11D的布局被认为符合该规则需要，而图3-11F状态在程序规则中也应尽量避免。

② 方格单元之间必须满足和基本模数相符的设定距离。

③ 二层程序规则设定遵循建筑日照间距需求并对方格单元实体部分作适当取舍。

(1) "happyLattices"程序策略

程序编写之前需要确立程序数据与界面控制之间的关联。

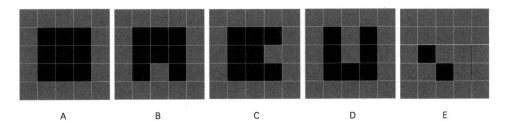

A　　　　　B　　　　　C　　　　　D　　　　　E

图3-11　根据"生命游戏"改变程序规则

"happyLattices"将基地方格单元分为可变单元和恒定单元：可变单元是程序运行中根据环境不断变更生存状态的各个单元，生成系统在程序规则控制下自主判断"生、死"状况。可变单元通过三种颜色区分基地中不同的建筑可变功能空间。它们分别代表：建筑除恒定单元之外的建筑外部空间、一层建筑主体及二层建筑主体；恒定单元由设计师自主确定、不参与程序运算的方格单元，如基地各出入口位置、主要道路网、基地内河流、坡地、现存不变因素等等。程序运行大致步骤如下：

① 基地网格化：使用模数化的网格剖分建筑基地，同时将基地划分为不同建筑功能区，基地网格化后的相关数据将作为程序初始化条件输入"happyLattices"。

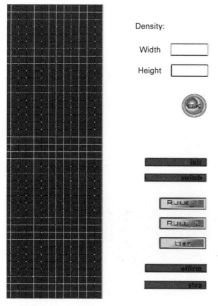

图3-12 "happyLattices"控制界面

② 基地环境预设：运用程序环境预设功能，确定基地中恒定不变的单元，如主要道路网、基地不可建设单元等等。

③ 生成结果选择：将a、b既定初始化条件输入生成工具，"happyLattices"按照预定规则生成若干设计结果，设计者在生成结果中选择满意的成果。

④ 深化方案设计：根据"happyLattices"生成工具提供的结果对建筑形态进行主观调整及建筑方案深化。

程序编码框架大致由"基地初始化函数组"、"界面控制函数组"及"规划控制函数组"等等功能函数构成：

① 界面控制函数组：界面控制函数组控制ActionScript提供的各种组件，包括按钮、输入文本框、输出文本框等等，程序界面见图3-12。按钮主要控制程序运算进程及其数据传输；输入文本框控制建筑基地规模（长、宽）；输出文本框显示对应生成结果的建筑覆盖率；录入按钮将生成数据记录至数组中。图3-12程序界面自上而下介绍如下：

Density窗口：覆盖率输出窗口；

Width窗口：基地面面宽参数输入窗口；

Height窗口：基地面进深参数输入窗口；

Ok按钮：完成生成工具参数初始化；

Init按钮：基地初始化数据显示输出；

Switch按钮：切换可变、恒定单元

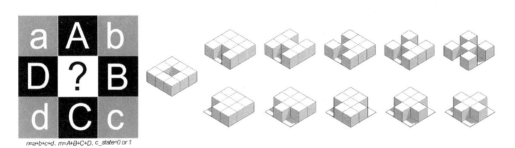

图3-13 正交、斜交及空间关系

不同输入状态；

Rule_1按钮：运用规则1控制一层建筑生成；

Rule_2按钮：运用规则2控制一层建筑生成；

Sec按钮：运用规则3控制二层建筑生成；

Affirm按钮：将生成结果录入指定数组；

Stop按钮：停止系统运行。

② 基地初始化函数组：负责设计师输入基地参数数据储存，并做初始化处理，完成"happyLattices"生成系统运行预先设定。程序用黑色方块代表空地、灰色方块为可变单元、白色为可变单元、绿色方块为恒定单元。

③ 规划控制函数组：规则控制函数主要用来统计各单元显示状况，程序将细胞周围邻居的结果输入到规则函数中进行判断。该规则函数是生成工具算法的核心。

(2) 规则程序化数据

正如前面所述，规则的制定是程序算法的核心。制定"happyLattices"规则不仅需要预先将建筑问题转化为程序算法，还需要经过程序多次调试，并从

程序运行的反馈结果中变更程序算法。前述"happyLattices"简单明了，但在转化为程序语言时尚需要运用一定技巧。如图313所示，程序数据用1代表该单元为建筑实体，0代表该单元为空地。分别用n和m代表斜交方向和正交方向建筑实体数量总和，用c_state等于"0"或"1"表示当前，即中间单元细胞为虚空间或实体状态，即：

$$n=a+b+c+d;$$
$$m=A+B+C+D。$$

如此便可以通过n及m的值来控制基地平面单元的采光性质，同时也可以适度控制并避免图3-11F中建筑单元对角的情形。如当$m+n=8$时，说明8个相邻单元均为建筑实体单元，那么当前单元（即中间单元）必须变成虚空间，即$c\_state=0$；当$m=3$、$n=4$，且当前中间$c\_state=0$时便一定出现单元对角关系的布局。总结"happyLattices"主要规则可用图3-13解释"规划控制函数组"。

除了图3-14所述规则外，在程序调试过程中，发现程序运行过程存在矛盾和冲突，需要加入如下额外的规则。

0.023f, 0.074f, 0.095f, 0.03f

CAS

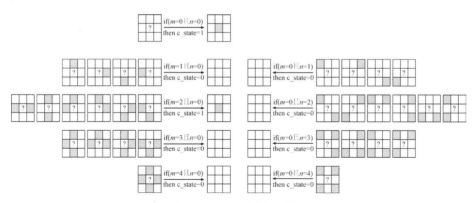

图3-14 正、斜交规则判断

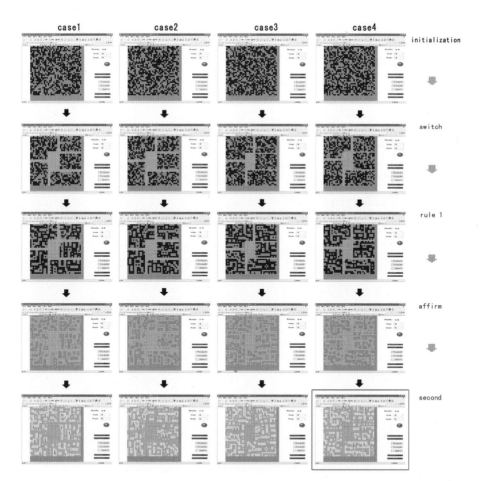

图3-15 相同基地环境的不同生成结果
（资料来源：2006年建筑设计生成小组）

规则2在上述规则的基础上稍做修改，从而使生成结果对应其他建筑功能建筑体量特征；规则3控制二层建筑规则，在其中加入日照采光相关规则。

"happyLattices"工具的实现令人鼓舞，学生虚拟一个矩形基地并运用该工具实现该基地的全面布局。程序按照预先对基地分析取得的相关参数执行，如图3-15所示，可以在短时间内（平均1.5分钟/轮）生成满足规则的成果供建筑师选择。同时，提供对全局状态的实时反馈，如基地建筑密度等。学生记录每次生成结果，从中选择满意的结果进一步深化方案（如图3-15所示右下角生成结果），并将它发展成具体的建筑设计成果。

3. 基地虚拟与别墅单体拼装

根据虚拟的基地环境，运用不同的规则可以生成多种建筑功能平面布局，最终完成了别墅区及商业区的程序生成设计，下面列举别墅区的生成设计过程。

"happyLattices"提供道路及环境预先设定功能，这些方格单元在程序运行中被认为是基地现状预设条件。通过该方式，可以将必要的基地现状及道路网设计直观地输入程序——运行初始化条件。由生成系统直接产生的结果比较生涩，需要建筑师人为做适当调整，从而使设计成果更符合建筑师感性需求。如图3-16所示深色部分为人工修改单元。

别墅单体拼装的设计对最终成果起着举足轻重的作用。根据前述方格单元的特征，可以提取出十种跃层式的基本别墅模块类型（图3-17之1）。通过必

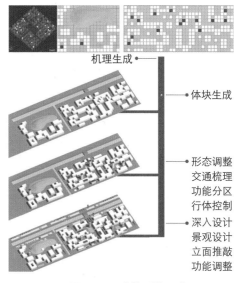

机理生成

体块生成

形态调整
交通梳理
功能分区
行体控制

深入设计
景观设计
立面推敲
功能调整

图3-16 建筑形体深化
（资料来源：2006年建筑设计生成小组）

要的旋转或镜像，该十种基本户型可以"覆盖"整个建筑基地。单体拼装设计必须考虑别墅出入口与基地预设交通关系、停车场设置、别墅底层与上部的空间关系等等。通过如图3-17之2所示的户型框架，用户可以轻松地实现建筑内部不同区域的空间划分。

4. 数据接口与三维建筑造型

"happyLattices"研究焦点从建筑内部空间采光需要出发从而导出建筑体块区域性划分，将生成的平面原始数据输入到其他应用软件的数据接口，如Auto CAD-Lisp、3D Max-MAXScript等，生成三维体形将变得异常便捷。

"happyLattices"直观地提供可开启窗户的墙面，建筑师可以在生成体块的基础上，根据自己的需要对建筑造型做更进一步的推敲。软件接口可以通过对原始数据的采集及其他软件提供的二次开发平台实现。

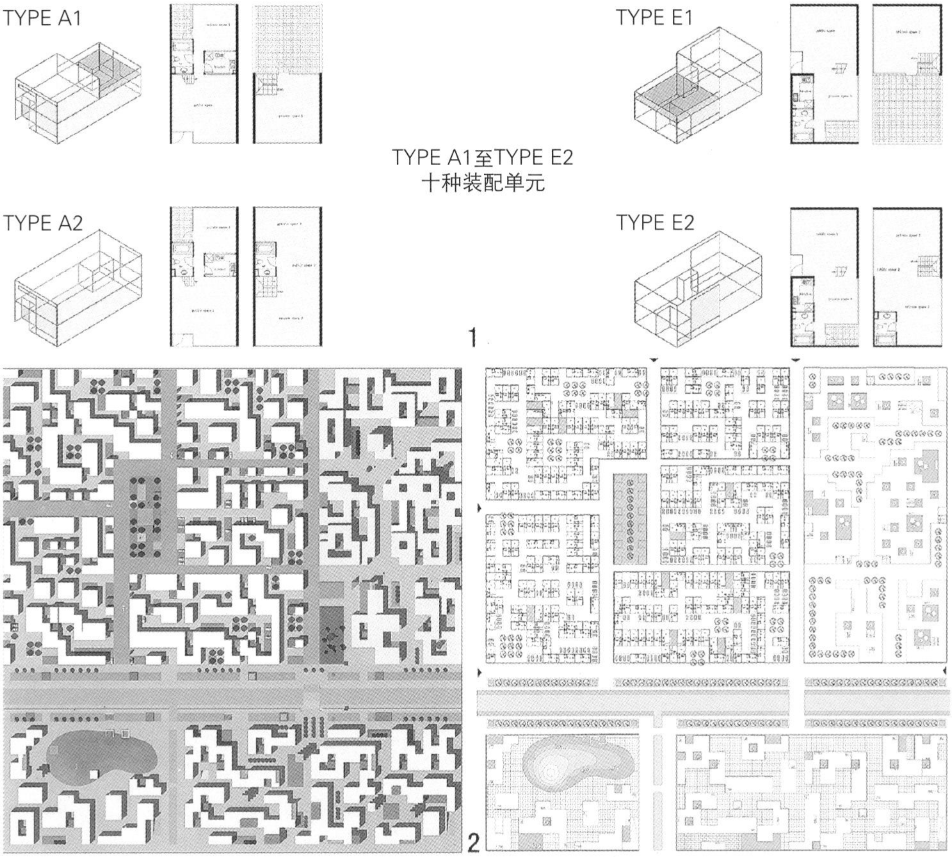

TYPE A1

TYPE A2

TYPE E1

TYPE E2

TYPE A1至TYPE E2
十种装配单元

1

2

图3-17 10种建筑套型及总平面
（资料来源：2006年建筑设计生成小组）

"happyLattices"强调应用程序开发生成必要的前期建筑设计成果，并在此基础上运用传统的手段实现设计全过程。造型设计在3ds Max、Sketchup和PhotoShop中进行，毕业设计组的学生可以根据个人喜好以及对其他应用软件的熟悉有选择地进行其余的设计工作（图3-18）。

5."happyLattices"的缺陷

"happyLattices"基本满足实践的初始目的，但仍存在很多不足之处：

（1）对最终生成结果需要进行人工手动排列建筑总体布局，工作量过大，没完成与其他程序的数据接口；

（2）二层基本没考虑具体日照间距数学运算，只是凭借简单估算确定"细胞单元"虚实；

（3）"happyLattices"完全为二维数据结构，给今后应用程序数据接口编程带来难以解决的障碍；

（4）ActionScript程序平台运行效率很低，对更大建筑规模的程序实践，运行资源不够，需要更强大的程序开发平台支撑。

103

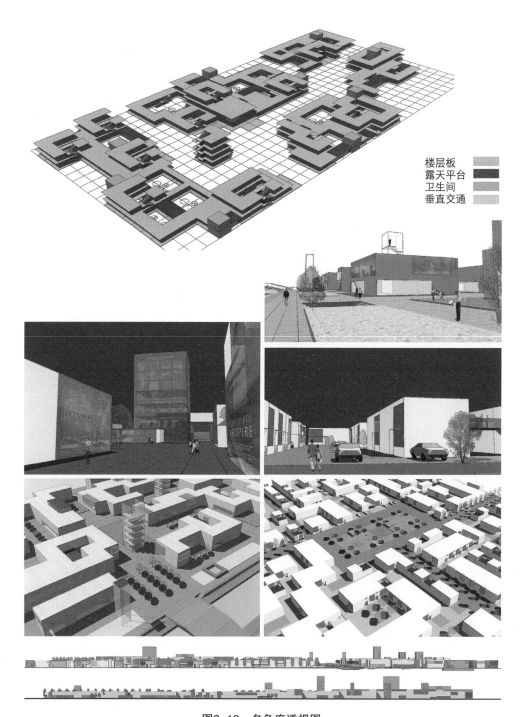

楼层板
露天平台
卫生间
垂直交通

图3-18 多角度透视图
（资料来源：2006年建筑设计生成小组）

3.2.2 "Cube1001"生成工具

1. "Cube1001"与"happyLattices"

"Cube1001"延续"happyLattices"的某些研究方法，如均使用类似的算法模型系统，即细胞自动机模型；使用网格分解建筑基地，并将基地数据化整为零输入计算机；基地环境预定义，确定建筑功能分区及不参与运算的恒定单元；设计师在生成成果之间比较并进行主观选择等等。但与"happyLattices"相比，"Cube1001"寻求更高效率的算法规则。"happyLattices"1.5分钟可以获得一个生成方案，而理论上讲，Cube1001生成效率可达每分钟生成12种建筑空间布局方案。

"Cube1001"解决了ActionScript生成数据与Auto CAD应用程序的数据接口，

"happyLattices"只提供点选"恒定单元"的选择方式，而"Cube1001"提供更便捷的窗口选择方式。总之，"Cube1001"与"happyLattices"均以细胞自动机为程序开发基础，但采用了不同的规则来控制各自的生成结果。本段简述"Cube1001"建筑设计生成工具开发过程。

2. Cube1001工具概述

Cube1001开发平台为ActionScript2.0（Flash8），程序界面见图3-19，它包含与软件运行的相关参数、显示及与Auto CAD的输出接口等等。与happyLattices相似，Cube1001将基地内模数化的单元分为两类：一类是可变单元，它们由生成系统自主判断哪些是建筑物、哪些是空地单元。可变单元又包括两种，一种代表空地，另一种代表被建筑物占据的单元，依据相关联的不同规则连续生成三层平面。另一类为恒

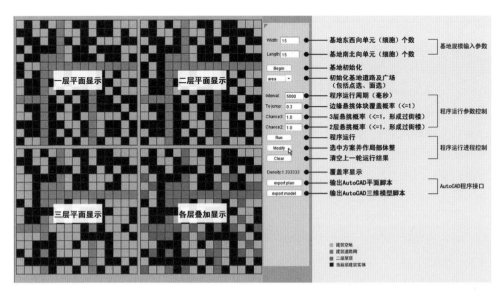

图3-19 Cube1001工具界面
（资料来源：2007年建筑设计生成小组）

定单元，主要包括设计者确定的主要出入口、主要道路网或中心广场等不需要放置建筑物的单元。

Cube1001程序界面具体包括以下几部分：

(1) 操作区界面

操作区包含基地尺度、道路选择、运算时间间隔等输入对话框，为控制建筑的一系列参数。显输出区包括两类数据：建筑方案的形体数据输出窗口及提供CAD软件接口数据输出窗口。

① 基地长宽控制："Length/Width"表示虚拟基地长宽方向规格单元的个数，该数值仅表示抽象单元格的数量，不表示具体长宽尺寸。Cube1001用该数值代表基地正交方向可能产生的相对尺寸比例。

② 基地初始化：此按钮根据先前"Length/Width"的输入参数，在Cube1001显示界面生成正交的基地网格。

③ Point/Area选则：点选（Point）与窗口（Area）选择，用于控制生成结果的恒定单元部分，它控制程序运行中恒定不变的基地空间，如道路、广场、山体湖泊或现存建筑等等。此选择组合框包含两个选择分项，点选择方式用于基地单元格的逐个选择；窗口选择方式用于鼠标框选，它可以自由地控制基地恒定功能的大范围选择。

④ 运行参数设置：分别控制程序运行不同部分相关参数，"Interval"控制程序运行方案生成周期，以"毫秒"为单位，如"5000"即5秒钟生成一种方案；"To jump"为小于或等于"1"的随机参数，控制基地四边悬挑单元的生成概率，如"0.3"表示"30％"的基地周边单元在二层以上产生覆盖于一层的"灰空间"；"Chance3"和"Chance2"用于控制三层及二层的跨立概率，从而与一楼生成"过街楼"空间，它们同样用小于或等于"1"的小数表示，意义与"To jump"相同。

⑤ "Run"按钮：Cube1001根据既定的规则运行（规则见下文），一至三层的规则各不相同，程序即时在图形界面显示基地"虚"（道路、广场等）、"实"（建筑实体）关系。一层平面基于随机函数生成一组随机数据并根据一层的规则在屏幕上直接显示结果。二、三层生成数据则根据一层运行数据结果制定不同的生成规则。

⑥ "Modify"按钮：停止程序运行，并根据设计师的个人偏爱做适当修改。

⑦ "Clear"按钮：清除Cube1001上次运行的数据，为下一次运行做准备。

⑧ "export plan"按钮：将平面线框图输出至AutoCAD可识别的文件（文件格式*.scr）。

⑨ "export model"按钮：将三维模型输出至AutoCAD可识别的文件（文件格式*.scr）。

GOL

2

Cube1001

0.023f, 0.074f, 0.095f, 0.03f

CAS

（2）图形界面

图形界面较为简单，用于即时显示程序的运行结果，根据Cube1001运行的不同阶段，程序的显示方式有所区别，如图3-19左图所示，分别显示一层平面，二层平面、三层平面及一至三层叠加在一起的平面。

3. 程序结构设计及相关算法

Cube1001生成系统具有高度自由化特点，并在调试中不断探索，最终基本达到开发预设的目标。程序由功能函数和结构函数的多级结构组成，结构函数是程序的主体，负责定义程序运行的全局变量及组织功能；不同功能函数实现不同的功能目标，整个生成系统的基本函数结构及其关系如图3-20所示。主程序包含的"基地初始化函数组""规则控制函数组"和"界面控制函数组"等等，基地初始化函数组负责将输入的基地参数存储并加以初步处理，在生成系统开始工作之前，建筑师对生成系统作初步的设定。界面控制包含按钮控制函数、覆盖率统计函数与结果录入函数。按钮控制函数用来定义各个按钮的功能以及它们之间的数据传递；覆盖率统计函数用来实时统计基地上生成结果的覆盖率，并显示在生成系统界面上；结果录入函数将最终确定的生成结果所包含的数据录入到一个数组中，并通过程序文本框输出。

Cube1001和前述"happyLattics"一样运用到元胞自动机系统的算法原理，但其生成系统却更为精准、高效及良好的操控界面。Cube1001用三个二维数组（a [ ] [ ]、b [ ] [ ]、c [ ] [ ]）

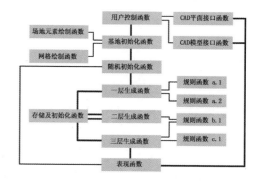

图3-20　函数结构
（资料来源：2007年建筑设计生成小组）

记录一至三层各层平面的单元生成数据及属性，单元可分为以下三种属性：

（1）虚空间，如空地或上空用0表示；

（2）建筑实体单元用1表示；

（3）恒定单元，如设计者既定的道路或场地中不可更改的基地属性，用-1表示。

程序在运行过程中必须回避上述恒定单元的既定元素，Cube1001在制定规则时考虑到建筑功能单元的采光及其内、外部空间形态的变化，其规则如下：

（1）一层规则（二维数组a数据）

规则a0：运用随机函数，对场地各单元格子初始化，预先设定的恒定单元保持属性不变，其余单元分为实体（属性1）和虚空间（属性0）两种状况。

规则a1：在a0的基础上，检测每个单元是否符合如下条件：每个单元至少有一个采光面，该采光面可以为设计者预先定义的道路或广场，也可以是a0中生成的虚空间，如果当前单元周边无采光面则将该单元变成庭院（即虚空间），如图3-21所示。

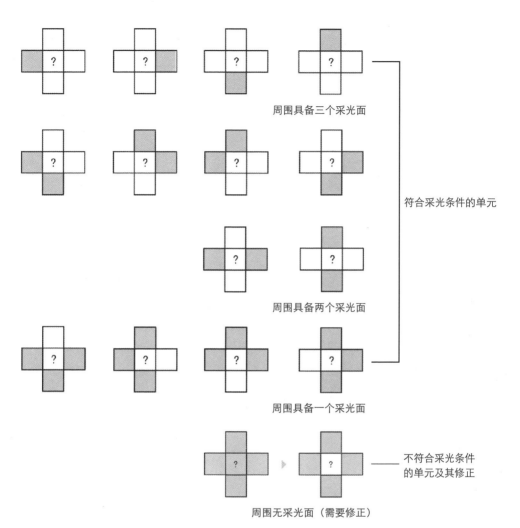

周围具备三个采光面

符合采光条件的单元

周围具备两个采光面

周围具备一个采光面

不符合采光条件
的单元及其修正

周围无采光面（需要修正）

图3-21 规则a1
（资料来源：2007年建筑设计生成小组）

规则a2：为了避免基地在a0生成过多的广场，同时保证生成足够的建筑密度，制定此规则。考察图3-22四种2×2的情况，若该单元正交、斜交方向均无相邻建筑实体则将当前单元变更为建筑实体。

（2）二层规则（二维数组b数据）

规则b0：复制一层数据并根据如下b1规则修改该数据；

规则b1：如果在1×3或3×1连续单元的两端建筑实体被中间道路分隔，并且斜交四单元中至少有一个单元为虚空间（保证具备足够的观察界面），那么根据"Chance2"所提供的跨立概率，将介于两个建筑单元的中间虚空间变成建筑实体，其生成结果即为建筑过街楼

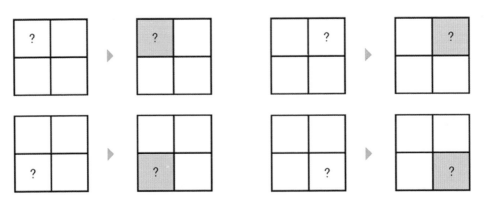

图3-22 规则a2
（资料来源：2007年建筑设计生成小组）

形态（图3-23）。

（3）三层规则（二维数组c数据）

规则c0：复制二层建筑单元数据，并根据如下c1、c2规则修改该数据；

规则c1：如果1×3或3×1连续建筑单元之间为道路分隔，并且斜交四单元中至少有一个单元为虚空间（保证具备足够的观察界面），那么根据

"Chance3"所提供的跨立概率，将介于两建筑单元的中间虚空间变成建筑实体，其生成结果也是建筑过街楼形态。

规则c2：如果存在采光院落，为保证一层单元的南向采光，则对应的三层单元必须由建筑实体空间变成虚空间（图3-24）。

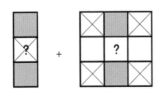 +  + "Chance2" =

图3-23 规则b1
（资料来源：2007年建筑设计生成小组）

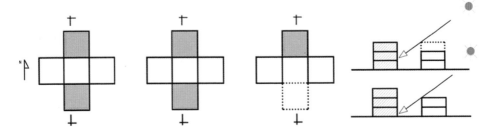

图3-24 规则c2
（资料来源：2007年建筑设计生成小组）

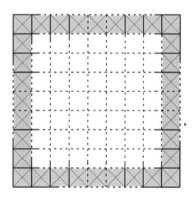

图3-25 边缘单元规则
（资料来源：2007年建筑设计生成小组）

(4) 边缘单元规则

有边界的元胞自动机网格中，边界细胞都需要特别考虑。否则必须将该有限网格想象成无限网格，通过判定边界细胞的"无形"邻居来推算他们的"生死"状态；或者将边界的一圈细胞分割出来，单独进行计算。Cube1001程序应用于具体的建筑生成需要时，必然须对建筑基地边界单元做特殊处理，倘若二层或三层的实体建筑空间对应于一层的虚空间，那么该一楼虚空间便自然而然形成供人活动或休憩的灰空间（图3-25）。

(5) 规则的局部修正

在实际程序调试过程中，需要对上述人为设定可能引起互相冲突的规则进行额外的规则调整，具体程序规则可参见本章第3节部分程序代码。

建筑形态主要由设计者主观进行判断，评价函数density输出该方案的容积率，作为选择方案的一个参考标准。density函数统计总建筑单元数与场地总单元数的比值，该值越高表明场地内的建筑单元越多。

4. 实现Cube1001与AutoCAD应用程序的接口

为了实现Cube1001与AutoCAD应用程序的数据通讯，将Cube1001生成的建筑形体数据输出到AutoCAD进行方案深化，需要建立适当的软件接口。平面图与AutoCAD接口实现过程分为如下三步：

(1) 建立基地网格图层和单元绘制图层；

(2) 建立绘制基地的网格命令组；

(3) 建立绘制各建筑单元命令组。

Cube1001三维模型与AutoCAD接口和上述过程类似，只是将AutoCAD二维数据绘图的命令转换为三维数据绘图命令。Cube1001使用"*.scr"（AutoCAD的输入脚本）实现上述文件格式的转换，并提供平面图、三维模型输出两种不同的模式。AutoCAD输入方式也非常便捷：输入script命令，选取需要输入的"scr"文件即可。

Cube1001作为一套完整的计算机辅助设计平台还需要将生成界面所生成的方格状态设定成符合建筑设计要

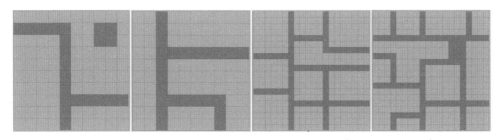

图3-26 运行步骤2
（资料来源：2007年建筑设计生成小组）

求的建筑规模，并且按预定的设计流程把基地参数输入该生成系统。根据Cube1001所提供的建筑空间的拓扑关系，在实际运用时，还需要为特定方案设置特定的网格模数和网格规模。

5. Cube1001运行演示

Cube1001生成系统可分为以下5个步骤：

（1）确定纵横向单元数量

Cube1001生成系统运行之前需要对实际建筑基地做大致的预算以确定基地东西、南北方向大致的建筑单元个数及各单元模数。基地分别以10×10、15×15、30×30及50×50为纵横向单元数量生成基地划分；如果输入10×10的单元划分，每个单元的基本模数为6 m×9 m，那么基地内建筑控制线应为60 m×90 m左右。

（2）确定基地恒定不变的单元

如前所述，恒定不变单元包括规划控制条件中不允许侵占的建筑用地，如山地、河流、湖泊等等；另一种恒定不变单元包括设计者预先设定的主要道路网络，设计者可以基于基地环境内外文脉关系设置基地内道路网及广场。图3-26显示了四种不同的选择结果。根据对基地环境分析，恒定不变单元提供点、面两种不同的选择方式，Cube1001以蓝色显示选中的恒定不变的单元。

（3）设定程序运行周期及跨立概率

生成周期、跨立概率主要应用于Cube1001生成结果与建筑师对此结果的主观感受之间的互动调试，该参数在程序后台由随机函数控制，它保证Cube1001生成结果的多样性及生成建筑的丰富空间。

（4）设计师主观选择理想的生成结果

图3-27 运行步骤4
（资料来源：2007年建筑设计生成小组）

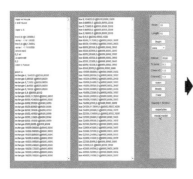
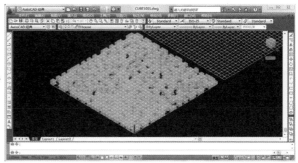

图3-28 运行步骤5
（资料来源：2007年建筑设计生成小组）

对生成方法产生的结果最终选择权取决于建筑师，建筑师根据自己制定的算法规则审视程序运行结果，并将生成结果与自己的预测相对照，从而逐步修正程序规则（图3-27）。尽管这种调试过程大部分其实在程序内核代码中进行，Cube1001依然从界面上提供了修改生成结果的可能。一旦设计师确定了理想的生成结果便可以通过该工具将数据转换到AutoCAD中做进一步调整。

（5）将理想的生成结果输出至AutoCAD做进一步加工

Cube1001生成结果输出至AutoCAD的编程需要了解scr文件结构，scr文件将AutoCAD需要的命令逐行编写以便AutoCAD按照提供的数据依次读入并执行；ActionScript可以便捷地将scr需要的文件格式输出，这便提供ActionScript与AutoCAD之间良好的程序接口。Cube1001将生成数据按AutoCAD输入需求编写成scr格式，通过文本格式文件输入至AutoCAD中，实现程序代码与应用程序之间的转换。图3-28为不同基地规模运行数据输出到AutoCAD应用程序截屏。

根据以上程序运行5步骤，可对Cube1001做如下测试：

根据居住建筑的建筑尺度要求，设定建筑网格规模为15×15。根据单体建筑的消防规范以及疏散要求，将既定网格划分为四大块，并用道路和内部中心疏散广场来划分（图3-29），以此确保每个分区具有足够的规模和各自独立

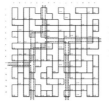
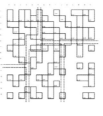

图3-29 基地空间划分
（资料来源：2007年建筑设计生成小组）

113

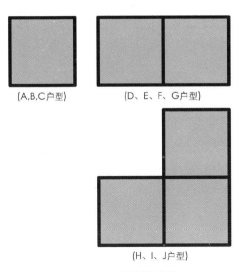

(A,B,C户型)　(D、E、F、G户型)

(H、I、J户型)

图3-30　平面划分模块

的出入口空间。这些以方格单元表示的"细胞"单元在程序运行中被认定为基地预设条件。通过该方式，可以将必要的基地现状及道路网直观地输入程序。程序开始运行时，基地中的方格在短时间内变幻调整，趋向符合预定的各项规则，最后渐渐稳定在某种状态。设计者记录若干生成结果，根据主观审美要求挑选形态较为满意的予以保存（图3-27），选取图3-27的第三个生成结果作为深化方案设计的基础。

以8 m×8 m模数虚拟网格中每个单元，通过Cube1001的运行，一、二、三层的建筑平面已经清楚地区分为建筑实体、外部空间、道路布局等等，但建筑实体不规则的平面却尚未被合理划分。根据公寓住宅每户面积指标需求及多样性居住空间的设计理念，将三种基本平面划分拓扑原型引入平面布局中，并对基地空间作如图3-30划分。在这个空间网格中，任意1个、2个、3个或4个

等等单元组合都可能成为公寓套型。于是按照该原理将生成没有划分的电脑方案有序地进行套型空间划分。划分元素有三种基本原型，依据这三种原型，最终可延伸出若干种户型。

6. 建筑平面深化

根据上述对基地空间单元的划分和建筑套型特征，可以组织若干种住宅户型，以下列举其中几种套型（图3-31）：1_ABCD、2_ABC、2_D……6_E等等（注：前面的数字表明该套型构成的单元"细胞"数目）。经过旋转、镜像，用它们"合成"整个基地的内外建筑空间。

本方案分布空间丰富多变，在垂直交通上，也采用了散点式分布，除去跃层式户型内部垂直交通，在室外还设置了轻便的入户楼梯，丰富二层及三层用户进入空间（图3-32）。

一层平面在Cube1001生成软件的基础上，经由平面合理调整，形成各自的院落休闲空间。每个小庭院提供不同的住户入户空间。部分室外空间由于过街楼的覆盖而具有更强的使用和停留价值（图3-33）。

二层建筑在一层的基础上"有增无减"，建筑覆盖面积也更大，为一层空间制造了更多的"过街楼""吊脚楼"等类似的灰空间。二层与一层相似，也成为主要的入户层，通过架设轻便的户外楼梯，方便二层和三层用户的直接出入，如图3-34左（二层平面）所示。

Cube1001的三层主要为越层户型的顶层房间，部分套型从二层屋顶入口的单层户型。由于三层采用了退台，二

图3-31　基地空间划分
（资料来源：2007年建筑设计生成小组）

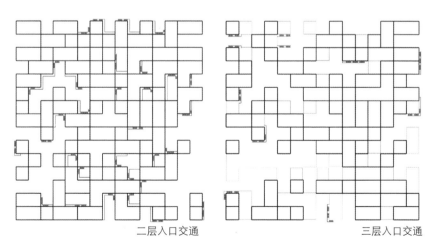

二层入口交通　　　　　　　　三层入口交通

图3-32　二、三层交通组织
（资料来源：2007年建筑设计生成小组）

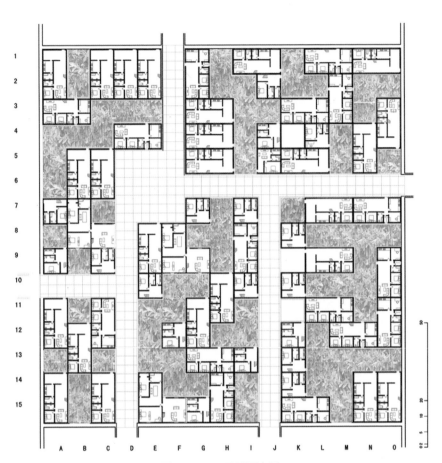

图3-33 一层平面布局
（资料来源：2007年建筑设计生成小组）

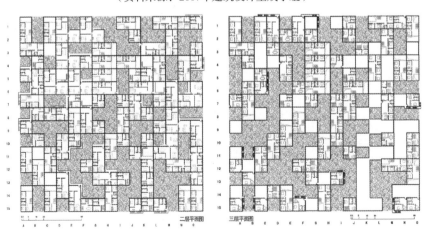

图3-34 二、三层平面布局
（资料来源：2007年建筑设计生成小组）

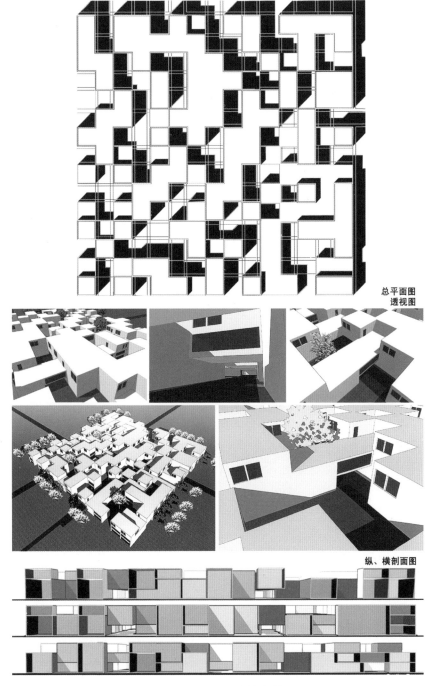

总平面图
透视图

纵、横剖面图

图3-35 Cube1001建筑生成图纸
（资料来源：2007年建筑设计生成小组）

层大量屋顶形成屋顶阳台，提供了足够的室外活动空间，如图3-34右（三层平面）所示。

Cube1001运用生成手法将计算机程序算法和建筑设计相关原理相融合，方便解决传统方法需要花费很长时间解决的建筑课题：套型的采光要求、建筑间距、平面图形式创新等等，并带有明显的"数码特征"。其他相关设计资料见图3-35。

7. Cube1001的缺陷

虽然在随机生成的方案中，Cube1001已经选定了相对理想的方案，然而计算机生成方案和真正的建筑还是具有一定的差距，许多工作尚需要手动划分建筑平面，与"happyLattices"相比，在解决建筑"顶角"布局方面（如图3-11F所示）甚至有所退化；这些情况有可能造成建筑建造或使用问题。Cube1001需要增加一些额外的"生命规则"，使之更符合建筑设计基本特征及建筑学需求。

此外，Cube1001还需要在建筑空间设计上做更多的探索，如超过三层以上的多层甚至高层建筑的空间设计组合。另外，Java或C++程序平台可以获得更高的运行效果。

3.2.3　CAS模型生成方法总结

细胞自动机系统（CAS）为建筑设计提供大量重复形式及元素的有效生成方法。"happyLattices""Cube1001"程序的下一步工作将要把CAS用于高密度、多空间层次居住区及大型公共建筑生成系统，并在建筑学背景中得到充分运用。在亚洲高密度建筑的背景下，细胞自动机系统能为大型公共建筑发展提供设计方法，同时满足设计过程中的高速性、高效性。和传统的设计方法相比，细胞自动机系统模型生成工具的开发也许能获得更多资源，细胞自动机系统对特定功能类建筑显示的环境变化敏感特征可以产生许多建筑设计生成工具，建筑设计工程将从变异的、更专业的细胞自动机系统特征中受益。实际工程对具体建筑问题的考虑也将大大增加CAS生成系统功效。为了把细胞自动机系统用于特殊的问题，专业的CAS属性经常随着它们所需的用途而不断发展进化。

4　遗传算法及简单进化模型

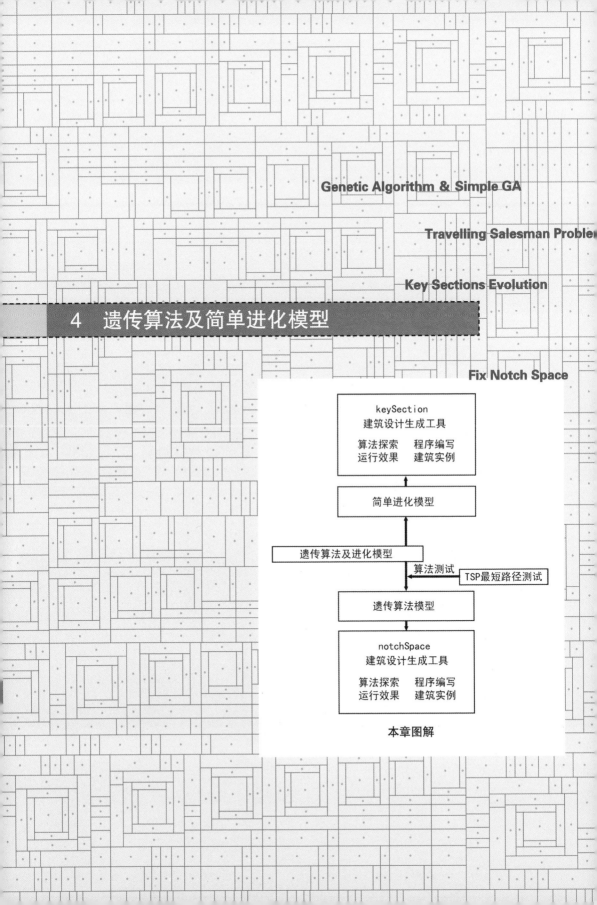

keySection
建筑设计生成工具

算法探索　程序编写
运行效果　建筑实例

简单进化模型

遗传算法及进化模型

算法测试　TSP最短路径测试

遗传算法模型

notchSpace
建筑设计生成工具

算法探索　程序编写
运行效果　建筑实例

本章图解

　　遗传算法（Genetic Algorithms，下可称"GA"）的研究最早产生于20世纪60年代末美国密歇根（Michigan）大学约翰·霍兰德（John Holland）及其同事和学生在对细胞自动机（Cellular Automata）的研究过程中形成的一套完整的理论方法。20世纪80年代中期之前，对于遗传算法的研究还仅仅限于理论方面。1985年在美国卡耐基·梅隆大学（Carnegie Mellon University）召开了第一届世界遗传算法大会（ICGA·85: Proceedings of the First International Conference on Genetic Algorithms and Their Applications），随着计算机计算能力的发展和实际应用需求的增多，遗传算法逐渐进入实际应用阶段。1989年，纽约时报作者约翰·马科夫写了一篇文章描述第一个商业用途的遗传算法——进化者（Evolver）。之后，越来越多种类的遗传算法出现，并被用于许多领域研究中。

　　本章阐述复杂适应系统中遗传算法及简单进化模型，以及基于该模型的建筑设计计算机生成方法程序实践。其中，第1节陈述遗传算法及进化模型基本原理，并通过TSP程序实践详细说明遗传算法运行机理；第2节介绍运用简单进化算法的教学实例——"keySection"；第三节将遗传算法应用到名为"notchSpace"的自主开发工具中，它们体现两种算法模型运用于建筑设计生成探索过程的思维特征及操作方式。

4.1　遗传算法（Genetic Algorithm，GA）

4.1.1　遗传算法概要

　　自然界是人类灵感的重要来源。如仿生学模仿生物界的现象和原理，在工程上实现并有效地应用生物功能，而控制论、人工神经网络、模拟退火算法、细胞自动机、遗传算法等等则起源于对自然现象或其发展过程的模拟。早在20世纪50年代，尽管缺乏普遍的编码方法，但已有将进化原理应用于计算机科学的初步尝试。60年代初，Holland开始应用模拟遗传算子研究适应性。经过十几年的潜心研究，1975年Holland出版了开创性著作《自然和人工系统中的适应性》[1]，它成为GA历史上的经典文献，其后，Holland等学者将该算法应用到优化及机器学习中，并正式定名为遗传算法。遗传算法的基本理论和方法，证明在遗传算子选择、交叉和变异的作用下，平均适应度高于群体平均适应度的个体群，在子代进化中其适应度可能以指数增长的遗传特征。

　　GA借鉴达尔文生物进化理论（适者生存，优胜劣汰遗传机制）并由此演化而来的随机优化搜索方法。生命的基本特征包括生长、繁殖、新陈代谢和遗传与变异，生存斗争贯穿生命个体成长的全程，这种斗争包括种内、种间以及生物与环境之间

121

---

① Holland 1975: Adaptation in Natural and Artificial Systems

的关系三个方面。在生存斗争中，具有不利基因特征的个体容易被淘汰，产生后代的机会逐步减少；有利变异的个体容易存活下来，它们具备更多的机会将优良基因传给后代，并在生存斗争中具有更强的环境适应性。达尔文（1858）把这种在生存斗争中适者生存、不适者淘汰的过程叫做"自然选择"（Natural Selection）。其中，遗传和变异是决定生物进化的内在因素，它与自然界中的多种生物彼此之间通过适应环境得以存在，其生存状态与进化和遗传、变异等生命现象密不可分。生物的遗传特性基于固有染色体，并以此保持生物物种的相对稳定。而生物的变异特性使生物个体产生新的性状，以至于形成新物种，从而推动了生物的进化和发展。达尔文用自然选择来解释物种的起源和生物的进化，其自然选择学说主要包括繁殖（Reproduction）、遗传（Heredity）与变异（Mutation）、生存斗争与适者生存四方面。

引用达尔文生物进化理论的描述算法基本思想，GA是计算数学中用于解决最优化搜索算法、进化算法的一种。进化算法最初借鉴进化生物学中的一些现象发展而来，这些现象包括遗传、突变、自然选择以及杂交等等。从代表问题潜在解集的种群开始，该种群经过基因编码（Gene Coding）的一定数量的个体组成。各个体染色体（Chromosome）为带有一定特征的实体，染色体作为遗传物质的主要载体，即多个基因的集合，其内部表现（即基因型）是某种基因组合，它决定个体形状的外部表现。初始种群产生之后，按照适者生存和优胜劣汰的原理，逐代（Generation）演化产生出越来越理想的近似解。在每一代，根据问题域中个体适应度（Fitness）大小选择（Selection）个体，并借助于自然遗传学的遗传算子（Genetic Operators）进行组合交叉（Crossover）和变异（Mutation），产生出代表新解集的种群。这个过程将生成与自然进化类似的后生代种群，它们比前一代具有更强的环境适应性，末代种群中的最优个体经过解码（Decoding），可以作为特定问题的近似最优解[①]。

20世纪80年代后，GA得到了迅速发展，越来越多地应用于实际领域中。1983年，Holland的学生Goldberg运用GA理论理想地解决了管道煤气系统的复杂优化问题。1989年，Goldberg出版了《搜索、优化和机器学习中的遗传算法》一书，该书为这一领域奠定了坚实的科学基础。80年代中期，Axelrod与Forrest合作，采用遗传算法研究了博弈论中的经典问题——囚徒困境[②]。在机器学习方面，Holland在提出GA的基本理论后就致力于研究分类器系统（Classifier System），分类器系统将某一条件是否为真

Fitness

Selection

Crossover

Mutation

122

① 参见：王小平，曹立明.遗传算法——理论、应用与软件实现.西安：西安交通大学出版社，2006：7
② 在博弈论中的经典案例：A与B二人共同作案而被捕，面临的判决选择：如果A单独交待，会得到1年的监禁，A的同伙要被监禁10年，反之亦然。如果A和B都坦白交待，那么都要被判处5年的监禁。如果A和B都拒不交待，则由于证据不足，A和B将被释放。可以看出，当两个囚徒都出于自私动机而坦白交待时，并不是最佳结果。只有当他们进行"合作"或按利他主义行事时，结果才会最好。

与字符串的某一位相对应，从而将系统中的规则编码改为二进制字符串，这样就可以应用GA来进行演化，同时引入基于经济学原理信用分配机制的相关算法来确定规则的相对强度，运用分类器系统对于经济现象的模拟也得到了满意的结果。我国关于遗传算法、进化模型的研究较晚，20世纪90年代后期取得了某些研究成果。近年来，GA逐步用于建筑学领域相关研究。

4.1.2　遗传算法的机理简述

GA用参数列表表征优化问题解的个体，即染色体（或者基因串）。染色体通常为简单的字符或数字串表达，也可用其他表示方法。初始种群运用随机函数生成的一定数量的个体种群，操作者也可以对该随机过程进行干预，从而生成已局部优化的种子。在逐代进化的过程中，每个个体都被评价，并通过适应度函数获得它们的适应度数值，种群中的个体被按照适应度高低排序。GA的流程图见图4-1。GA的程序伪代码如下：

```
Create an initial population of randomly
generated programs
REPEAT
        Execute each program in the population
        and evaluate its fitness
        Create a new population of programs by
            –reproduction
            –crossover and/or
            –mutation
UNTIL the termination condition is satisfied.
```

在GA中，优化问题的解被称为个体，它可以转译为一组参数列表，叫做

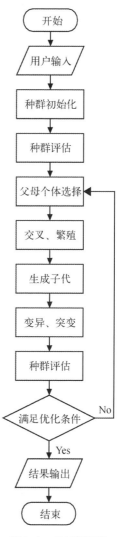

图4-1　GA流程图

染色体或者基因串。染色体一般被表达为简单的字符串或数字串，或其他表示方法。GA通过以下几个主要步骤完成：

（1）随机生成一定数量的个体。有时候操作者也可以对这个随机过程进行干预，生成已经部分优化的种子。在各代中，每一个个体都被评价，并通过计算适应度函数得到一个适应度

123

（Fitness）数值。种群中的各个体被按照适应度排序，适应度高的排在前面。

（2）生成下一代个体并组成新种群。该过程通过选择和繁殖完成，其中繁殖的过程包括杂交和突变。选择则根据新个体的适应度进行，适应度越高，被选择的机会越高，相反，被选择的机会越低。初始的数据可以通过这一选择过程组成一个相对更优化的群体。

（3）被选择的个体进入杂交过程。需要确定一个选择概率参数（其范围一般为0.6~1），该数值反映两个被选中个体进行杂交的概率。例如，杂交率为0.8，则80%的"夫妻"会生成后代。每两个个体通过杂交产生两个新个体，代替原先的父个体，不参与杂交的个体则保持不变。确定杂交点[①]，杂交父母的染色体相互交错，从而产生两个新染色体，它们分别截取父母染色体局部片断。对个体交叉过程涉及对其的编码方法，如何对个体的编码是遗传算法重要步骤之一，常见的编码方式有二进制编码和实值编码两种。通常可采用实值编码方式解决建筑设计生成课题。

（4）变异：通过突变产生新的"子"个体。GA确定一个固定的突变常数代表突变发生的概率，通常是0.01或者更小。根据这个概率，新个体的染色体随机的突变，通常就是改变染色体的一个字节（如0变到1，或者1变到0）。

（5）经过一系列选择、杂交和突变的过程，种群逐代向增加整体适应度的方向进化，由于优秀的个体具有更多的被选择机会，而适应度低的个体逐渐被淘汰掉。这样的"进化"过程不断重复：各个体被评价，计算出适应度，两个个体杂交，然后突变，产生第三代。周而复始，直到满足终止条件。

（6）确定程序终止条件。一般终止条件有以下几种：

① 耗费的计算机资源限制，如计算时间、计算占用的内存等；

② 某个体已满足适应度条件，即最佳适应度个体已经找到；

③ 进化次数；

④ 适应度已经达到预期极值，继续进化不会造成适应度更好的个体；

⑤ 人为干预；

⑥ 以上多种条件的组合。

选择、交叉、变异是遗传算法逐代进化过程的关键步骤，其目标函数（Goal Function）的输出值，即适应度（Fitness）所表征结果将引导遗传算法的进化方向。根据各领域具体课题需求不同，选择、交叉、变异及目标函数的设定区别很大。遗传算法构建出求解复杂系统优化问题的通用框架，GA用于解决最优化的搜索算法，擅长解决的问题是全局最优化问题。对不同领域形态各异的课题研究具有很强的鲁棒性（Robust）[②]，被广泛应用于解决很多学科的问题，例如，解决时间表安排问题，许

① 注：杂交点的位置通常随机产生，其位置并非固定于染色体中部。

② 鲁棒性：指系统的健壮性。它是在异常和危险情况下系统生存的关键；控制系统在一定（结构，大小）的参数摄动下，维持某些性能的特性。根据性能的不同定义，可分为稳定鲁棒性和性能鲁棒性。

多安排时间表的软件都使用遗传算法，遗传算法也经常被用于解决实际工程问题。随着计算软、硬件及相关算法的发展，GA已被人们广泛地应用于组合优化、生产调度优化、自动控制、机器人智能控制、图像处理和模式识别、人工生命、机器学习等等领域。它是现代有关智能计算中的关键技术之一。GA与模糊数学、人工神经网络一起被称为"软计算"或者"智能计算"，给人以新方法、新思路。

工程设计（如工业工程、建筑设计）中复杂的优化问题可以利用遗传算法的并行性和全局搜索的特点进行工程设计的优化解答。即便如此，GA在应用于特定领域的时候，需要结合学科特点及具体需求，从而解决专业遗传算法的特定课题。遗传算法集成多学科综合知识，如，数学模式定理等，它涉及遗传算法运用于数值优化、机器学习、智能控制及图像处理等等各种领域。GA在应用于特定专业课题时还需要对其算法作适当改进，如：分层遗传算法、自适应遗传算法、小生境技术应用、混合遗传算法等等。本节只简单讨论遗传算法关键步骤，不讨论更深的数理模型，在特定建筑设计课题中再作具体陈述。

4.1.3 简单进化模型

对于解空间极大的专业课题，运用上述遗传算法可以在很短的时间内搜索出极优解。遗传算法在算法机理方面具有搜索过程和优化机制等属性，其中

需要运用大量数学方法，如模式定理、构造块假设等等。特定的专业课题需要建立特殊的数学模型，为此，一些具有普遍意义的通用数学方法被数学家不断研究出来。在国内，遗传算法研究尚刚刚起步。建筑学问题计算机搜索空间巨大，但通过遗传算法搜索建筑设计解空间，并建立相应的数学模型，需要多学科人才的共同探索。简单进化模型算法建模简单，在一定程度可以有效解决建筑学相关实际需求，开发者只需理解遗传算法基本技巧及其程序机制便可迅速寻找到理想的极优解。

如图4-2所示，所示简单进化模型去掉遗传算法中选择、交叉、变异及复杂的数学建模过程，通过简单的随机搜索，建立符合专业需要的目标函数，剩下的工作便可以交给计算机完成。

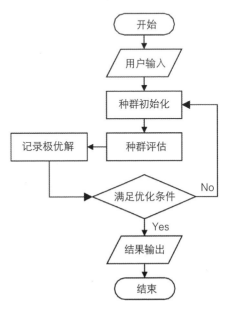

125

图4-2 简单进化模型流程图

从简单进化模型流程与遗传算法流程比较来看，简单进化模型并没有真正意义上的进化，其"进化"完全基于初始种群的随机生成，流程强调对极优化解的记录。该极优解根据目标函数的返回值与初始化种群各个体相比较。程序将极优解与预定目标相比较并判断是否满足条件，根据返回结果判断程序是否继续搜索运行。

简单进化模型通常有以下几个主要步骤：

(1) 种群初始化。根据课题建立符合专业需求的初始化种群，该初始化种群的各个体均符合具体条件的专业设定，它基于随机函数生成。初始化种群是建立简单进化模型的基础，该种群不一定具备最优解所具备的极值属性。

(2) 记录极优解。程序记录从各轮种群中筛选出的极优评估值，同时记录构成该极优值的数据解集。

(3) 种群评估。建立相应课题的目标函数，该目标函数将返回代表个体方案适应度的数值。目标函数可以为单一目标或多个目标加权构成。种群评估可以控制程序"进化"目标。

(4) 条件判断。将极优解与预先设定的专业目标作比较，如果极优解已满足专业目标则将生成结果输出，否则调用随机函数重新生成种群的全部或部分初始化。

简单进化模型略去遗传算法中选择、交叉及变异的核心部分，其代价需要消耗更多的计算机资源及程序运行时间。简单进化模型算不上真正的进化算法，但在搜索解空间不大的情况下，简单进化模型却可以很有效地解决生成方法中某类具体问题。正如本书绪论中所述的"X-立方体"便运用了简单进化模型的算法。2008年北京奥运会主体育场，即"鸟巢"（图4-3），是瑞士著名建筑师赫尔佐格、德梅隆与ETH-CAAD实验室合作成果，其方案设计阶段便运用大量基于随机函数的简单进化模型。本章第2节"keySection"程序开发也运用简单进化模型研究建筑内庭院采光优化。

4.1.4 遗传算法程序"TSP"程序实践

检验算法最理想的方式是用程序实践实现设定原型，遗传算法应用于专业领域往往需要从解决非本专业的经典问题开始。为了充分理解遗传算法的运行过程及其概念，对著名的"巡回旅行商问题"（以下简称TSP，Traveling Salesman Problem）作程序实践。TSP也称为"货郎担"问题，是数学领域至今尚不能通过数学公式按常规方式解决的著名问题之一。TSP属于NP问题[①]，是近代具有广泛应用背景和重要理论价值的典型难题，隶属于组合优化领域。

---

① NP问题：数学著名难题，完整的叫法是NP完全问题，也即"NP Complete"问题，简单的写法。是NP=P？的问题，即NP等于P，还是NP不等于P。其中，P代表Polynomial。该类问题无法通过数学公式直接推导出结果。

图4-3　"进化模型"在"鸟巢"中的应用

1. TSP原型描述

TSP描述：给定N座城市及它们两两之间的直达距离，寻找一条闭合的旅程，使得旅行者在每座城市逗留一次且总旅程距离最短。如图4-4所示五座城市，三角形具有"两边长度之和大于第三边"这一性质，可知A方案总旅程显然比B方案总旅程短。由此可见，

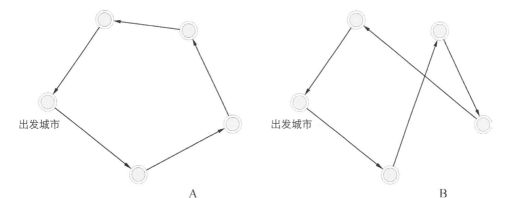

A

出发城市

B

出发城市

图4-4　"TSP" A、B线路比较

只要旅行线路存在交叉的情况，该解答必定不是最短的TSP解决方案。借用图论可对TSP进行描述：给定图 $G=(V, E)$，边 $e \in E$ 上有非负权值 $w(e)$，寻找 G 的"哈密顿圈" [①] C，使 C 的总权最小，亦即TSP目标函数的适应度值为：

$$w(c)=\sum_{e \in E(c)} w(e) \tag{1}$$

TSP搜索空间随着城市数N的增加而急剧扩大，旅程总长的可能组合为：$W=(N-1)!/2$，$N>2$，其中，W 为旅行商线路总长的可能数，N 为城市总数量。如5个城市的情况下，其对应的线路长度可能有12种；10个城市其对应的线路长度可能便急增至181440种；100个城市则为 4.6663×10^{155} 之多。如此庞大的搜索空间，如果不运用有效的算法，即使借助计算机也存在巨大计算困难：很容易考虑利用排列组合的数学方法解决该问题，先把所有的路径统计出来，然后逐一比较，并选出最短的路径。从理论上讲，该方法可行，但可能遍及的路径个数与城市个数成指数增长，当预定城市数量较大时，该方法的求解时间将难以忍受，以至于不可能完成。假设计算机运行速度为每秒1亿次（10^8），TSP包含 N 座城市的情况下，求解时间需要时间可通过以下公式计算：

$$T=\frac{(N-1)!/2}{10^8 \times 3600 \times 24 \times 365.2425} \text{（年）}, \quad N>2 \tag{2}$$

统计15至29座TSP计算时间如表4-1所示：

如果要处理40个城市，则求解时间长达 3.23×10^{30} 年！由此可见，如果运用排列组合方法解决TSP运算，随着城市数目的增长其运算时间呈阶乘级数急剧递增。如此长的时间，在实际操作应用中已毫无意义，需要寻求更有效的算法模型。近年来，先后出现很多解决TSP的算法，如贪心法、神经网络法、模拟退火法等等。为了

表4-1　排列组合方式计算TSP所需时间

城市数目	运行时间	城市数目	运行时间	城市数目	运行时间
15	7.26分钟	20	19.27年	25	9.83×10^7年
16	1.82小时	21	385.48年	26	2.46×10^9年
17	2.42天	22	8095.04年	27	6.39×10^{10}年
18	20.58天	23	178090.83年	28	1.73×10^{12}年
19	1.01年	24	4096008.99年	29	4.83×10^{13}年

128

---

① 哈密顿圈（Hamilton）：给定图G由点V和边E构成，C是图G中的一个圈，若C过G的每个顶点一次且仅一次，则称C为Hamilton圈。直观地讲，Hamilton图就是从某顶点出发每顶点恰通过一次能回到出发点的图，即不重复地行遍所有的顶点再回到出发点。

检验遗传算法的有效性，运用遗传算法对TSP程序做如下探索，开发平台采用Eclipse 3.2、Java SE JDK 5。

2. 初始种群、交叉及变异操作方法

TSP遗传算法实践采用实值编码[①]对每座城市编号，即给N座城市从0，1，2…N编写序号，通过城市编号的顺序确定旅行方案，如给定10座城市，并对其编号：城市0、城市1……城市9，那么0-1-…-8-9，再回到0便是旅行方案之一，旅行者依次在各城市逗留；而7-2-1-6-3-9-4-0-8-5，再回到7则是另一种旅行方案。城市线路顺序构成TSP基因编码，旅行线路的总距离形成与适应度对应的评价标准。该基因编码是TSP遗传交叉、变异操作的基础。

初始种群由上述城市旅行线路方案构成，通过程序提供的随机函数可以生成若干TSP初始种群，它们代表不同的父代个体，表4-2显示"TSP遗传算法实践"程序生成的其中20个、10座城市旅行线路种群，在遗传算法操作中，初始种群的数量从几百到几千不等。

适应度定义遗传进化方向，TSP适用度计算较为简单，只需要求得序列旅游线路方案总距离即可，距离越长表明该个体适应度越差，反之适应度越高。

TSP遗传交叉操作是程序算法的核心内容，存在很多遗传交叉操作，如部分匹配交叉（Partially mapped Crossover，PMX）、顺序交叉（Ordered Crossover，OX）、循环交叉（Cycle Crossover，CX）、边重组（Edge Recombination，ER）、布尔矩阵交叉等等。参考相关资料，采取Davis等1985年提出的顺序交叉（OX，Ordered Crossover）方法。OX操作保留并融合不同排列的有序结构单元，当两个父个体进行交叉操作时，保留父个体1的一部分，同时保存父个体2中城市序列编码的相对顺序，具体交叉方法描述如下：

如上述两个城市序列，对p1（0 1 2 3 4 5 6 7 8 9）和p2（7 2 1 6 3 9 4 0 8 5）两个父个体随机选择两个交叉点，并用"|"表示：

Travelling Salesman Problem

表4-2 15座城市TSP部分初始种群

6-9-5-2-3-4-7-0-1-8	0-6-4-3-7-5-2-8-9-1	3-6-5-4-2-0-9-1-7-8
6-5-8-9-1-7-4-2-3-0	5-1-9-2-7-0-8-6-3-4	2-0-7-9-5-3-6-8-1-4
0-5-3-9-2-4-1-8-7-6	9-3-7-2-1-0-6-4-8-5	2-0-6-1-3-7-9-4-8-5
8-9-1-6-4-5-7-3-2-0	7-4-1-5-2-6-8-9-0-3	4-6-5-9-7-0-8-1-3-2
2-7-6-9-8-3-4-5-1-0	7-3-0-1-4-9-8-2-6-5	1-2-6-4-0-3-8-9-7-5
6-9-3-4-5-8-2-0-7-1	6-3-5-9-8-2-0-4-7-1	5-3-1-7-6-8-0-9-2-4
9-4-7-5-3-0-2-1-6-8	1-2-4-6-7-9-8-0-3-5	……

[①] "实值编码"对应于"二进制编码"方式，参见遗传算法相关资料。

父个体p1：(012|3456|789)；
父个体p2：(721|6394|085)。

对以上两父个体两交叉点中间段保持不变：

子个体o1：(xxx|3456|xxx)；
子个体o2：(xxx|6354|xxx)。

子个体o1其余城市编码的定位来自父个体p2。记录p2从第二个交叉点开始的城市编码排列顺序至表尾（085）；再返回表头继续记录城市编码顺序至第二个交叉点结束（721 6394），从而形成新的城市序列编码：085721 6394。从该表序列中去除p1两交叉点之间已有的城市编码（3456）得到部分城市序列087219，将该序列复制给子个体，复制起点也从第二个交叉点开始至表尾，在返回表头至第一个交叉点位置，由此可得到子个体1：

o1：(2193456087)；

照相同的方式可产生子个体2为：

o2：(1256394780)。

对于变异操作，可采用倒置变异，在染色体上随机选择两点，将两点间的城市序列号反转。变异操作举例如下：设原个体为（0123456789），在城市序列编号范围内随机选择两点，如2、7，则倒置变异后的个体为（0173 456289）。

3. 选择操作——"轮盘赌"选择

选择操作确定种群重组及交叉个体，根据选择概率和种群不同的适应度（一般为0~1的实数）选择父个体群进行交叉，从而生成下一代子个体群。选择操作有很多方法，如轮盘赌选择（Roulette Wheel Selection）、

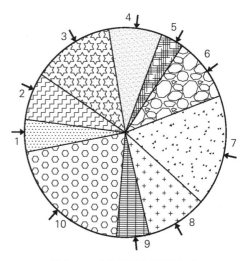

图4-5 "轮盘赌"选择方式

截断选择（Truncation Selection）、局部选择（Local Selection）、锦标赛选择（Tournament Selection）、随机遍历抽样（Stochastic Universal Sampling）等等。可对TSP程序时间采取"轮盘赌"选择方式，本章第3节"notchSpace"建筑设计生成工具也采用相同的方式，在此详细介绍"轮盘赌"选择算法。

"轮盘赌"选择方法来自博彩游戏中的轮盘赌。见图4-5，将个体适应度转化为选中概率，个体适应度越大该个体的选中概率便越大；反之，选中概率便越小。图4-5对10个虚拟个体按其适用度进行轮盘赌剖分，并将选择概率转化为［0，1）之间的累积概率（表4-3）。假设选择概率为100%，则需要10次选择父辈的机会，并在此基础上生成10个子个体。通过随机函数产生10个［0，1）之间的随机数，相当于转动10次轮盘，从而获得10次转盘停止时候

表4-3　适用度、选择概率转化为累积概率

个 体	适应度	选择概率	累积概率
1	4	4 / 73 = 0.054795	0.054794
2	16	16 / 73 = 0.219178	0.219178 + 0.054795 = 0.273973
3	1	1 / 73 = 0.013699	0.013699 + 0.273973 = 0.287672
4	2	2 / 73 = 0.027397	0.027397 + 0.287672 = 0.315069
5	10	10 / 73 = 0.136986	0.136986 + 0.315069 = 0.452055
6	3	3 / 73 = 0.041096	0.041096 + 0.452055 = 0.493151
7	7	7 / 73 = 0.095890	0.095890 + 0.493151 = 0.589041
8	15	15 / 73 = 0.205479	0.205479 + 0.589041 = 0.794520
9	5	5 / 73 = 0.068493	0.068493 + 0.794520 = 0.863013
10	10	10 / 73 = 0.136986	0.136986 + 0.863013 = 1
	总和：73		

的指针位置，指针停止在某扇区即表示该个体被选中。

笔者通过Java产生10个随机数，如0.459051、0.082721、0.681978、0.239317、0.056517、0.307664、0.933308、0.855861、0.407040、0.253555，将它们与表4-3获得的累积概率比较可得选择的父代个体依次为：6、2、8、2、2、4、10、9、5、2，可见适应度高的个体被选中的机会更大。其中，适应度最高为16对应的个体2被选择了四次；而适应度较低的1、3、7个体已经在第一轮选择中被淘汰。对于TSP，父辈优良个体基因表示在遗传交叉过程中某段城市序列较短的旅行距离，"轮盘赌"选择方法有效地模拟自然界"优胜劣汰"的生物进化规律。

4. TSP程序实践结果

TSP遗传算法程序界面见图4-6，程序由三部分组成，生成工具界面功能

如下：

（1）下拉菜单部分。包括参数设置、TSP简介及相关开发信息。使用者可以通过参数设置区的"遗传参数"选项设置初始种群数量（默认值设为1500）、交叉率（默认值设为0.7）、变异率（默认值设为0.05），见图4-7之5。"遗传参数"选项可以根据城市数量不同调试遗传进程不同的收敛速度；"颜色设置"区可以设置城市、旅行线路不同颜色（图4-7之6、图4-7之7），该颜色通过选择即时显示。帮助菜单包含两部分：TSP的简单介绍、程序版本及开发者相关信息（图4-7之3、图4-7之4）。

（2）工具栏部分。包括TSP运行控制、"优化解答"显示及鼠标屏幕坐标显示三部分。TSP运行按钮（分"运行""暂停""刷新"三种）用于使用者对程序进程的控制，"刷新"提供新

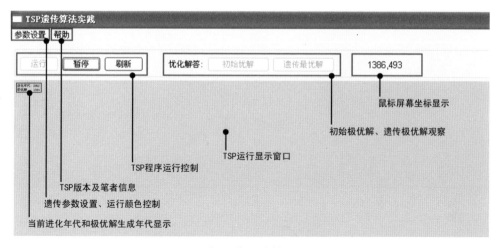

图4-6　"TSP"遗传算法程序界面

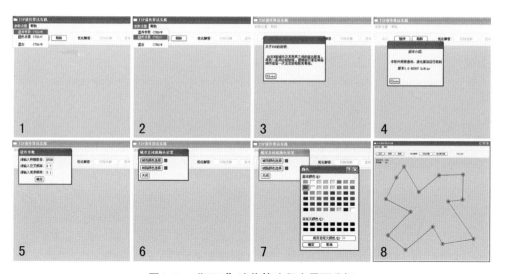

图4-7　"TSP"遗传算法程序界面分解

一轮城市布局并运行功能；"优化解答"可以交互显示并比较初始种群最优解和通过遗传算法获得的极优解。鼠标坐标屏幕位置显示窗口可以控制城市在显示区域的平面定位。

　　(3) TSP运行显示窗口。运行显示窗口是程序图像显示的主要窗口，它动态地显示TSP遗传算法旅行线路运行结果及城市和旅行线路颜色，见图4-7之8。其左上角窗口动态显示当前遗传迭代年代及屏幕显示窗口中极优解的生成年代。

　　TSP遗传算法程序测试初始条件见表4-4，TSP遗传算法程序运行参见图4-8。

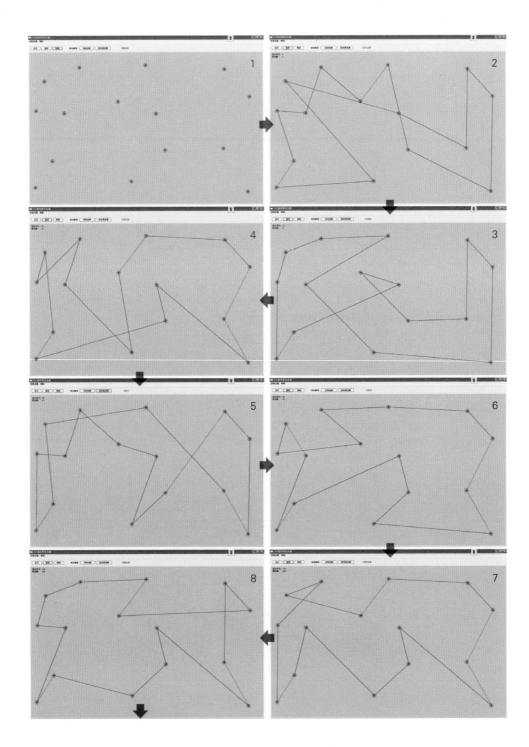

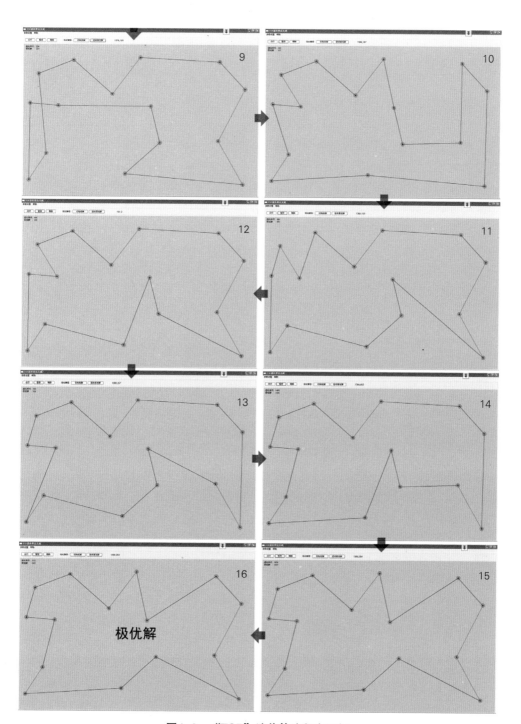

图4-8　"TSP"遗传算法程序运行

表4-4　TSP遗传算法程序初始条件

城市规模	种群规模	交叉概率	变异概率	城市颜色	线路颜色	进化周期
15座	1500个	0.7	0.05	红色 FF0000	蓝色 0000FF	0.1秒

操作者双击鼠标在TSP运行显示窗口中对城市定位，如图4-8之1所示，确定15座城市的平面位置。如果需要对它们作坐标精确定位，可考虑城市列表空间规模及右上角"鼠标坐标显示窗口"转化而来。

图4-8之2为规模1500的随机初始种群获得的最优解，根据前面对TSP的分析，该完全随机解存在许多线路交叉的情况，它一定不是TSP的最短路径。从理论上分析，规模为15座城市的TSP，产生最短路需要规模 $W=(15-1)!/2$，即 $4.35×10^{10}$ 的TSP初始种群才可能获得。换句话说，如果想通过随机函数，从规模为1500的初始种群中获得最短解决方案，其几率几乎为0，精确几率的数学表达式如下：

$$T=\frac{1500}{(N-1)!/2}=\frac{1500}{(15-1)!/2}=3.44×10^{-8} \tag{3}$$

图4-8之3至图4-8之8显示TSP遗传进化过程，它们均存在旅游线路互相交叉的情况，但旅程总距离却逐代缩短。程序进化到第327代的时候，第一次出现线路互不交叉的旅行方案（图4-8之10）。旅行线路不交叉并不意味着为最优解，TSP依然需要继续进化，并有可能产生线路交叉但总旅程更短的方案。在程序运行到1907代时得到最优解，见图4-8之15。程序继续运行至5731代，旅行方案依然不变，此解答可认为是该TSP的最优解。正如前述，TSP属于NP问题无法通过数学公式证明该方案的合理性，但通过生成方案的逐个比对及直观判断，该旅行线路为最短TSP解决方案。表4-5列举图4-8之3至图4-8之15的具体运行数据，其进化过程表明旅行线路逐渐缩短。

"TSP"遗传算法程序完成后，对不同规模初始城市数量（12~17）、不同初始种群规模、不同的交叉概率进行测试，由于这些初始参数之间互动关联，调试过程需要花费很长时间。部分成果见表4-6至表4-8。由于每次运行结果不一定相同，对不同初始条件连续运行10次并逐一记录后取其平均值。

对比表4-6和表4-7程序测试数据可以看出：遗传算法的交叉率对程序运行速度影响很大，当交叉率为0.7时程序进化速度明显慢于交叉率为0.5。交叉率为0.7的时候，程序进化时间随着城市数量规模（13到16座）急剧增加（从50.9秒至4.45分钟）；交叉率为0.5的时候程序运行时间基本控制在2分钟之内（进化速度从35.1秒至1.58分钟不等），甚至可能随城市数量增加进化时间反而更

表4-5 TSP遗传进化测试数据

进化年代（代）	旅行线路参考图	总旅程距离（像素）
8	图4-8之3	10141.4869
19	图4-8之4	9597.4438
41	图4-8之5	9293.4692
79	图4-8之6	7752.0296
108	图4-8之7	7306.5564
182	图4-8之8	7128.8544
231	图4-8之9	6696.6996
327	图4-8之10	6010.8669
360	图4-8之11	5465.3286
430	图4-8之12	5304.5389
536	图4-8之13	5029.4720
1416	图4-8之14	5014.6520
1907	图4-8之15	4920.5910

表4-6 不同遗传算法初始条件测试结果1

初始城市数量（座）	初始种群规模（个）	交叉率	变异率	最优解获得年代及时间	
				年代（每种初始状态运行10次，取生成年代的平均值）	平均运行时间
13	1500	0.7	0.05	$\dfrac{52+127+937+187+1008+222+485+1263+587+221}{10}=509$	50.9 秒
14	1500	0.7	0.05	$\dfrac{452+930+1503+248+2260+613+2302+753+1224+306}{10}=1059$	1.77 分钟
15	1500	0.7	0.05	$\dfrac{699+2611+2413+1775+2213+798+3629+2627+477+999}{10}=1824$	3.04 分钟
16	1500	0.7	0.05	$\dfrac{2617+962+563+2944+924+734+4851+5544+5521+206}{10}=2672$	4.45 分钟

表4-7 不同遗传算法初始条件测试结果2

初始城市数量（座）	初始种群规模（个）	交叉率	变异率	最优解获得年代及时间	
				年代（每种初始状态运行10次，取生成年代的平均值）	平均运行时间
13	1500	0.5	0.05	$\dfrac{284+633+998+279+204+334+88+421+201+65}{10}=351$	35.1秒
14	1500	0.5	0.05	$\dfrac{772+1117+332+813+181+590+157+1547+2404+186}{10}=810$	1.35分钟
15	1500	0.5	0.05	$\dfrac{674+302+585+795+383+1952+395+224+346+495}{10}=615$	1.03分钟
16	1500	0.5	0.05	$\dfrac{566+1134+1866+1051+773+281+1583+1114+716+366}{10}=945$	1.58分钟

表4-8 不同遗传算法初始条件测试结果3

初始城市数量（座）	初始种群规模（个）	交叉率	变异率	最优解获得年代及时间	
				年代（每种初始状态运行10次，取生成年代的平均值）	平均运行时间
13	300	0.5	0.05	$\dfrac{74+62+357+411+485+623+165+140+120+162}{10}=260$	26.0秒
14	300	0.5	0.05	$\dfrac{91+119+753+304+68+876+149+1430+1269+319}{10}=538$	53.8秒
15	300	0.5	0.05	$\dfrac{714+112+211+1587+1013+242+224+389+527+267}{10}=529$	52.9秒
16	300	0.5	0.05	$\dfrac{408+2800+551+604+804+348+312+690+578+115}{10}=667$	1.11分钟

短的情况（见表4-7，城市数目为14、15座运行时间的比较），这说明在16座以下城市初始规模、TSP遗传交叉率为0.5的情况下，可以获得更稳定的程序运行时效。

遗传算法的初始种群必须具备一定的规模，以防止类似"近亲繁殖"的不良后代。然而，初始种群规模越大，需要更多消耗的程序资源，所以初始种群应当控制在适当的范围之内。表4-7和表4-8采用了不同的初始城市规模（分别为1500和300），对比两种调试结果可以看出，初始种群为300、交叉率为0.5的情况下，TSP可以获得更快的进化速度，体现出小规模初始种群节省更多程序资源的运行特征。

遗传交叉率设为0.5、初始种群设为300是多次程序调试的经验遗传参数。同时对变异率进行调试表明：当变异率超过0.2的时候程序运行表现出完全随机的搜索过程，其进化速度变得很慢；反之，当变异率低于0.05的时候，TSP程序在尚未获得可行结果的情况下很快收敛，其后的程序进化变得很慢，由此可以看出理想的TSP变异数值应该介于0.05至0.2之间[1]。

在确立适当的遗传参数后，可对对规模为20至23的城市规模进行了测试，数据结果见表4-9。通过排列组合的搜索方法需要数百甚至数百万年，可以看出这是一个搜索空间巨大的NP问题，而

该程序工具运行结果表明：23座城市规模的TSP原型可以在10分钟以内搜索出理想的旅行线路。

遗传算法需要对初始种群规模、交叉率及变异率的数值关系仔细调试方可得到理想的进化速度，TSP程序尝试过程也充分体现这一点。对于不同专业、不同课题原型的遗传算法研究，开发者不能通过固定的初始参数确定理想的遗传进程。这些参数对遗传进程具有很强的"敏感性"，这也是遗传算法的迷人之处。

通过TSP编程实践，更明确了遗传算法运行及操作机制，但TSP程序实践只是建筑设计运用遗传算法生成建筑原型的第一步。正如本节开始的分析，TSP原型搜索空间极其巨大，遗传算法

表4-9　运用既定的遗传算法初始条件测试不同城市的规模

初始城市数量（座）	初始种群规模（个）	交叉率	变异率	最优解获得年代及时间		排列组合方式运行所需时间[2]（搜索速度：10^8次/秒）
				年代（运行5次，取生成年代的平均值）	平均运行时间	
20	300	0.5	0.05	$\dfrac{2344+2369+3144+2616+4074}{5}=2909$	4.85分钟	19.27年
21	300	0.5	0.05	$\dfrac{4168+3794+2863+2700+3216}{5}=3348$	5.58分钟	385.48年
22	300	0.5	0.05	$\dfrac{3742+5279+3554+4179+4776}{5}=4306$	7.18分钟	8095.04年
23	300	0.5	0.05	$\dfrac{7363+4188+5932+4385+5795}{5}=5532$	9.22分钟	178090.83年

[1] 注：遗传变异参数的确定记录多次运行结果，并对之分析比较，这需要花费很长时间，该程序未对理想的遗传变异参数精确调试，只是根据相关资料介绍控制其极值范围。

[2] 数学算法见本节130页。

可以解决这一经典问题[①]。遗传算法基于随机搜索，并通过遗传、交叉、变异机制实现原型目标。如果换一种思路来考察建筑设计问题，将建筑设计原型看做基于既定规则的随机搜索过程，那么运用遗传算法、进化模型来实现建筑原型便成为可能。对于同一种建筑设计初始条件限定，不同设计者可以做出多种迥然不同却完全合理的建筑方案，这一现象暗示了建筑设计过程背后某种随机因素的存在。建筑设计原型搜索空间不一定比TSP更大，建筑学相关问题，如功能空间布局、环境文脉关联等，远不如TSP原型的需要更严谨。这些因素均预示简易进化模型及遗传算法在建筑设计生成方法中广泛的应用前景。遗传算法在国外建筑设计生成方法研究中已成为不可低估的强大工具，本章第2节、第3节将分别介绍运用简易进化模型、遗传算法实现建筑设计相关课题的探索过程。

4.2　简单进化模型与建筑生成方法探索——"keySection"

基于简单进化模型，2007年进行了名为"keySection"的生成工具程序教学实践。该工具关注建筑庭院空间剖面形态对建筑室内采光效果的内在影响，并由此导出与众不同、合理的室内外建筑空间形态。

4.2.1　"keySection"开发背景——优化中庭剖面设计

庭院及中庭可以创造丰富的建筑内、外部空间，同时还能提供多种附加价值，如隔绝噪音、创造良好的室内光环境等等。其中，通过自然采光获得理想的建筑内部环境质量是自古以来庭院、中庭设计的核心。庭院空间已成为公共建筑设计中不可或缺的重要部分，其自身发展也证实庭院空间是建筑设计最具吸引力的建筑功能空间之一。

采用自然光以节省能耗是当代高效率、低能耗公共建筑设计的关键之一。适当利用自然光可以减少人工照明的使用，从而达到节能效果。一般情况下，自然采光可以为建筑空间发生活动的场所提供充足的光源。只有在自然光条件无法达到照明要求的情况下，才使用人工照明设备。以办公建筑为例，自然采光应该是最主要的照明形式，然而现在办公建筑的人工照明所消耗的电力却占其总电力消耗的30%左右，因此，通过建筑剖面设计、挖掘自然采光照明可以达到有效的建筑节能目的。

此外，人们利用自然光照明的另一个重要原因是自然光更适合人们的生物本性，对心理和生理的健康尤为重要，因而自然光照程度成为考察室内环境质量的重要指标之一。然而，如今一成不变的中庭形式（图4-9），却未必完全发挥其

---

① 运用遗传算法并非解决TSP原型的最理想算法，本节以此为例阐述遗传算法的程序运行机制。

应具备的节能功效和审美需求。

　　从建筑布局的角度来讲，庭院空间对采光有着特殊的功效，其中。庭院的剖面形状对自然光照影响很大，在建筑设计中需要考虑中庭屋顶的形式及其透明度、中庭的空间形式、中庭的高宽比、中庭墙面合理的颜色等等。如果在设计初期没有对建筑剖面形态给予关注，那么很有可能发挥不出最佳的

采光、节能效果。"keySection"从庭院空间的剖面形态设计出发，优化室内日照环境及室外建筑形态。图4–10为"keySection"的生成结果之一。

4.2.2　采光效果与剖面形式分析

　　在建筑设计中，常见的中庭形状多为矩形。在矩形基础上研究中庭采光效

图4–9　中庭形态

141

图4–10　"keySection"庭院空间形态
（资料来源：2007年建筑设计生成小组）

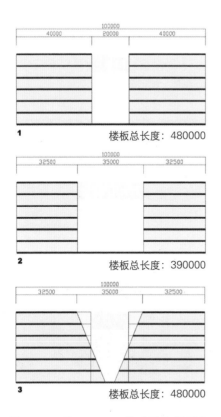

图4-11 "keySection"庭院空间形态
（资料来源：2007年建筑设计生成小组）

率，最值得考虑的就是中庭向天空敞开的程度[1]。中庭向天空的开口越大，意味着建筑室内的进光量越大，用公式表示如下：

$$中庭采光系数 = \frac{庭院底面积（中庭开口面积）}{（四周墙体平均高度）^2}$$

从以上公式可知，墙体高度一致的情况下，中庭底面积（底面积=开口面积）越大，采光效果越好。据此提出下面三个问题：

（1）常见的中庭在剖面的形状为矩形，然而矩形的中庭是否就是最理想的采光形状？

（2）当底面积不等于开口面积时，中庭采光效果是否受影响？如图4-11之1所示。

（3）在楼板剖面总长度不变的情况下，中庭形状的改变是否会影响采光效果？参考图4-11之2、图4-11之3。

除考虑建筑中庭的采光条件之外，必须同时兼顾建筑实用面积，即剖面上楼板的总长度。而不能为了改善室内采光而牺牲建筑使用面积。根据上述对问题的分析可以提出如下假设：

（1）在形状相同的条件下，中庭的进光量大小与中庭开口有关。且开口越大采光效果越好。

（2）在楼板剖面总长度一致的条件下，开口越大，室内的光照条件越好。

（3）非传统的异形庭院剖面形态在创造异形空间效果的同时，是否可以带来更好的光照？

① Baker N, Fanciotti A, Steemers K. Daylighting in Architecture: A European reference Book. London: James and James (Sc. Publ.), 1993(中庭采光设计计算)

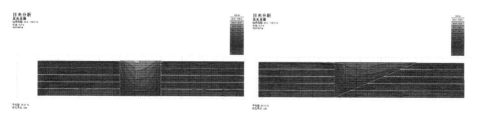

图4-12 "keySection"庭院空间形态
（资料来源：2007年建筑设计生成小组）

为了证实我们的假设，在"keySection"开发之前，需要先使用国际常用光照分析软件Ecotect(生态建筑大师)进行进一步证实。

4.2.3 Ecotect实验

Ecotect生态建筑大师是一个全面的技术性能分析辅助设计软件，提供了一种交互式的分析方法，只要输入一个简单的模型，就可以提供直观的数字化可视分析图。随着建筑设计的深入，其分析结果也越来越详尽，并通过完全可视化的物理计算过程回馈。使用Ecotect做前期的方案设计可以精确确定方案最终成果的综合采光性能。Ecotect让设计者在建筑形式确定后了解设计方案的相关特性。使用相关采光系数，Ecotect可以计算一年中任意日期、任意时间的照度，从而可以确定建筑空间每一点的照度是否超过某数值的频率。它以全年时间百分比表示，其含义是某点在没有外加光源的情况下所能达到某一选定照度的时间。Ecotect使用Tregenza提出的散射天空公式来计算任意时间的天空照度。计算的日期和时间范围可以在全自然光照明分析对话框中进行调整。系统以颜色不同或长短不同的箭头来显示这一信息。

根据上述keySection开发前所提假设，在Ecotect中导入以下两个剖面模型，并进行室内光照分析比较。

(1) 模型1：采用传统矩形中庭；

(2) 模型2：保持模型1剖面楼板总长度不变，但使上中庭开口最大，形成倒三角形的剖面形式。

经过如图4-12所示Ecotect平台实验，可得出如下结论：

庭院开口越大，室内进光量越大、室内的光照度平均值越高。但是考虑室内光照度的同时，仍然需兼顾室内空间的效果。显然，这种单调乏味的三角形的中庭剖面形式并不一定有益于建筑内、外部空间塑造。那么，在剖面上是否存在一种非简单几何形体的多边形中

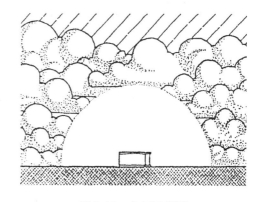

图4-13 全云天模型

143

庭？"keySection"生成工具运用简单进化模型基本原理，在努力创造理想室内光环境的同时创造非同寻常的建筑室内外空间形式。

4.2.4 建筑物理基础回顾①

keySection程序工具涉及建筑物理的相关概念和计算公式，它们是keySection程序开发的基础。在开发该生成工具之前必须熟练了解这些知识，并有效地将它们组织到程序编写的各函数中。

1. 昼光照明

昼光照明（或者说自然照明）是指封闭空间内的散射自然光的照明。由于太阳在天空中的位置随着时间的不同而不断变化，有时太阳可能被云层遮挡。因此，在全年中，太阳直射光对建筑主体的光照强度与随机的气候状况和天气因素相关，太阳直射光并不适合作为稳定可靠的建筑室内照明计算参数。基于以上原因，keySection工具开发不考虑太阳直射光的影响，而采用国际照明委员会（CIE）的全云天模型（图4-13），考虑照明最不利全云天情况。

2. 技术参数

（1）照度（符号"E"表示）：对于被照面而言，常用光照落在其单位面积上的光通量（符号Φ表示）多少来衡量它的被照射程度，这便是照度（E），它表示被照面光通量的密度。设无限小被照面面积dA接受的光通量为dΦ，则

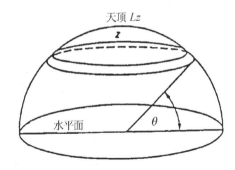

图4-14　天空亮度与仰角关系

该处的照度为：

$$E = d\Phi/dA。 \qquad (5)$$

当光通量（Φ）均匀分布在被照表面A时，则此被照面的照度为：

$$E = \Phi/A。 \qquad (6)$$

照度的常用单位为勒克斯（Lux，符号为"lx"），它等于1流明（符号"lm"）的光通量均匀分布在1平方米被照面上的强度。即：

$$1\ lx = 1\ lm/1\ m^2。 \qquad (7)$$

（2）亮度（符号"L"表示）：亮度指发光体在视线方向上单位投影面积的发光强度。亮度反映了物体表面的物理特性，物体表面亮度在各个方向不一定相同，它与角度有关。

（3）采光系统：室外照度是经常变化，这必然使室内照度随之而变，不可能为固定的数值，因此对于采光数量的指标，国际上通用办法采用相对值。这一相对值称为"采光系数"（C），它是室内给定水平面上某一点的由全阴天天空漫射光所产生的照度(En)和同一时间、同一地点，且在室外无遮挡水平面

---

① 本节公式参见柳孝图.建筑物理.北京：中国建筑业出版社，2004相关章节及相关网络资料。

上由全阴天天空漫射光所产生的照度（Ew）的比值，即：

$$C=En\times100\%/Ew \tag{8}$$

采光系数越高，室内光照度越好。

3. 光照度计算

天空分配的光照度并不均等（图4-14），可近似地按下列公式变化：

$$L\theta=(1+2\sin\theta)Lz/3 \tag{9}$$

其中：Lz——天顶亮度；

　　　$L\theta$——仰角为θ的天空的亮度；

　　　θ——计算天空亮度某点处的高度角（仰角）。

由于采取全云天模型照度计算方式，亮度不受太阳的位置影响，室内亮度和窗户朝向也无关。

4. 立体角投影定律

立体角投影定律反应光源亮度和被照射对象之间的关系：

$$E=L\times\Omega\times\cos\theta \tag{10}$$

式中：Ω——空间立体角；

　　　θ——计算天空亮度点的高度角（仰角）。

表示某一亮度为L的放光表面在被照面上形成的照度，是这一发光表面在被照点上形成的立体角Ω在被照面上的投影（$\Omega\times\cos\theta$）的乘积。这一定律表明：某一发光表面在被照面上形成的照度，仅和发光表面的亮度及其在被照面上形成的立体角投影有关，而和该发光表面的面积绝对值无关。

5. 室内光照系数计算

按照建筑研究组织（Building Research Establishment）的分项研究（Split Flux）方法。它基于这样一种假设，不考虑直射光，到达房间内任一点上的自然光包含三个独立的组成部分：

(1) 天空光组分Sky Component (SC)：通过窗户等构件直接从天空射入房间内；

(2) 外部反射光组分Externally Reflected Component (ERC)：大地、树及其他建筑物的反射光；

(3) 反射光组分Reflected Component (IRC)：前两部分在室内表面上的内部反射。

最后光照系数是作为三部分的总和，以百分比的形式表达（图4-15）如下：

$$DF=(SC+ERC+IRC)\times100\% \tag{11}$$

建筑内部反射光部分的计算主要使用以下公式：

$$IRC=0.85W\times(Cp2+5p3)/A(1-p1) \tag{12}$$

式中：W——窗户总面积（m²）；

　　　A——内表面总面积，包括墙、地板、天花板和窗户（m²）；

SGA

2

KeySection

145

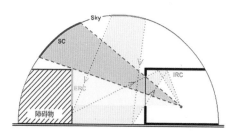

图4-15 天空亮度与仰角关系
（资料来源：2007年建筑设计生成小组）

　　p1——A中有用的表面平均反射系数；

　　p2——低于测试点表面的平均反射系数（通常工作平面高于地板600 mm）；

　　p3——高于测试点表面的平均反射系数；

　　C——外部障碍物系数。

4.2.5 "keySection"生成工具原理

　　keySection生成工具基于二维剖面采光原理，并适当简化建筑物理相关理论方法。如图4-16所示，Q点的

采光（能量）来自"区域1"和"区域2"两部分，影响Q点照度的区域范围通过剖面窗户大小限定。区域1为直接接受天光部分，即天空光组分Sky Component （SC）；区域2则是中庭的另一侧的反射部分，即外部反射光组分Externally Reflected Component (ERC)。所以，Q点的采光（能量）照度为：$DF=SC+ERC$。SC、ERC两区域对Q点产生照度影响计算如下。

1. 区域1产生的照度，即SC

　　如图4-17所示，A1为Q点受天光影响的夹角；B1为A1角平分线与水平线之间的夹角，即A1角平分线形成的仰角。根据上述立体角投影定律：

　　$E=L\times\Omega\times\cos\theta$，及光照度计算公式：

　　$L\theta=(1+2\sin\theta)Lz/3$可求得Q点的SC值为：

$$E_{SC}=(1+2\sin\theta)Lz\times\Omega\times\cos\theta\times\rho/3$$
(13)

　　式中：Ω等于A1；

　　　　　θ等于B1；

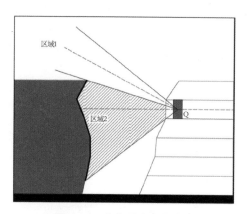

图4-16 室内采光主要来源
（资料来源：2007年建筑设计生成小组）

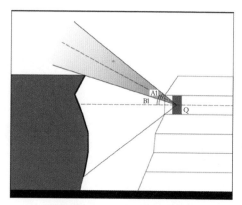

图4-17 SC计算算法图示
（资料来源：2007年建筑设计生成小组）

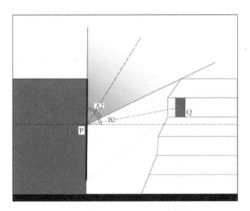

图4-18 单一垂直面照度计算图示
（资料来源：2007年建筑设计生成小组）

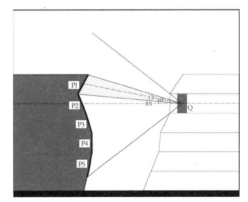

图4-19 折线面照度计算图示
（资料来源：2007年建筑设计生成小组）

ρ为维护面透光系数；

Lz为天顶亮度，对于不同的
地域该值通常为常数，如南
京地区为$Lz=4500\times 9/7\pi$。

2. **区域2产生的照度，即ERC**

对面墙面反射产生的照度也来源于
天光，同时需考虑对面墙体是否为垂直
面及其表面材料光反射率，垂直面情况
（图4-18）的计算包含对面墙体反射
面能量及Q点外部反射光组分（ERC）
值两部分；对面墙体为折线剖面的情况
（图4-19）可将折线分解成多段直线，

求出每段墙面对Q点产生的照度，再将
各段相加。如图4-19，A_{31}为第一段墙
面反射夹角，B_{31}为A_{31}的角平分线与水
平线形成的夹角。将对面反射面分为
五段，分别求出它们对Q点产生的照度
$e_1\cdots e_5$，再求它们的和得：

$$E_{ERC}=\sum_{i=1}^{n} e_i \qquad (14)$$

Q点的综合照度为区域1产生的照度
（SC）及区域2产生的照度（ERC）之
和，即：

$$E=E_{SC}+E_{ERC} \qquad (15)$$

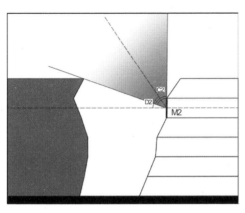

图4-20 "窗户能量源"（中点）
（资料来源：2007年建筑设计生成小组）

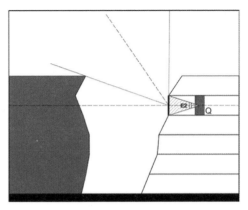

图4-21 逐点计算室内光照
（资料来源：2007年建筑设计生成小组）

keySection在上述概念的基础上作以下简化：

（1）由于对面墙体的光线反射率涉及不可预料的墙体材料影响，考虑最不利的情况（即对面墙体为全黑无反射光线材料），keySection忽略外部反射光组分(ERC)，只计算来自区域1（SC）的光照影响（图4-16）。

（2）对于室内任意点光照计算，计算窗户受天空光组分影响，并将窗户虚拟成"窗户光能量源"，各窗户的计算点取其中点（图4-20）。室内照度依照"窗户光能量源"逐点分区进行室内光照计算（图4-21）。

（3）keySection忽略玻璃的反射系数（普通玻璃只有0.08），将维护体设定为全透光材料。

如图4-21，以第五层为例，计算其"窗户光能源"：取第五层窗户的中点M2为光照点，C2为受天光影响的夹角，D2为C2的角平分线与水平线的夹角。根据立体角投射定律，可得代表第五层的"窗户光能源"为：

$$E_5 = (1+2\sin\theta)Lz \times \Omega_{C2} \times \cos\theta/3 \tag{16}$$

其中：Ω_{C2}等于C2；

θ等于D2；

Lz为常数，取南京市天顶亮度$Lz = 4500 \times 9/7\pi$。

根据图4-21所示，计算室内某点的照度：E2为Q点与窗户上下端点连线的夹角，那么Q点的照度为：

$$E_Q = E \times \rho \times \Omega_{E2} \times \cos 0/3 \tag{17}$$

上式中：Ω_{E2}等于E2；

E为代表窗户照度的"窗

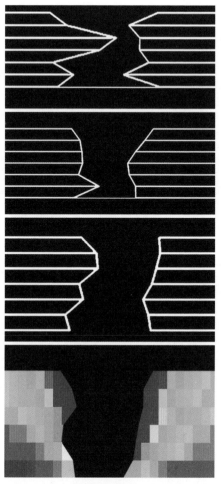

图4-22 天空亮度与仰角的关系
（资料来源：2007年建筑设计生成小组）

户光能源"；

ρ为透射系数；

cos 0：由于Q点标高与M2点同高，所以仰角为0度。

4.2.6 "keySection"程序开发

keySection生成工具基于随机函数采用简易进化算法，程序记录最佳生成结果并在软件界面直观输出，该生成工具开发平台为ActionScript2.0，并在二维虚拟空间中模拟光照。二维剖面空间研究简单方便、易于操作，有利于探索该生成课题的可行性，并为进一步开发应用程序奠定基础。keySection开发进程共提供以下几大规则：

（1）运用随机函数，建立庭院形式的随机变化模型，在没有加入具体进化规则限定情况下，这是一个完全随机的过程。利用计算机随机函数的优势可以生成无数随机剖面。如图4-22所示。

（2）加入第一个限定规则，限定剖面所有楼板的总长度。该规则从侧面反应剖面对应平面面积的映射关联。

（3）改进（2），控制上、下层楼板长度差，降低楼板上、下层长度"变异"，使其剖面形态趋于合理。

（4）分区计算工作面上各点照明：将生成剖面室内部分网格化，根据上述建筑采光照明计算方法，计算各格网的照度。如图4-22下图所示，模拟建筑为6层，层高4 m，周围建筑高度为24 m。初始化庭院宽度为20 m，两侧建筑部分进深也为20 m。图中所示，红色表示照度值最高，蓝色则表示最低，颜色越冷照度越低。可以看出各点照度值从庭院向两侧、从上层向下层递减。这符合人们对庭院采光的直观感受。

（5）制定进化评价目标，筛选出室内照明值最高的剖面形式。keySection设置两个评价参数来控制剖面的进化：能量平均值（W）和能量标准差（σ）。

能量平均值为各格网能量值总和除以格网总数，数学表达式如下：

$$W= \sum_{i=1}^{n} E_i/n \text{（单位：lx）} \quad (18)$$

能量标准差基于能量平均值，计算相对较为复杂，数学表达式如下：

$$\sigma= \sqrt{\sum_{i=1}^{n} (E_i-w)^2} \quad (19)$$

上式中：W为能量平均值；

　　　　E_i为各格网照度值；

　　　　n为内部空间格网总数。

能量标准差反映数据集的离散程度，能量平均数相同，标准差未必相同；能量标准差越大，说明剖面格网最大能量值和最小量值差距越大。标准差越小，说明光照均匀度越好。

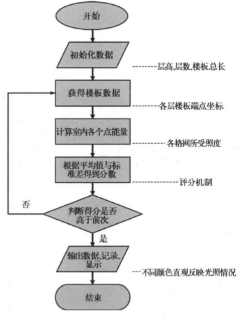

图4-23　"keySection"程序流程
（资料来源：2007年建筑设计生成小组）

(6) 剖面评分机制：通过能量平均值（W）和能量标准差（σ）控制剖面评分，keySection提供加权系数（C_1、C_2）计算剖面得分：

$$score = W \times C_1 - \sigma \times C_2 \quad (20)$$

其中：C_1为能量平均值权值系数；

C_2为能量标准差权值系数。

keySection可以将单一庭院空间扩展到多庭院的建筑群体组合，并通过类似剖面评价机制控制庭院生成形态。

4.2.7 "keySection"程序运行及调试

"keySection"，程序流程见图4-23，生成工具界面分单一庭院（图4-24）及多庭院（图4-25）两种。以单一庭院为例，设定体量巨大的公共建筑剖面：总进深为60 m，六层，层高5 m。建筑外形与城市界面为垂直面。两侧各有等高的建筑物（30 m），建筑物内部由计算机生成中庭空间，同时必须保持剖面楼板总长度为预先设定数值。

用户可以在"初始化窗口"（Initializer）中输入不同的建筑层数、中庭宽度、变化幅度等数据，以便初始化程序生成中庭形状进程的相关控制参数。"当前状态"（Current State）窗口显示当前进化结果以及该形状的能量平均值（Energy Average）、能量标准差（Standard Deviation）、得

图4-24 单一庭院"keySection"程序界面
（资料来源：2007年建筑设计生成小组）

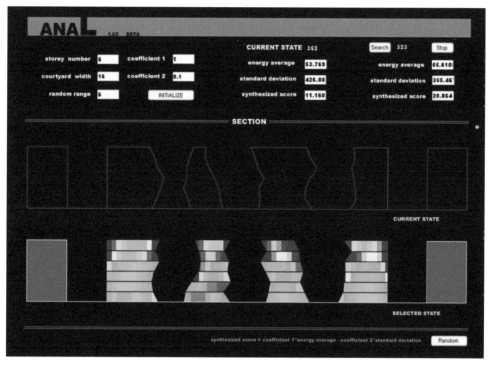

图4-25 多庭院"keySection"程序界面
（资料来源：2007年建筑设计生成小组）

分(Synthesized Score)和当前搜索次数
（Searched）等等。下方"剖面显示"
（Section）窗口动态显示当前已搜索
得分最高的剖面形状，建筑室内空间
用不同的颜色区分剖面格网分区的光
照度。

图4-26显示运用"keySection"
生成的六种不同进化时代剖面形态，
"keySection"根据制定规则和评分机
制，对不同的剖面形式评价其能量平均
值、能量标准差、综合得分及当前演化
代数。可以看出随着"keySection"进

	1	2	3	4	5	6
Energy average	211.13	210.95	213.18	210.327	210.934	214.59
Standard deviation	958.58	904.19	920.29	862.91	9846.80	3881.37
Synthesized score	115.27	120.53	121.15	124.03	126.25	126.45
Searched	147	908	1543	3608	7539	10613
Shape						

图4-26 不同进化年代"keySection"输出数据比较
（资料来源：2007年建筑设计生成小组）

151

	General	Generative
Energy average	177.86	208.76
Standard deviation	866.1	846.62
Synthesized score	91.25	3124.1
Shape		

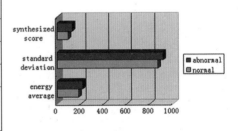

图4-27　常规垂直剖面与"keySection"生成剖面比较
（资料来源：2007年建筑设计生成小组）

程的运行该生成结果不断进化的过程。

常规垂直形式剖面与"keySec-tion"生成形式数据对比（图4-27）表明：计算机生成剖面形式的采光效果明显优于常规垂直形式的庭院；后者各单位格网获得光照能量平均值高于前者，而光照能量标准差低于前者，这意味着室内空间可以获得更高的照度，且光照更为均匀，其庭院形式比垂直庭院更佳。

在"keySection"中输入不同运行初始参数，如图4-28所示，不同的庭院宽度、庭院变化幅度、能量标准差系数

可以看出：

（1）能量平均值、能量标准差随着庭院宽度增加而增大，但能量平均值增加的幅度比能量标准差增加幅度更大。

（2）庭院形状变化幅度对能量平均值影响较小。

（3）程序进化偏重能量平均值，则生成结果趋向于庭院成上大下小；程序参数偏重能量标准差，则生成结果趋向于上部开口小、中间开口大、底部开口小的"（）"形庭院剖面形式。

	9	13	17	21	25
Energy Average Deviation	135.58	215.49	293.22	390.13	504.16
Standard	874.1	1121.9	1329.1	1862.8	2681.9
Synthesized Score	48.172	103.29	160.31	203.85	235.97
Shape					

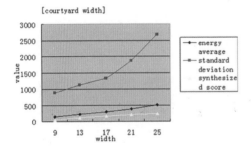

庭院宽度变化

	10	30	50	70	90	110
Energy Average	183.39	189.33	200.27	192.72	178.92	210.99
Standard Deviation	772.82	774.27	810.84	937.64	980.28	1081.2
Synthesized Score	110.1	111.9	119.19	98.959	80.892	102.86
Shape						

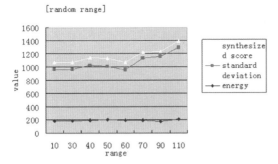

庭院楼板变化幅度

	0.1	0.3	0.5	0.7	0.9
Energy Average	203.01	183.7	180.01	174.86	178.6
Standard Deviation	804.97	717.56	717.29	692.23	686.66
Synthesized Score	122.51	−31.56	−178.63	−309.69	−439.39
Shape					

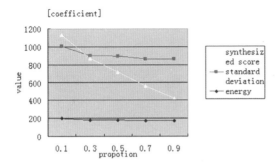

得分能量标准差系数改变

图4-28 不同运行初始参数输出形式比较
（资料来源：2007年建筑设计生成小组）

4.2.8 "keySection"建筑化实例

"keySection"建筑实例化通过简化的分段剖面，将它们分别逐个加入并控制建筑形体，这是一个概念化的建筑形体。理论上讲，将无数个剖面形式在建筑平面上连接起来即可得到理想的建筑形体，这需要运用类似数学微分方式来获得，操作比较困难。截取不同楼板总长度的数个剖面形式，并将它们沿剖面纵向每隔10m连接起来形成如图4-29所示的三维建筑正形体和庭院负形体。

图4-30显示多个生成剖面联立而成非同寻常的庭院空间透视效果，图4-31为庭院透视效果，图4-32为庭院顶视图并设定A、B、C、D和E五个剖面位置及透视点。

图4-33将"keySection"扩展至三个庭院的运行成果实验，将各理想剖面在三维空间联结，其程序原理和上述一个庭院相同，三个庭院甚至更多的庭院均可以应用相同的原理轻松实现。

"keySection"运用简单进化模型，以优化建筑剖面形式及庭院空间采光需求为出发点，理性数学数据计算为根本，结合程序实践创造出一种探索建筑空间、建筑形式的新方法。运用"keySection"剖面生成工具所创作的建筑成果，可以充分体现建筑设计过程是理性与浪漫相互交织的理性艺术产物。

4.2.9 "keySection"的缺陷及其进一步发展

"keySection"从建筑庭院采光优化目标"推导出"理性但非同寻常的建筑形体，它运用简易进化算法，逐步实现"keySection"所预想的各项规则。总结整个程序过程，可得出"keySection"如下进一步发展方向：

（1）在二维平台中模拟光照有一定的局限性，简化最初立体角导致其取值

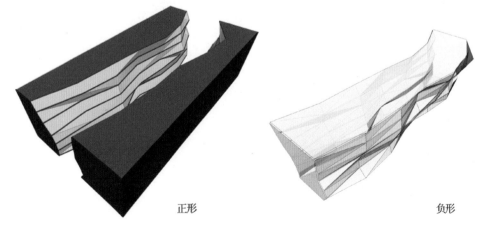

正形　　　　　　　　　　　　　　　　负形

图4-29　"正形"与"负形"空间
（资料来源：2007年建筑设计生成小组）

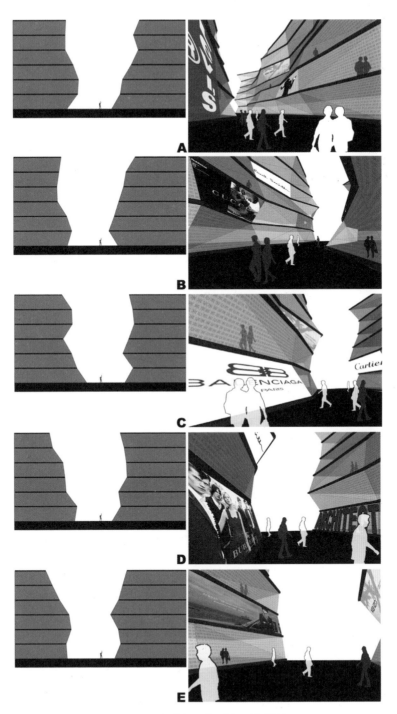

图4-30 生成剖面与对应透视效果
（资料来源：2007年建筑设计生成小组）

图4-31 庭院空间效果
（资料来源：2007年建筑设计生成小组）

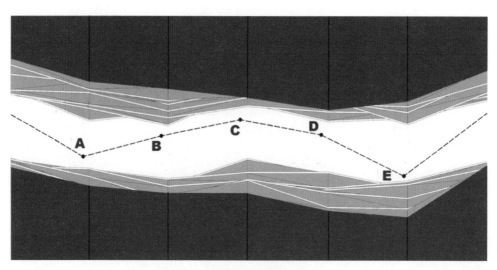

图4-32 顶视图
（资料来源：2007年建筑设计生成小组）

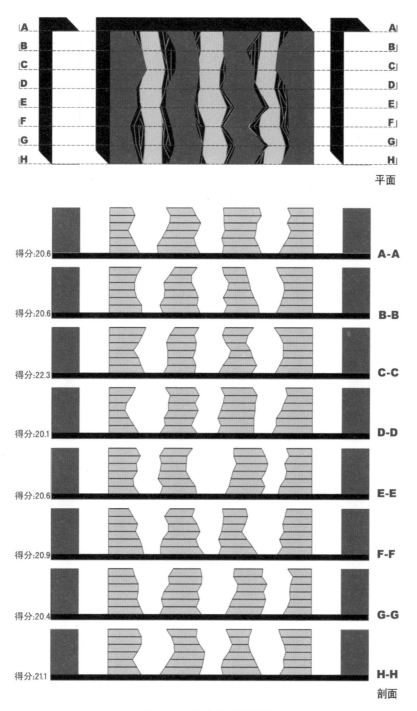

平面

得分:20.6   A-A

得分:20.6   B-B

得分:22.3   C-C

得分:20.1   D-D

得分:20.6   E-E

得分:20.9   F-F

得分:20.4   G-G

得分:21.1   H-H

剖面

图4-33　多庭院设计扩展
（资料来源：2007年建筑设计生成小组）

数值偏小，计算存在一定的误差，更精确的计算应该考虑来自三维立体空间光线对目标计算点的影响。

（2）剖面优化进程需要运用遗传算法编码方式使程序在其进化过程中得到更快的收敛结果。"keySection"基于随机运算，在运行初期进化很快，但在其运行后期需要很长的周期才得到更进一步的进化。遗传算法可以有效解决这一问题，但需要更复杂而严格的基因编码结构。

（3）建立各类建筑材料反射率资料库，将外部反射光组分（ERC）加入光线对目标点的计算，这将更有效应用于实际工程的建筑设计生成过程。

（4）寻求更有效的程序开发平台，

如Java、C++等。

4.3 遗传算法与建筑生成方法探索之"notchSpace"

"notchSpace"的开发灵感源自于"孔明锁"[①]，也有资料称之为"鲁班锁"或"六木同根"。"孔明锁"构造看似简单，只要找到了关键的"插销"就能拆开，但是内部的凹凸部分啮合，十分巧妙，要想把它原样拼回去，则需大费周折（图4-34）。"孔明锁"通常作为木结构建筑的精妙木构造研究实例之一，"notchSpace"则从另一个角度审视并分析"孔明锁"：将其中间相交部分

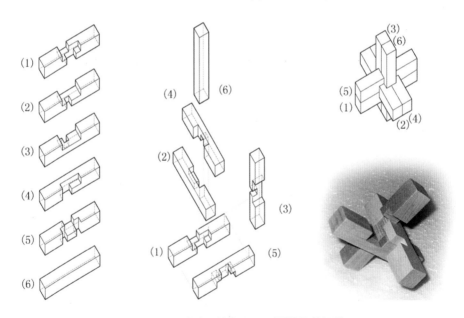

图4-34 "孔明锁"之一：零件及其组装
（资料来源：东南大学单踊教授提供）

---

① 中国传统的智力玩具，相传由三国时期的诸葛亮发明。该三维的拼插玩具内部的凹凸部分啮合，十分巧妙。孔明锁类玩具比较多，形状和内部的构造各不相同，一般都是易拆难装。拼装时需要仔细观察，认真分析其内部构造。

理解为对相同实体的不同空间划分，同时，制定相应的程序规则，使其满足相同建筑内部空间的适当三维剖分。

4.3.1 "notchSpace"开发简介

不同建筑师对于建筑空间剖分具有各自不同的思维方式，但不可否认，每个建筑师均存在自己思维模式的缺陷。"notchSpace"基于遗传算法的随机搜索及其建筑元素编码，优化固有建筑空间的剖分方式。此外，"notchSpace"也运用到第三章所陈述的"细胞自动机"原理。由于"notchSpace"不是简单的随机搜索，它需要对建筑原型课题进行适当的程序编码，所以，其开发过程比上节所述"keySection"工具复杂很多，但其搜索优化进程比简单进化算法效率更高。

如图4-35之1，"notchSpace"以"九宫格"为基本原型，将其中间单元设为建筑交通空间，周边剩下的八个单元空间为"notchSpace"需要剖分的原型基础。"notchSpace"将单元剖分升至上、下层三维空间，这使单元"升级"至如图4-35之2所示的16个单元交错空间不同剖分求解（中间单元均为垂直交通空间）。"notchSpace"预设由1至4个随机数单元方格构成建筑功能空间（如办公空间等）。考虑该空间可形成上、下两层的跃层空间情形，那么，建筑空间构成可能情况共144种。图4-36罗列出所有该144种可能，具体数量及参考图索引见表4-8。

正如本章第一节所述，遗传算法首先需要抽象出遗传基因基本码。在

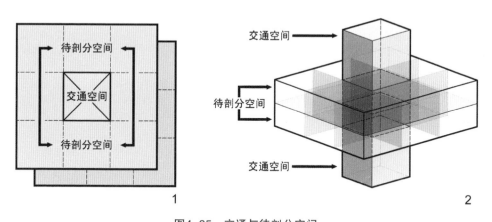

1		**2**

图4-35 交通与待剖分空间

表4-10 1~4个单元构成建筑空间的可能数量

1个单元空间可能	2个单元空间可能	3个单元空间可能	4个单元空间可能
8种（参见图4-36之1）	16种（参见图4-36之2）	40种（参见图4-36之3）	80种（参见图4-36之4）
计144种（基因）			

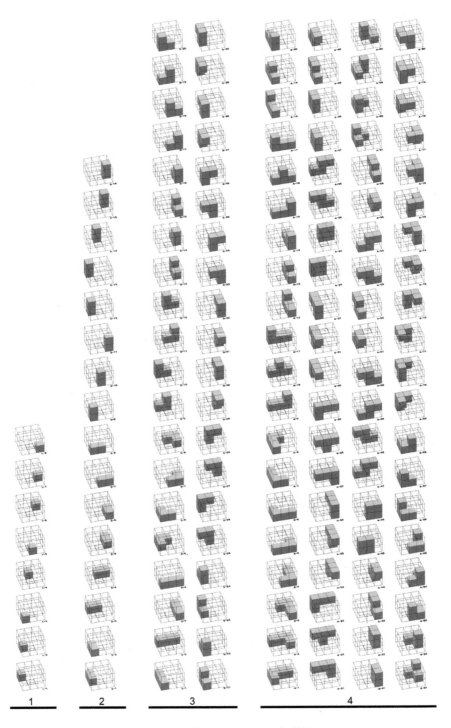

160

图4-36 144种"notchSpace"基因

"notchSpace"程序开发中，图4-36所呈现的144种可能便构成其逐代进化构成的基本基因编码，该144个基因码是"notchSpace"交叉及变异进程中的基本算法单元。

在"notchSpace"演化过程需要加入符合建筑设计需求的适当规则，"notchSpace"提取八个空间方位（南向、东向、西向、北向、西南向、东南向、东北向及西北向）作为遗传进化目标。

综合上述分析，"notchSpace"构成以下建筑设计规则及程序设计法则：

（1）"notchSpace"以上述16个单元的不同空间剖分及预设遗传规则为进化目标。为了动态显示进化过程，"notchSpace"提供三维图像即时可视化界面。在该界面中，提供必要的输入参数控制选项，如进化所需优化朝向。同时提供必要的输出数据显示，如程序运行进程中建筑空间剖分现状、图像及各建筑空间分配状况显示、当前进化年代及适应度值等等。

（2）空间剖分形成的建筑功能空间可由1至4个单元方格构成，并形成丰富的建筑室内空间构成，避免形成简单的平面化传统剖分，从而使各建筑空间形成上、下跃层空间。

（3）对于固有建筑形体的空间剖分，"notchSpace"运行可在连续平面单元方格及相连楼上、楼下空间中进行。但构成建筑空间的单元方格必须控制在4个以下（包括4个），"notchSpace"还提供空间生成数据的文本输出。

（4）建筑师可从上述八个空间方位中任选一、两个方位作为"notchSpace"遗传进化方位。遗传成果需要使所有建筑功能空间剖分至少有一个方格单元朝向指定的进化方位，在遗传进程中不一定能完全满足该要求，但力求使其最优化。

（5）"notchSpace"遗传算法相关参数设置在后台调试中进行，程序界面不必提供更多的输入参数，"notchSpace"将建筑参数作为主要的遗传进化设计目标，遗传参数在程序调试过程中确定，其数值大小根据建筑楼层数动态变化。

4.3.2　"notchSpace"程序介绍及其遗传算法具体步骤

1．"notchSpace"程序界面

程序界面较为简洁，见图4-37。主要由以下几部分组成：

（1）输入运行参数控制：建筑空间剖分的方位由界面顶部选择按钮控制，由南向（S）、西南向（SW）、东向（E）、东南向（SE）、北向（N）、东北向（NE）、西向（W）和西北向（NW）八个方位组成。建筑设计者可以选择该八个方位中任意两个，当选择项为单一方位时，其余按钮均为可选状态（图4-38之1，上部选择东南向"SE"，而下部选择西南向"SW"）；当使用者选择两项时，其余方位被自动设为不可选状态（图4-38之2，上部选择北向"N"和东北

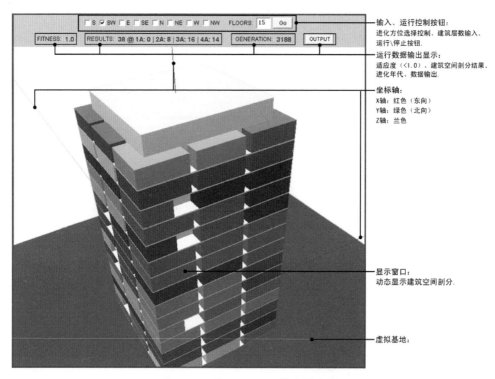

右侧标注：
输入、运行控制按钮：
进化方位选择控制、建筑层数输入、运行\停止按钮。

运行数据输出显示：
适应度（<1.0）、建筑空间剖分结果、进化年代、数据输出。

坐标轴：
X轴：红色（东向）
Y轴：绿色（北向）
Z轴：兰色

显示窗口：
动态显示建筑空间剖分。

虚拟基地：

图4-37 "notchSpace"程序界面

"NE"，而下部选择南向"S"和东南向"SE"）。方位的选择从程序后台操控"notchSpace"遗传优化方向，也是程序运行适应度（fitness）的评价标准。输入窗口"FLOORS"控制建筑楼层数量。确认以上输入参数后便可以启动"notchSpace"运行按钮"Go"，

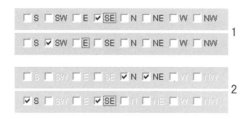

图4-38 方位选择

在运行过程中，该按钮转变成"Stop"状态，使用者可以根据软件进化结果随时终止程序运行。

（2）运行数据部分即时显示当前程序运行状态。如图4-39所示，"FITNESS"显示当前进化结果具备的适应度最佳解，"notchSpace"规定该适应度数值为0至1之间的数值，当适应度为1（100％）时，表明程序已找到符合前述方位设定的最佳建筑空间剖分，各剖分空间至少有一个方格单元面向该方位。"RESULT"部分显示程序对建筑空间剖分的当前状况：如图4-39所示，"@"之前（41）显示建筑共被剖分的建筑分区数量；其后为空间

FITNESS:　0.92　　RESULTS:　41 @ 1A: 4 | 2A: 10 | 3A: 12 | 4A: 15　　　GENERATION:　1444　　OUTPUT

图4-39　运行数据

剖分构成："1A: 4"表示41个建筑分区中有4个建筑分区由一个单元分格构成；"2A: 10"表示41个建筑分区中有10个建筑分区由两个单元分格构成，"3A: 12"及"4A: 15"意义类似。"GENERATION"为动态显示当前进化年代，当"FITNESS"达到"1"时，"notchSpace"程序便停止运行，进化年代也固定在某数值。"OUTPUT"用于输出程序运行的最佳解。

（3）"notchSpace"主窗口动态显示程序运行的优化结果，用户可以用鼠标拖动观察多方位程序进化视角。该窗口虚拟基地中有红、绿、蓝3个空间坐标轴，分别指向东、北、上三个不同方位，这有助于使用者观察程序演化结果与预设方位之间的关系。建筑空间的剖分结果用相同的颜色表示同一建筑功能空间，不同的建筑功能空间用不同颜色的单元方格表示，如图4-37所示。

2．"notchSpace"种群设置、染色体、选择、交叉、变异及适应度设置

程序基因单元由144种建筑空间布局形态构成，见图4-36。通过有约束条件的基因串构成单个染色体，长方体方格单元是构成染色体的最小单元。整个染色体链由长方体方格单元、基本基因构成（144种）建筑功能空间、建筑主体逐级构成。"notchSpace"种群由符合基本基因约束需求的数百个建筑主体组成。根据程序使用者所确定的建筑朝向，运用程序语言转换成建筑单体具有的适应度"FITNESS"（0至1之间的数值），该适应度值通过目标函数计算获得。目标函数确定"notchSpace"进化方向，同时也确定程序对种群个体的选择过程，选择过程采取与前述"TSP"相同的"轮盘赌"方式。"notchSpace"在种群交叉的同时也改变了建筑主体的基本"基因"构成，所以种群的交叉、变异在程序运行中一气呵成。下面以8层建筑为例说明"notchSpace"遗传算法的染色体构成、适应度设置、选择、交叉、变异方法。

（1）"染色体"构成

在染色体结构生成之前，首先需要对各长方体方格单元编号。对于各建筑主体中，每个方格单元都具有唯一的索引号，程序中设为该方格的ID（identification）号码。"notchSpace"将建筑第一层西南角的方格单元设为0号，按逆时针方向编写，每隔序号8便上移一层，八层建筑主体便需要对64个单元方格编号（由于从0号开始，所以最后单元的ID号为63），见图4-40。由此，可以形成方格单元空间位置与序号0至63之间唯一映射关系，如0表示建筑主体的第一层平面的西南角方格单元，63表示建筑第八层的正西中间方格单元，12表示建筑第二层的东北角方格单元等等。除此

163

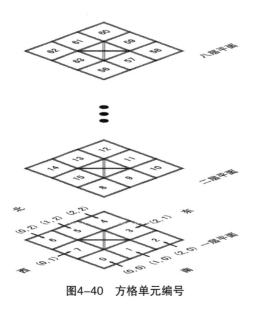

图4-40 方格单元编号

以外，如何通过数据表示单元方格的方位，程序还需要对各层单元方格进行坐标编号，平面方位编号方式见图4-40第一层平面所示。再加上方格的空间楼层

定位，程序可以得到完整的ID号码与空间位置的映射关系。单元方格的ID序号与其在建筑物中的空间方位可以通过数学计算直接获得，其运算见表4-11。

相反在已知方格空间位置 (X, Y, Z) 的情况下，程序也可以通过简单的流程判断获取该方格的ID索引号。

在确定单元方格的编号方式后，运用随机函数生成总和为64（所有单元方格数量），且每组数据总和为8（同一楼层），各数值介于1至4之间的随机数。该步骤用于形成"notchSpace"染色体雏形，其生成结果与以下表达式类似：

$$64=(2+3+3)+(1+4+2+1)+(3+2+1+2)+(2+2+3+1)+(2+1+2+1+2)+(4+1+3)+(4+1+2+1)+(2+1+2+1+2)$$

以上等式共分8组，对应于八层建筑的各层平面；每组数据总和为8，对应于建筑各层的八个单元方格。以第一、二

表4-11 通过单元方格计算其空间方位坐标

单元方位	程序表达式	举 例
西南向	如果i＝0， 则为西南向 (0, 0, Z)	ID = 16时：Z = 16/8+1 = 3；i = 16%8 = 0。 则"16"与 (0, 0, 3) 映射关联。
正南向	如果i＝1， 则为正南向 (1, 0, Z)	ID = 1时：Z = 1/8+1 = 1；i = 1%8 = 1。 则"1"与 (1, 0, 1) 映射关联。
东南向	i＝ID对8求余： 求得ID号除以8后 所取得的余数，	ID = 34时：Z = 34/8+1 = 5；i = 34%8 = 2。 则"34"与 (2, 0, 5) 映射关联。
正东向	如果i＝3， 则为正东向 (2, 1, Z)	ID = 27时：Z = 27/8+1 = 4；i = 27%8 = 3。 则"34"与 (2, 1, 4) 映射关联。
东北向	如果i＝4， 则为东北向 (2, 2, Z)	ID = 20时：Z = 20/8+1 = 3；i = 20%8 = 4。 则"20"与 (2, 2, 3) 映射关联。
正北向	如果i＝5， 则为正北向 (1, 2, Z)	ID = 29时：Z = 29/8+1 = 4；i = 29%8 = 5。 则"20"与 (1, 2, 4) 映射关联。
西北向	如果i＝6， 则为西北向 (0, 2, Z)	ID = 14时：Z = 14/8+1 = 2；i = 14%8 = 6。 则"14"与 (0, 2, 2) 映射关联。
正西向	如果i＝7， 则为正西向 (0, 1, Z)	ID = 7时：Z = 7/8+1 = 1；i = 7%8 = 7。 则"7"与 (0, 1, 1) 映射关联。

根据该余数数值确定单元方格空间方位。

Z =ID/8+1：ID号除以8后取整数后加1，可得到该单元方格所在建筑楼层。

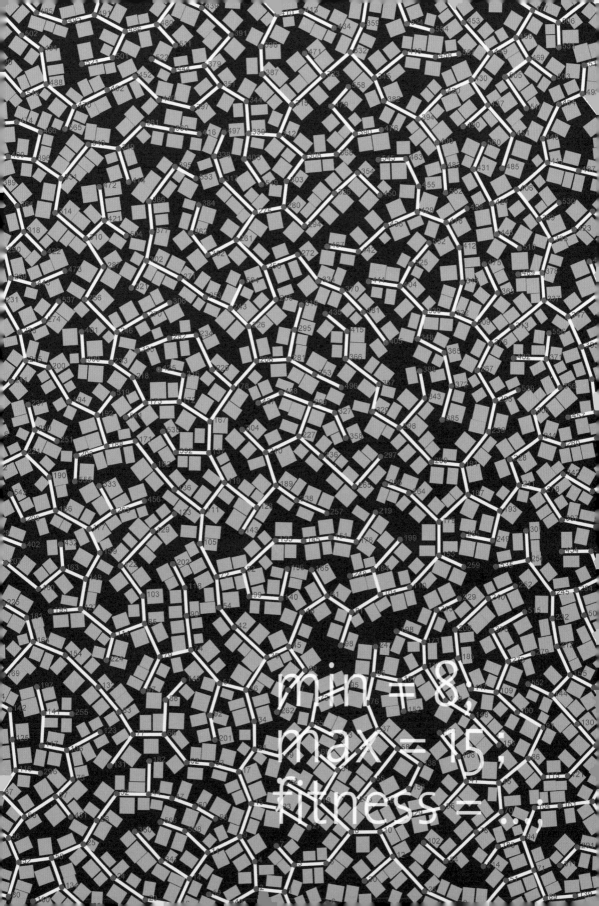

min = 8;
max = 15;
fitness = ...;

组（2+3+3）+（1+4+2+1），即第一、二层建筑单元组成为例，可通过表4-12看出建筑一、二层初步建筑功能空间剖分状况，其他各层与此类似。上述关于八层建筑的数学表达式所对应的建筑各层空间剖分见图4-41（左图为东南角轴侧图，右图为东北角轴侧图），单元方格紧密相邻为同一建筑功能空间。

通过以上操作，形成"notchSpace"染色体雏形，即初步建筑功能空间剖分，但只是在同一平面层中展开。为了得到上下贯通的建筑空间，需要对功能区逐一向楼上探测，视其是否可以和楼上功能区合并，规则为单元方格总数小于或等于4，直到倒数第二层（本例为第七层）。该过程有助于形成"楼中楼"的贯通空间，丰富建筑室内空间效果。通过该探测过程可以形成图4-42的生成结果，单元方格上下紧密相邻为同一建筑功能空间。

"notchSpace"的染色体结构较

表4-12 一层建筑"2+3+3"对应的空间剖分

一层随机数组成（和为8）	单元方格的ID号	建筑功能空间初步剖分（单元方格方位坐标）
2	0、1	（0，0，1）、（1，0，1）
3	2、3、4	（2，0，1）、（2，1，1）、（2，2，1）
3	5、6、7	（1，2，1）、（0，2，1）、（0，1，1）
1	8	（0，0，2）
4	9、10、11、12	（1，0，2）、（2，0，2）、（2，1，2）、（2，2，2）
2	13、14	（1，2，2）、（0，2，2）
1	15	（0，1，2）
……	……	……

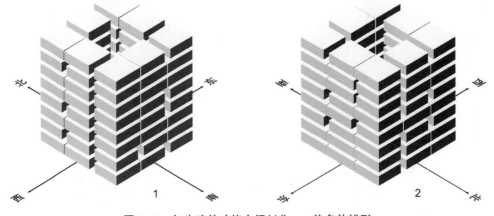

图4-41 初步建筑功能空间剖分——染色体雏形

为抽象，不易通过简单的数学表达式直观表现，通过表4-13可以看出，在建筑上下楼层之间"探测"并适当结合建筑功能空间的染色体前后数据有很大变化。此前，空间剖分均在相同平面中进行，此后，空间剖分出现了贯通情况（表中加粗功能空间）。对照表4-13和图4-42可以发现相同的结果。

（2）适应度设置及选择过程

适应度的确定指导程序进化的方向，"notchSpace"适应度根据建筑理想的朝向决定。当建筑功能空间中有一个单元方格朝向指定的方位便认为满足条件，反之则为不满足要求的空间剖分。所以设定以下适应度公式：

$$适应度(Fitness)=\frac{满足要求的功能剖分空间总数量}{功能剖分空间总数}(0\leqslant适应度\leqslant1) \quad (21)$$

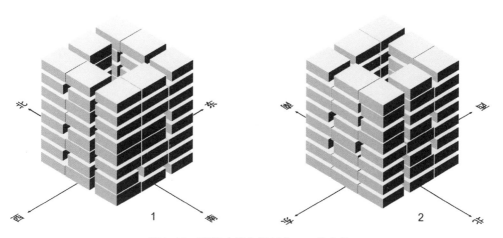

图4-42　建筑功能空间剖分——染色体

表4-13　建筑上、下楼层"探测"前后"染色体"数据变化

序列	"探测"前"染色体"数据结构	"探测"后"染色体"数据结构
1	UN=2：(0,0,1)、(1,0,0)	UN=3：(0,0,1)、(1,0,1)、(0,0,2)
2	UN=3：(2,0,1)、(2,1,1)、(2,2,1)	UN=3：(2,0,1)、(2,1,1)、(2,2,1)
3	UN=3：(1,2,1)、(0,2,1)、(0,1,1)	UN=4：(1,2,1)　(0,2,1)　(0,1,1)　(0,1,2)
4	UN=1：(0,0,2)	UN=4：(1,0,2)　(2,0,2)　(2,1,2)　(2,2,2)
5	UN=4：(1,0,2)　(2,0,2)　(2,1,2)　(2,2,2)	UN=3：(1,2,2)、(0,2,2)、(1,2,3)
6	UN=2：(1,2,2)　(0,2,2)	UN=3：(0,0,3)、(1,0,3)、(2,0,3)
7	UN=1：(0,1,2)	UN=4：(2,1,3)　(2,2,3)　(2,0,4)　(2,1,4)

（续表）

序 列	"探测"前"染色体"数据结构	"探测"后"染色体"数据结构
8	UN=3: (0,0,3)、(1,0,3)、(2,0,3)	UN=3: (0,2,3)、(0,1,3)、(0,1,4)
9	UN=2: (2,1,3) (2,2,3)	UN=4: (0,0,4) (1,0,4) (0,0,5) (1,0,5)
10	UN=1: (1,2,3)	UN=4: (2,2,4) (1,2,4) (0,2,4) (1,2,5)
11	UN=2: (0,2,3) (0,1,3)	UN=1: (2,0,5)
12	UN=2: (0,0,4) (1,0,4)	UN=3: (2,1,5)、(2,2,5)、(2,2,6)
13	UN=2: (2,0,4) (2,1,4)	UN=2: (0,0,5) (0,1,5)
14	UN=3: (2,2,4)、(1,2,4)、(0,2,4)	UN=4: (0,0,6) (1,0,6) (2,0,6) (2,1,6)
15	UN=1: (0,1,4)	UN=4: (1,2,6) (0,2,6) (0,1,6) (0,1,7)
16	UN=2: (0,0,5) (1,0,5)	UN=4: (0,0,7) (1,0,7) (2,0,7) (2,1,7)
17	UN=1: (2,0,5)	UN=3: (2,2,7)、(2,1,8)、(2,2,8)
18	UN=2: (2,1,5) (2,2,5)	UN=3: (1,2,7)、(0,2,7)、(1,2,8)
19	UN=1: (1,2,5)	UN=2: (0,0,8) (1,0,8)
20	UN=2: (0,2,5) (0,1,5)	UN=1: (2,0,8)
21	UN=4: (0,0,6) (1,0,6) (2,0,6) (2,1,6)	UN=2: (0,2,8) (0,1,8)
22	UN=1: (2,2,6)	—
23	UN=3: (1,2,6)、(0,2,6)、(0,1,6)	—
24	UN=4: (0,0,7) (1,0,7) (2,0,7) (2,1,7)	—
25	UN=1: (2,2,7)	—
26	UN=2: (1,2,7) (0,2,7)	—
27	UN=1: (0,1,7)	—
28	UN=2: (0,0,8) (1,0,8)	—
29	UN=1: (2,0,8)	—
30	UN=2: (2,1,8) (2,2,8)	—
31	UN=1: (1,2,8)	—
32	UN=2: (0,2,8) (0,1,8)	—

（注：表中"UN"为构成建筑功能空间的单元方格数量）

表4-14　适应度随指定理想朝向变化

理想朝向	满足要求的功能剖分空间数量	剖分空间总数	适应度
西南向	19	21	19/21 = 0.90
正南向	12	21	12/21 = 0.57
东南向	15	21	15/21 = 0.71
正东向	11	21	11/21 = 0.52
东北向	17	21	17/21 = 0.81
正北向	12	21	12/21 = 0.57
西北向	19	21	19/21 = 0.90
正西向	14	21	14/21 = 0.67

以上述图4-42为例说明该建筑的适应度：建筑被剖分为21个功能空间（表4-13右），根据不同的理想朝向其适应度值并不一定相同，见表4-14。适应度函数所返回的数值也代表了该"种子"在交叉过程中被选择的机会。

"notchSpace"对种群的选择操作采取与本章第一节"TSP"遗传算法相同的"轮盘赌"方式，在此不再赘述。

(3) 交叉及变异

由于没有现成的方法，需要花费较长的时间寻求"notchSpace"遗传算法交叉、变异的理想方式，该过程需要在程序中不断调试，并通过程序进化效果、输出数据等分析，确定现在的方法。客观地讲，"notchSpace"采用的方式有效，但未必是最理想的交叉、变异方法。

种群的交叉、变异至少需要在两个独立个体中进行，为此，根据上述"染色体"构成方法生成另一个体，其数

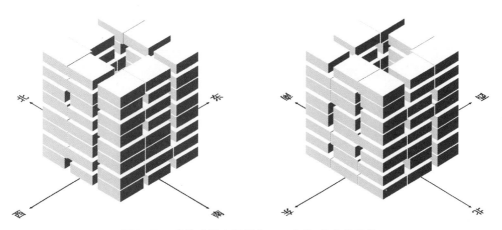

图4-43　建筑功能空间剖分——个体2染色体结构

169

表4-13　个体2的"染色体"数据结构

序列	"染色体"数据结构	序列	"染色体"数据结构
1	UN=4: (0,0,1)　(0,0,2)　(1,0,2)　(2,0,2)	12	UN=3: (0,0,5)　(0,0,6)　(1,0,6)
2	UN=1: (1,0,1)	13	UN=1: (1,0,5)
3	UN=4: (2,0,1)　(2,1,1)　(2,2,1)　(1,2,1)	14	UN=3: (2,2,5)　(2,2,6)　(1,2,6)
4	UN=3: (0,2,1)　(0,2,2)　(0,1,2)	15	UN=4: (1,2,5)　(0,2,5)　(0,1,5)　(0,2,6)
5	UN=1: (0,1,1)	16	UN=4: (2,0,6)　(2,1,6)　(2,0,7)　(2,1,7)
6	UN=4: (2,1,2)　(2,2,2)　(2,0,3)　(2,1,3)	17	UN=4: (0,1,6)　(1,2,7)　(0,2,7)　(0,1,7)
7	UN=3: (1,2,2)　(2,2,3)　(1,2,3)	18	UN=3: (0,0,7)　(0,0,8)　(1,0,8)
8	UN=4: (0,0,3)　(1,0,3)　(0,0,4)　(1,0,4)	19	UN=1: (1,0,7)
9	UN=4: (0,2,3)　(0,1,3)　(0,2,4)　(0,1,4)	20	UN=3: (2,2,7)　(2,1,8)　(2,2,8)
10	UN=2: (2,0,4)　(2,0,5)	21	UN=1: (2,0,8)
11	UN=4: (2,1,4)　(2,2,4)　(1,2,4)　(2,1,5)	22	UN=3: (1,2,8)　(0,2,8)　(0,1,8)

据结构见表4-13，直观的轴侧图见图4-43。

　　"TSP"提供了有效的程序算法思路，个体1（图4-42）与个体2（图4-43）的交叉过程运用实值交叉方法。众所周知，个体间可能交叉的首要条件是其染色体长度必须相同，上述两个体中唯一相同的参数是它们单元方格数量均为64，这成为个体交叉的基础。采用随机函数产生一个介于0至63之间的随机整数，以下以该随机数为"28"为例阐述"notchSpace"交叉方式，见图

4-44，共分四步完成。

　　① 生成交叉点：产生随机交叉点，交叉点为建筑方格单元规模范围的一个随机数，如"28"；对应于该整数的方格单元空间映射方位为（2，2，4），见图4-44之1的黄色单元方格。此单元方格将建筑分为上（ID自28至63单元）、下（ID为0至27单元）两部分。

　　② 搜索并记录被影响的剖分空间：由于两父个体在染色体中均存在上、下层贯通的空间结构，所以，当从交叉点向两端搜寻各方格单元的时候，程序首

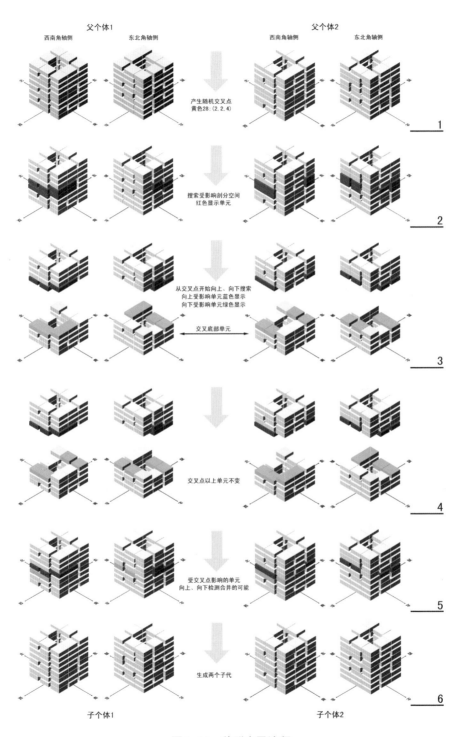

图4-44 种群交叉流程

先需要记录被交叉点影响的建筑剖分空间，为其后方格单元重组准备必要的条件。图4-44之2中的红色方格单元为被交叉点影响的空间剖分，在整个染色体链中，这些单元将在交叉后与另一父个体的部分染色体重构。

③ 交叉染色体：从交叉点处将两父个体一分为二，保持其上部染色体不变，交换两个父个体下部染色体。如图4-44之3及图4-44之4所示，上部及下部受交叉点影响的剖分空间分别为蓝色和绿色。由于两个父个体的染色体长度和交叉位置相同，在它们交叉后依然保持染色体长度不变。但在交叉点附近会出现明显的"切痕"，它会将剖分空间演变得越来越小。所以，必须将它们与其他剖分空间重组。

④ 检测、重组子个体染色体：被交叉点影响的空间单元分属于两个子个体中，构成它们的方格单元采用和"细胞自动机"相类似的方式，检测其周围的方格单元所在的剖分空间，根据具体情况确定是否可以与它们重组。可以重组的条件是该方格单元所在的剖分空间与相邻剖分空间的总方格单元数量小于4（包括4）。子个体染色体的重组保证建筑空间剖分均衡进化，避免出现程序迅速收敛为"病态的"生成结果。

程序实现之后，笔者对"notchSpace"进行了类似"TSP遗传算法程序实践"的仔细调试。在确定"notchSpace"遗传算法适合的初始种群之后，将其设置为随预设建筑楼层数量变动的变量；种群选择率、交叉率也在调试中确定下来。这些遗传参数被设置成程序运行的预设条件，并具有一定自调整能力。由于源代码很长，本书附录只截取"notchSpace"主程序代码，而略去其类（class）文件。

4.3.3　"notchSpace"的建筑实例化

"notchSpace"可以在很短的时间内生成许多符合建筑师预设需要的多种方案，这充分体现了建筑设计生成工具的高效性优势。按照"notchSpace"程序的数据结构及原型目标，如果需要将它开发成具有一定生成模式的建筑设计工具，首先需要将图4-36的144种基因代码片段转换成标准的建筑平面模块，该144种平面模块将成为组装"notchSpace"生成结果的各个装配"零件"。其次，在AutoCAD中将144种平面模块写入"图块"（Block）。与"Cube1001"程序和AutoCAD接口类似，"notchSpace"可以通过Java提供的输出接口将生成数据分步写入"*. scr"文件（注：该"*. scr"文件中的图块名称必须与AutoCAD中的图块名统一）。通过以上手段便可以将"notchSpace"的生成结果完整地调入AutoCAD，从而在AutoCAD中形成完善的平面布局，这将大大减少建筑师机械的建筑平面绘图操作。

其实，Java程序数据与AutoCAD应用程序接口实现功能远远超过二维平面功能，建筑师如果能够从建筑造型中寻找到与建筑内部空间相对应的造型规则，那么运用自动开发的生成工具完全可以在AutoCAD、3dsMAS等应用软件中实现建筑造型的自生成，AutoCAD的AutoLISP程序集及3dsMAS的MaxScript脚本语言为建筑形

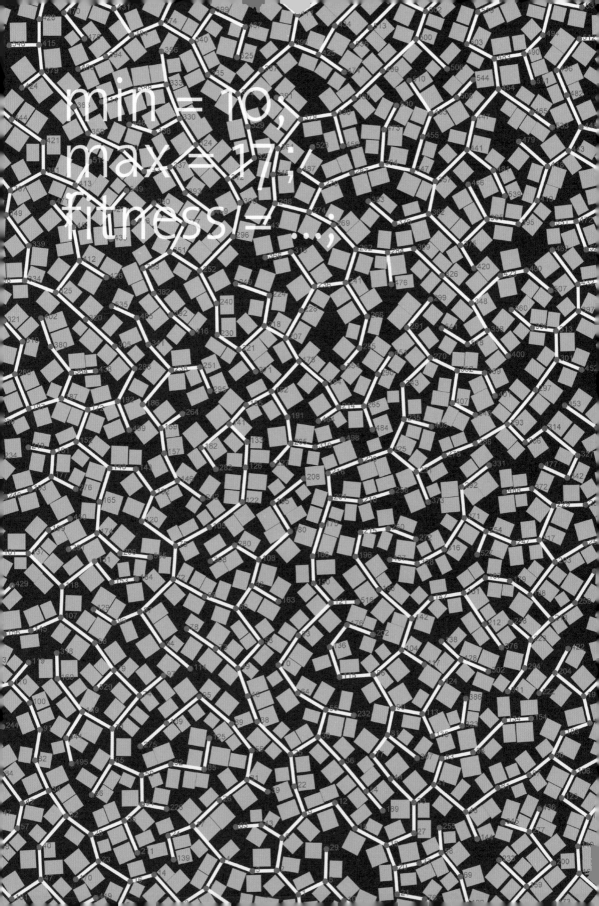

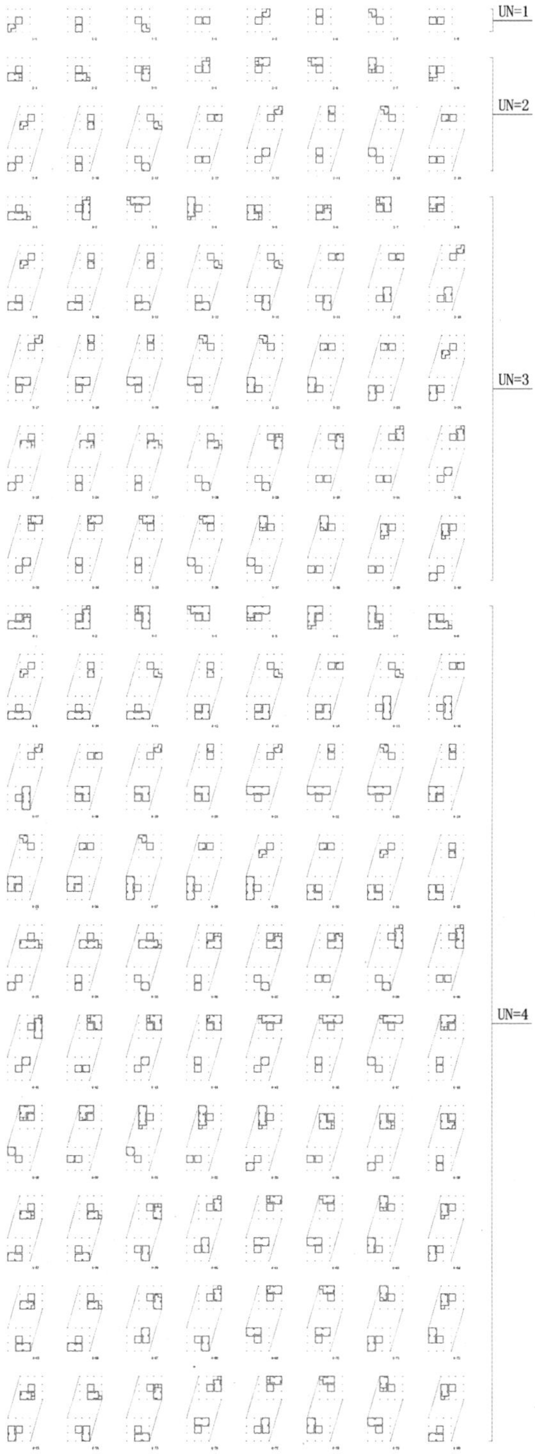

图4-45 "基因"的平面细化

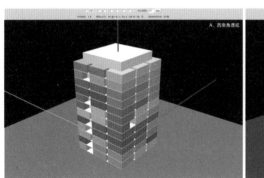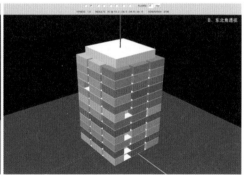

图4-46 "notchSpace" 实验优化结果

表4-14 优化后"染色体"数据结构

序列	"染色体"数据结构	序列	"染色体"数据结构
1	UN=3: (0,0,1) (0,0,2) (1,0,2)	16	UN=2: (2,0,6) (2,1,6)
2	UN=4: (1,0,1) (2,0,1) (2,1,1) (1,2,1)	17	UN=4: (2,2,6) (1,2,6) (1,2,7) (0,2,7)
3	UN=3: (1,2,1) (1,2,2) (0,2,2)	18	UN=3: (0,2,6) (0,1,6) (0,1,7)
4	UN=1: (0,2,1)	19	UN=3: (0,0,7) (0,0,8) (1,0,8)
5	UN=2: (0,1,1) (0,1,2)	20	UN=4: (1,0,7) (2,0,7) (2,1,7) (2,2,7)
6	UN=3: (2,0,2) (2,1,2) (2,2,2)	21	UN=4: (2,0,8) (2,1,8) (1,0,9) (2,0,9)
7	UN=2: (0,0,3) (1,0,3)	22	UN=3: (2,2,8) (1,2,8) (0,2,8)
8	UN=4: (2,0,3) (2,1,3) (2,2,3) (1,2,3)	23	UN=4: (0,1,8) (1,2,9) (0,2,9) (0,1,9)
9	UN=4: (0,2,3) (0,1,3) (1,2,4) (0,2,4)	24	UN=3: (0,0,9) (0,0,10) (1,0,10)
10	UN=2: (0,0,4) (1,0,4)	25	UN=4: (2,0,10) (2,1,10) (2,1,9) (2,2,9)
11	UN=3: (2,0,4) (2,1,4) (2,2,4)	26	UN=4: (2,2,10) (1,2,10) (0,2,10) (0,1,10)
12	UN=2: (0,1,4) (0,1,5)	27	UN=4: (0,1,11) (0,0,11) (1,0,11) (2,0,11)
13	UN=4: (0,0,5) (1,0,5) (2,0,5) (0,0,6)	28	UN=4: (2,1,11) (2,2,11) (1,2,11) (0,2,11)
14	UN=4: (2,1,5) (2,2,5) (1,2,5) (0,2,5)	29	UN=4: (0,0,12) (1,0,12) (2,0,12) (2,1,12)
15	UN=1: (1,0,6)	30	UN=4: (2,2,12) (1,2,12) (0,2,12) (0,1,12)

175

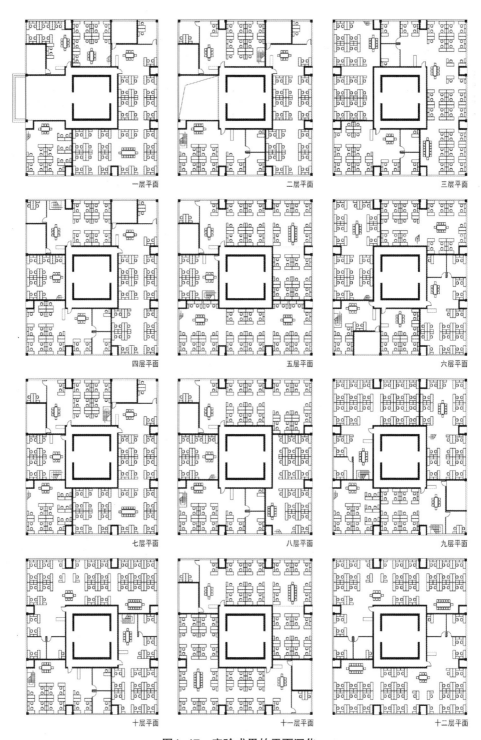

一层平面　　　　二层平面　　　　三层平面

四层平面　　　　五层平面　　　　六层平面

七层平面　　　　八层平面　　　　九层平面

十层平面　　　　十一层平面　　　　十二层平面

图4-47　实验成果的平面深化

体自生成系统提供了完善的程序数据转换平台。三维造型自生成系统非并本书涉及的内容，在此仅简述其基本生成原理。如图4-45所示，将图4-36的144种基因代码片段转换成AutoCAD文件的所有图形模块，它包含"notchSpace"生成结果的所有单元方格的组合方式。由于"notchSpace"每一次程序运行结果均不相同，但组装它们的"元件"只限于这144种基本元素，它们是"notchSpace"生成结果灵活多变组合空间的基础。

以12层建筑为例，西南向被设定成"notchSpace"遗传进化目标方位。程序进化28秒后，其"FITNESS"为1.0，即运行达到优化结果。图4-46A，图4-46B分别为西南角和东北角三维透视。从直观的图形显示可以发现该"设计成果"空间剖分的各建筑功能区至少有一个方格单元面向西或南向（颜色相同的方格组成同一功能空间）。表4-16显示实验输出的详细单元数据信息，其结构与图4-46完全一致。

根据该优化结果，从图4-45所提供的144种平面中选择符合优化成果中的基因模块，从而生成如图4-47所示的平面图，该过程也可以通过程序自动完成[1]。在该实验中，建筑仅为十二层，空间剖分共生成30个建筑功能分区，所以程序生成结果只采用了144个基因平面的小部分空间剖分类型，但在多次程序调试中发现，随着建筑层数的增加及程序的不断运行，144

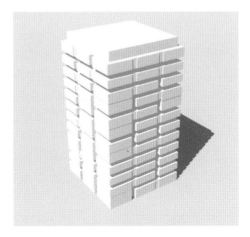

图4-48　结果的建筑体块处理

种基因平面均有机会被选择，这反映"notchSpace"运行结果与预定程序规则之间的默契。

借助"notchSpace"优化结果生成的建筑空间剖分，建筑师可以便捷地进行下一步建筑设计拓展。不违背建筑内部功能划分的建筑造型通常被视为逻辑性较强的设计成果，"notchSpace"借助遗传算法的优化搜索性能生成建筑功能空间与外部造型高度一致的设计结果，图4-48是对实验过程生成数据的建筑体块处理方式之一。

4.3.4　"notchSpace"进一步发展及其缺陷

在国外，遗传算法已广泛运用于建筑设计生成方法创作，它可以应用在建筑设计许多课题的探索研究，本节只列举"notchSpace"遗传算法实践过程。

---

① "notchSpace"工具没提供该自动转化功能，文中平面图在AutoCAD中绘制完成。

"notchSpace"结合程序实践，从染色体编码方式、交叉算法等的深层角度探索遗传算法建筑生成方法的应用。遗传算法对解决模糊优化课题具有极强的通用性，这正是其在建筑学领域得到广泛性应用的原因之一。"notchSpace"遗传算法程序探索为运用该工具研究建筑学其他问题提供有益的借鉴。尽管如此，在程序实现后，依然发现了不少值得进一步探讨的问题：

（1）"notchSpace"程序对建筑空间灵活组合提供了一种较新的探索手段，但程序对预设方格单元布局过于死板，这导致该工具只能停留在建筑设计生成方法的初步研究阶段。在处理实际工程中诸多问题时，需要大规模地修改整个程序结构。进一步的程序探索需要对数量规模更大的单元方格单元提供更灵活的适应性，可以配合各单元日照分析及"细胞自动机"模型方法生成体形更复杂的建筑群体，同时，也需要对遗传算法的编码方式进行新探索。

（2）交叉方式有待进一步改进，在"notchSpace"调试过程中常出现进化缓慢的情况，这种情况在"TSP遗传算法程序实践"尚未找到理想的交叉算法的初期也遇到类似的问题，这从某种程度表明现有的编码、交叉方法未必是最有效的遗传算法手段。染色体编码方式及种群交叉形式是遗传算法的核心问题，在解决不同领域课题时，研究者需要探讨不同的方法，这需要彼此理解、但来自不同专业人员的通力合作。

（3）"notchSpace"程序平台采用Java3D软件包，在"notchSpace"程序调试过程中也花费很多的时间探索建筑原型以外的程序问题，如软件界面处理等。在借鉴Java3D软件包程序框架的情况下，应该自主开发出符合建筑设计生成方法需要的三维程序软件包。

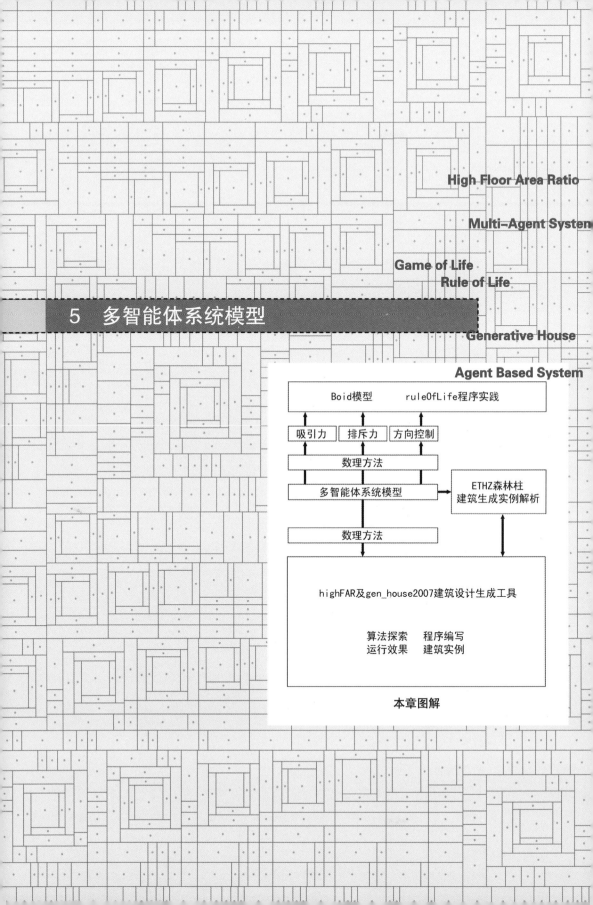

High Floor Area Ratio

Multi-Agent System

Game of Life
Rule of Life

5 多智能体系统模型

Generative House

Agent Based System

Boid模型　　ruleOfLife程序实践

吸引力　排斥力　方向控制

数理方法

多智能体系统模型　→　ETHZ森林柱
建筑生成实例解析

数理方法

highFAR及gen_house2007建筑设计生成工具

算法探索　程序编写
运行效果　建筑实例

本章图解

多智能体系统（MAS：Multi-Agent Systems[①]）的发展源自人工智能科学的"分布式人工智能"（Distributed Artificial Intelligent，DAI）。在计算机科学领域中，多智能体系统由多个代理构成，其解决问题的方法是将问题分解成多个程序片段或智能体，各智能体具有各自独立的属性及处理问题的方法，通过联合与群集的方式，一群智能体能够找到单个智能体无法实现的解决策略。

对于自然界智能体的定义仍存在争议，有时被解释为"自治"（Autonomy）。如家庭的机器人在人类发出开启指令后便按自己的方式清洁地板。另一种解释是，在实践中，所有的智能体均在人类的主动监控之下工作。而且，越重要的智能体活动指令来自人类，它们就受到越多的监管。事实上，"自治"极少可以实现，反而需要相互依赖。MAS也可以解释为人类代理。人类组织和常规的社会活动也可以认为是多智能体系统的一个实例。MAS可以显示为"自组织"（Self-Organized System）复杂行为，即便所有智能单体的行动规则都很简单。多智能体系统的"自组织"行为趋向于系统中各个体在不受外界因素"干涉"的情况下发现最佳的解决问题之道。

多智能体应用于建筑设计方法需要建筑从另一个角度思考建筑设计相关因素，将建筑设计系统看做一个由多智能体交互协作组成的复杂适应系统，从而把建筑师的主体思维转变为建筑要素行为主体的建模过程。本章第一节在阐述多智能体系统基本原理的基础上，通过"ruleOfLife"多智能系统程序实践说明MAS思维特征，进而介绍ETHZ-CAAD研究组的多智能体建筑设计生成实例。第二节、第三节为基于该原理的建筑设计计算机生成方法程序实践：highFAR、gen_house2007。

5.1　多智能体系统

多智能体系统是由多个智能体（Agents）组成的集合，智能体一般具备多个属性特征值，并具有修改自我特征值的能力；各智能体间通过信息交换使得系统涌现出某种宏观特征，充分体现从底层构件设计进而架构出全局系统的"自下而上"（Bottom Up）行为模式，活动主体与环境之间具备交互、适应性。在多智能体系统中通常既有表征活动主体的智能体，同时也有表征限定条件的环境与资源。

运用多智能体系统对不同学科复杂系统的动态模型研究方法称为基于多智能体系统的建模方法（Multi-Agent Based Modeling），该系统模型即为多智能体系统模型（Multi-Agent Model）。国内外对于MAS课题的研究大多体现在对生

[①] 注：有资料将MAS译为"多主体系统"，是一个软件实现的对象，存在于一个可执行的环境中，具有主动学习和适应环境的能力。

物、生态和社会、经济等复杂系统的动态仿真，主要包括：

（1）信仰、愿望和意图（BDD，Beliefs，Desires，and Intentions）；

（2）协同学（Cooperation and Coordination）；

（3）组织（Organization）；

（4）分布式问题解决（Distributed Problem Solving）；

（5）多智能体学习（Multi-agent Learning）；

（6）科学群落（Scientific Communities）；

（7）可靠性与容错性（Dependability and Fault-Tolerance）。

国外对于多智能体系统运用于建筑设计模型的研究出现在近几年，多智能体建筑设计模型将类型多样、数量巨大的建筑要素抽象为体现复杂系统特征的智能体集合，设计大多体现为各智能体结构主体之间不断组合、分解的进化过程。各智能体无意识、自私的行为体现多智能体系统行为特征，多个建筑要素间相互作用表现出单个要素所不具备的总体特征，系统整体产生新特征的过程即为"涌现"，其整体表现优于个体的简单叠加，体现出"非线性"特征。作为一种新的研究方法，多智能体系统建模方法在建筑学领域中的研究越来越广泛。MAS模型是最令人着迷的建模方式之一，通过直观互动行为或抽象思维逻辑控制屏幕中动态演化的智能体。融合各种信息的智能单体，在适当互动原则构成的"吸引子"[①]作用下，纷纷寻找各自的平衡点。

多智能体系统需要思维方式的转变，计算机相关算法及程序运算在此过程中承担了大部分研究角色，先研究几个模型的例子，再总结多智能体系统的特点。以下为几个简单的程序案例[②]，它们可以展示多智能体系统的思维特征及其运算法则：

案例1：吸引力——"鼠标跟踪"

"动态鼠标跟踪"是一个在网络上很常见的鼠标动画，程序运行见图5-1。十个编号从P0至P9，长、宽根据其 x、y 坐标变化的矩形，除矩形P0时刻跟踪鼠标的坐标外，其余的矩形时刻跟踪前一个编号的矩形，这样便形成"动态鼠标跟踪"效果。

在此，算法逻辑比程序结果更重要，规则非常简单：每一个矩形只关注

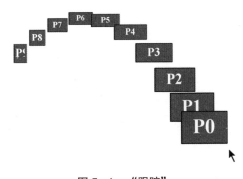

图5-1　"跟踪"

① 吸引子：20世纪70年代，法国物理学家D.吕埃尔和F.泰肯引入混沌运动物理过程的抽象数学概念。所有的运动系统，不管是混沌的还是非混沌的，都以吸引子为基础，它因具有倾向于把一个系统或一个方程吸引到某一个终态或终态的某种模式而得名。

② 摘自《数字化建筑设计概论》第9.2节。

前一个矩形的坐标位置，它不会关注其他矩形的坐标。鼠标坐标的改变影响P0的位置，P0坐标的改变影响P1的位置，P1坐标的改变影响P2的位置……P2以后的矩形坐标变化并非直接由P0影响，它们间接地通过P1"传递"着坐标信息；同理，P0的坐标位置间接地由P1……P8影响着P9的坐标位置。矩形之间由无形的吸引力牵引改变着全局的形态变化。

案例2　排斥力——"保持距离"

第一章第一节的实例keepDistance便运用合适的排斥力使聚集点扩散并稳定下来。无论何时各点均要求与其余点保持大于特定的距离（Distance），倘若某两点之间的距离小于该值，它们之间便产生斥力，系统便处在不稳定状态。制定这样的运算法则，起初只是看到点（即Agent）无目的地漫游，但最终稳定下来，好像被程序代码定义的力推进队列中。这是一个涌现（Emergence）的简单实例。程序通过持续、相似的运行达到更高的系统有序度，对二维平面系统来说，三角网是所需能量最小并保持系统平衡状态的布局，每个点到其他六个点的距离相等，程序运行如图5-2所示。

该实例的伪代码如下：

```
//随即初始化各点坐标位置
Initial all the dots in a limited range;
//定义各点之间的最小距离
Defining the DISTANCE between each dot;
//外循环
for(int i=0; i<number of dots; i++){
    //内循环
    for(int l=0; l<number of dots; l++){
        //计算每两点的距离
        r = calculate distance between dot_i and dot_l;
        //如距离大于定义，加大该两点之间的距离
        if(r<DISTANCE) push away;
    }
}
//永远如此执行，直到每两点距离大于给定值。
forever;
```

案例3：吸引力与排斥力——"生成圆"

数学方法在笛卡儿坐标体系中定义一个圆可以通过圆心坐标和圆的半径实现，其公式如下：

$$circleX=originX+R\times\cos(angle) \tag{1}$$
$$circleY=originY+R\times\sin(angle) \tag{2}$$

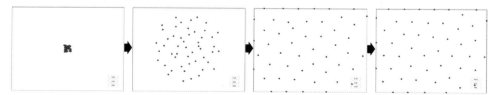

图5-2　"保持距离"
（笔者绘）

183

通过多智能体系统思维模式实现该圆，可以制定这样算法：

设置圆心坐标cir_center　(x，y)及半径radius；初始化N个点，其x，y坐标为随意值；

每个点N（i）计算自己与圆心cir_center(x，y)之间的距离distance；

如果距离(distance)比要求的半径(radius)小，则后退一步（排斥）；

如果距离(distance)比要求的半径(radius)大，则前进一步（吸引）。

循环执行(1)、(2)、(3)、(4)。

程序运行见图5-3，伪代码如下：

```
To circle:
//定义半径和圆心坐标
Define the RADIUS and cir_center
//对各点循环操作
for(i=0; i<N; I++){
        //计算该点与圆心的距离并赋给distance_temp
        var distance_temp = distance(cir_center, N(i));
        //如果distance_temp小于定义半径RADIUS
        if(distance_temp <radius){
        //排斥：加大点与圆心的距离
        repel;
//如果distance_temp大于定义半径RADIUS
}else{
        //吸引：缩小点与圆心的距离
        attract;
    }
}
//永远如此执行
forever;
```

这是运用多智能体系统建构圆形的思维方式，程序中没有任何地方指定点N往哪儿移动形成圆，它们只是往前和往后走，但从观察者的角度看来，这些点却构建出一个围绕预先定义的圆心和半径的圆。事实上，程序还执行了如图5-3D所示的另外一件事——随机方位的初始点通过吸引与排斥聚集到圆上，倘若程序到此为止，会导致一个不均匀、各点之间的距离不相等的情形，如图5-3C所示，运用吸引与排斥力可使各点均匀展开。

以上三个程序实例运用排斥和吸引（Repel and Attract）构成了有效的试验平台，类似算法被"提炼"之后，可以用该方法模拟更复杂的形状和空间组织，如Voronoi图(图5-4)。每个点、矩形或其他符号代表赋予基本信息（赋值、相邻矩阵

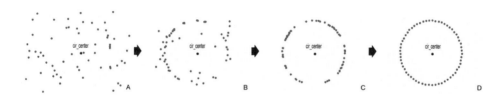

图5-3　"生成圆"案例执行效果

或拓扑节点的相邻关系）的单元智能体（Agent），智能体之间通过"自下而上"（Bottom-Up）的"自组织"方式，根据自身"利益"实现彼此之间功能矩阵关系的彼此协调。

5.1.1　早期多智能体系统模型

在"生命游戏"中，简单的规则所涌现出的类生命现象引人深思。类似生命的复杂现象都可以通过简单的规则演绎，那么在世界中复杂现象的背后可能也存在极其简单的规则。最初的尝试从动物社会开始。美国电脑公司专家克雷格·雷诺兹（Craig Reynolds）于1986年设计出模拟鸟类集聚飞行行为的伯德（Boid）模型[①]。该模型中每只鸟的行为和邻居鸟的行为相关，定义每只鸟邻近影响距离，并对每只鸟设定如下规则：

（1）避免碰撞（Collision Avoidance）：避免和其他鸟互相碰撞；

（2）速度一致（Velocity Matching）：和其他鸟的平均速度相同；

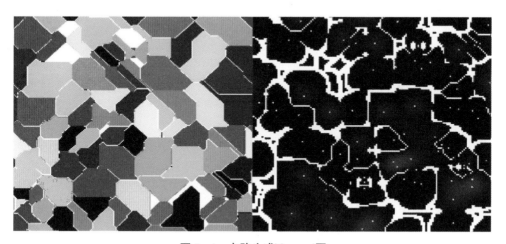

图5-4　点阵生成Voronoi图

---

① 注：伯德模型（Boid）可参见网页http://www.navgen.com/3d_boids/，伯德（Boid）为英文鸟（Bird）的变体，意为"人工鸟"，该模型被各研究领域广为引用。

（3）中心聚集（Flock Centering）：向邻近鸟群的平均位置移动。

鸟群初始位置在特定范围内随机产生并向随机的方向飞行，随着时间的演化，鸟群通过自组织的方式逐步形成不同的群落，小群落与大群落可互相转化。伯德模型理想地仿真出鸟类飞行的基本特征。鸟群的整体行为建立在充当单个智能体的每只鸟对周围局部信息的传递之中，其行为模式特征不存在最高统治或协调者的指使，群体之间可以达到互相协调的演化（图5–5）。该模型关注宏观与微观层面之间的互动关联，采取"自下而上"的思维模式。针对智能体（Agent）复杂系统的研究，这种"自下而上"的多智能体模型方法成为一种崭新的研究体系，该方法已经广泛应用于经济体系、人工智能、城市形态生成，甚至建筑群体及单体的功能系统。多智能体系统原理的研究案例大多采取"自下而上"的思维模式，随着分布式人工智能(DAI: Distributed Artificial Intelligence)的发展，多智能体技术不再仅仅是人工智能专家的专利，它已经被广泛的用于群集智能系统

图5–5　Boid模型

的设计以及各种社会学仿真模拟中。

5.1.2　多智能体系统的特点

传统的建模方式往往把个体本身的内部属性置于主导地位，不考虑主体之间的互相作用。多智能体系统思维模式往往相反。通过以上实例可以总结多智能体系统的思维特点：

（1）体现主体特征的多智能体与其所处的环境及其智能体之间互相影响、互相作用成为系统演变和进化的主要动力。该特点使得多智能体建模方法运用于个体本身各不相同，但互相关系有许多共同点的相关领域。

（2）智能体具有主动性、活性单体的某些特征，使得多智能体系统不仅可以运用于经济、社会、生态等复杂系统的相关研究，应用同样的思维模式可以有效地组织、协调建筑设计各要素之间的矛盾冲突。

（3）多智能体系统将宏观和微观有机联系起来，通过智能体与环境间信息互换使得个体的变化成为整个系统的演化基础。

（4）引入随机作用因素，相同规则控制下可以获取形式迥异的运行成果，从而有效解决非线性关系为主导的相关课题。

多智能体系统具有自治活动的主体，在建筑设计中通常代表为建筑规范、功能需求或美学需求控制下的功能块，同时，也具有代表环境或资源的非活动主体。如果所有主体都为静止状态，那么多智能体系统便退化为

与本书第三章所述元胞自动机（Cellar Automaton，CA）相类似的复杂系统。多智能体系统即使只遵循非常简单的规则，群体行为也会由于并发引起的非线性关系而呈现复杂的行为模式。建筑设计过程中存在大量非线性关系，可以以非线性系统发展而来的复杂性研究为基础，通过非线性交互、并发行为协作的自组织方式仿真这一过程。

5.1.3 "ruleOfLife"多智能体系统程序实践

计算几何、经典物理力学为多智能系统的研究奠定了坚实的学科基础，作为本书第5.3节"gen_house"

多智能系统建筑设计生成方法的思维探索及前述数理算法的验证，笔者开发了名为"ruleOfLife"的仿真尝试。"ruleOfLife"是一个零玩家自治动态系统，它试图描述了一个物以类聚、趋利避害的生存规则。"ruleOfLife"的算法及程序结构比"gen_house"建筑设计生成实践简单，但它们都遵循共同的多智能体系统研究思路。

图5-6之1、2、3、4为程序运行的四个截图，1为本程序的简单界面；2为蜜蜂初始状态之一程序界面，由于蜂群的位置和方向均为随机产生，其每次运行的状态都不相同；3、4为同一运行周期的两种状态。可以看出随着程序的运行，两类蜜蜂同类互相聚集，当

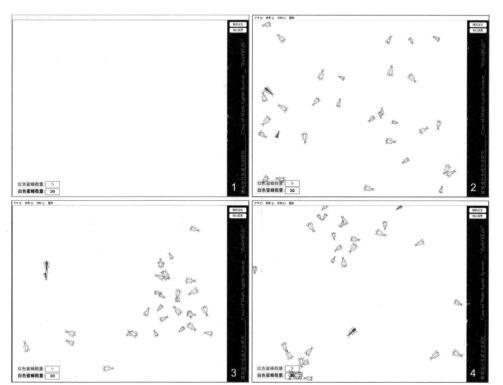

图 5-6 "ruleOfLife"运行

碰到比自己强（大）的另一类蜜蜂时，弱者逃避。

场景中的每只蜜蜂为单个智能体，它具有一系列程序属性和方法，并根据周围环境的变化改变和自己的属性特征，并运用既定的方式改变其行为。程序运用到第2章第3节涉及的数学、物理方法，如代表智能体的蜂群位置用二维向量表示，其移动通过向量加法实现，同类彼此引力需要运用到力及加速度算法等等。"ruleOfLife"只用到点和点之间的关系，属于较简单的智能体算法。多智能体系统研究关注程序运行规则的制定，此案例规则较为简单：

（1）蜂群被分为用红、白色标明的两类，同类蜜蜂根据彼此距离产生吸引力，并动态改变前进的方向。由于它们具有一定的初始速度，同时，在运动过程中收到多个同类智能体的引力，所以其运动轨迹往往为不规则的弧形。运用物理学合力计算的相关知识可以仿真这一现象。

（2）当某智能体碰到非己类时，它

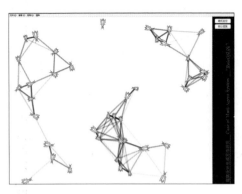

图5-7　同类蜂群之间的引力

们根据彼此的强弱关系决定下一步行为：强者按原来的轨迹前进，弱者向逃离强者的方向运动。

当同类蜜蜂之间距离达到给定值的时候，它们会发现对方，并根据具体情况对自身做出反馈，从而产生"物以类聚"的引力。通过带透明度的线段可以将这一过程以动态的方式直观表达为如图5-7所示，线段的透明度越高，表明蜜蜂之间的吸引力越弱；反之，改变它们运动方向的引力更大。每个蜜蜂智能体可能受到来自不同方向多个其他智能体的引力，合力方向即为该蜜蜂的加速度方向。该合力和智能体前进速度互相作用，从而仿真"物以类聚"的效果。

智能体与非同类个体间的距离达到给定值时，强者和弱者[①]通过检测彼此向量关系，弱者主动决定其需要改变的方向，而强者依然按照物以类聚的原则寻找同类。图5-8为异类强、弱蜜蜂相遇时各自采取的两种不同行为方式。

"ruleOfLife"有效地运用MAS模型方法，并通过自定义的生命规则仿真蜂群行动规则。该程序规则较为简单，智能体之间只存在点、线之间的简单平面数、理关系，尚未涉及面、体的二维及三维空间的复杂关联，从简单平面到三维立体的转变需要更多数学工具帮助，如空间计算几何、线性代数等等。运用多智能体建立程序算法模型同样需要深厚的数学背景，这需要其他相关专业人员的学术支持。MAS建筑设计生成

---

① "ruleOfLife"通过定义蜜蜂个体尺寸大小决定其强弱，体积大者更强，小者更弱。

图5-8　非同类蜂群相遇时程序规则

方法研究通常还从化学、生物学及社会学等等学科中汲取研究经验，遗传算法也会成为MAS有力的算法工具。本节不详细介绍"ruleOfLife"程序细节，"ruleOfLife"程序代码参见附录相关程序代码。

5.1.4　ETHZ-CAAD多智能体系统建筑设计探索

近年来通过对人工生命的研究，已经证实可以用多智能体程序系统方法处理不完善的建筑设计定义（或者不能充分的定义，如审美需求等），多智能体系统逐步应用于建筑设计及其理论的研究，但大部分文献只涉猎相关理论及程序算法，极少实例通过计算机程序算法得以实现。本段介绍从程序算法角度并已经实现的工程案例。

苏黎世联邦理工学院建筑系CAAD研究组对"自下而上"多智能体原理的研究已经取得了一些非常积极的试验。荷兰Groningen市火车站站前公共广场设计便是基于多智能体系统研究方法的成功案例。该项目由荷兰鹿特丹的KCAP（Kees Christiaanse Architects & Planners）、阿姆斯特丹（Amsterdam）的OAP（Ove Arup & Partners）工程团队以及苏黎世联邦理工学院CAAD研究组运用生成方法合作完成的一项实际工程[1]。

项目位于荷兰Groningen市火车站站前公共广场，根据城市建设的需要，该设计将一条汽车线路的终端移到了广场的周边，上部为拓宽的人流步行空间，下部为汽车线路和中心的主火车站相连的区域，另外该工程还需要增建一个能够容纳3000辆自行车的半地下停车场。

---

① 摘自笔者《建筑设计生成的应用实验艺术》一文。

1. 建筑设计师的意图

建筑师希望设计成果给人以轻盈、变幻的效果，楼板的支撑需要由一组纤细的混凝土柱阵组成。楼板层的轮廓线、地下室的路线设定及自行车停放布局需求致使柱网很难成为规则的正交排列形式。最终，柱列方案被定为随机布局：随机的直径（三种规格）、随机的垂直倾斜角度及方位，给人以"森林柱"的印象。

森林柱作为智能体群落成为该项目的核心问题。柱阵分布的定义遵循由ARUP的工程师提供的结构规则，建筑功能布局和建筑设计原则由KCAP的建筑师设计师提出，生成方法编码实验由苏黎世联邦理工学院CAAD研究组完成。在几何约束系统中，几何元素之间固有的约束关系表征为结构约束和尺寸约束，结构约束体现出几何元素之间的拓扑结构关系，描述几何元素的空间相对位置和连接方式，其属性值在参数化设计过程中保持不变。尺寸约束则通过图纸标注尺寸表示的约束。编辑几何元素的过程时，可能出现过约束(Over-Constrained)和欠约束(Under-Constrained)两种情况，过约束指多种几何约束同时满足导致冲突的情况，欠约束指几何约束不足，导致工程图中部分尺寸无法确定的情况。起初，经过结构工程师的大致计算，估计需要100根左右的柱子来支撑楼板。但对于程序设计问题在于：在哪儿放置这些柱子？柱子有太多的自由度，如柱子的位置、倾斜的角度、柱子的尺寸，同时又有很多约束规则，如各种洞口、交通出入口的位置及柱体必须回避的道路、柱体的方

位关系、适宜的柱距等等，这些问题都是在合理的时间内拿出兼顾结构规定和美学需求的设计结果的难点，倘若试图通过传统的方法完成，这将是一个非常复杂的设计过程。

2. 实验的原理

程序工具开发采用类似"活性"柱智能体的思维，柱体可以在同一生长环境中找到合适的生存部位。

(1) 柱子的栖息地

柱阵的位置可以通过图5-9来描述这一功能与约束概念：柱阵上部必须位于楼板外线框之中，同时，必须避开开敞的洞口和垂直交通口。楼板的某些区域置于土层之上，这些部位不需要支撑柱。柱阵下部应该在自行车放置区域并避开人行道和自行车的放置点中寻找。它们的生长"栖息地"包括两层：在楼板层，找到柱网上部的结束点；在地面层，找到柱网下部的结束点。如图5-10所示的楼板线，绿色的区域为可生长"栖息地"，红色的区域为必须避开的区域。

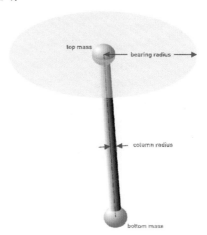

图5-9 柱子模型
（资料来源：CAAD实验室-ETHZ）

(2) 有机体

柱阵被表征为密集系统的质点：系统中的每根柱子为一个独立个体，它会探测自己的"栖息地"并根据其与邻柱的关系作反应。依据两层不同的栖息层（图5-10），柱子的模型由两个不同的部分组成。底部的结束点可以在地面层模型自由移动，而顶部的结束点可以在楼板层里移动。柱体的空间位置、长度和倾斜度被定义为连接线。柱体的倾斜角度限定在指定的最大值之内。

这个过程早期被描述成"弹簧模块系统"：模块通过虚拟的弹簧根据模块间的距离拉升变化。模型中每个有机体由两个模块组成，它们描述为柱体顶端、柱体底端及它们间的弹簧。弹簧之间的弹力在水平距离和垂直高度间均衡，模块间的移动被限定在两个栖息平面中，它们被描绘在彼此之上。

遵循相同虚拟的弹簧间的吸引与排斥原理，相邻的柱子及周围栖息地不断互相作用。如果它们的距离变得很近，柱子顶部的模块将被邻柱、楼板外框线、洞口及无地下室的部位排斥，下部的模块被吸引到最近的自行车库所在的位置。

为了得到预先所期望的柱阵分配结果，它们间寻找"群聚距离"停留，该

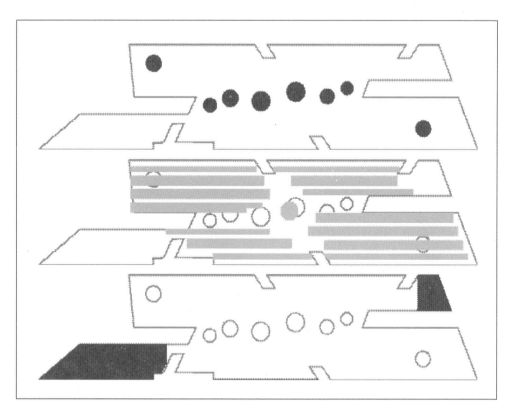

图5-10　带洞楼板、自行车库、无地下室的区域
（资料来源：CAAD实验室-ETHZ）

距离被定义为楼板跨度的最大距离及各柱的方位关系。柱子的方位定义为顶部结束点周围的圆产生的面积，该范围内可以支撑楼板。相邻的柱随后对之作反应以使它们外切或轻微覆盖。该过程的实现也是通过虚拟的顶部模块间的弹簧拉升。可以通过非线性时间步骤的模拟来分析这一复杂的模块和弹簧系统。为了防止共振及加速达到终级过程，引入了一个附加的制动因子，它导致在柱子模块的运动中产生摩擦力。

柱子的规格（表5-1）由ARUP提供。三种规格具有不同的直径和方位。半径最大的柱子由其承载力及柱距决定。同时，也不必顾虑地面层与楼板间柱子高度的差别，它们的高度在工程中被平均设定为3m。所需柱子的大致数量由ARUP估算，该估算基于柱体的最大半径和柱子数目。

3. 实验的过程

该项目的目标之一是要创造一个高度交互的应用软件，它允许建筑师直接影响模拟过程的输出，并立即看到指令的反馈结果。因此需要图示表达整个过程，能够通过三维表达，并在极短的时间做出反应更佳。因为应用程序需要在多种操作环境中运行（CAAD研究组，KCAP及ARUP），这就需要顾及兼容性的问题。同时，该项目的开发期很短，又需要长距离且快速转换软件的不同版本及系统平台，所以经过一些测试后，很快锁定可以也应该由Java来编写该软件。Java语言最大的一个特点就是它的跨平台特性，Java的API开发包提供了强大而有效的3D程序设计界面，它兼有清晰的结构及易于使用的特征，可以在Windows、Unix及Linux系统运行OpenGL和DirectX图形适配器，Java可执行性——特别是Java的存档文件格式（JAR）非常的轻巧，所以它的编译程序可以通过E-mail轻松传递。

试验的第一版本为一个简单的粒子系统（图5-11）：柱阵被抛到"栖息地"的中间，它们立即根据预先定义的参数开始自由排列。使用者可以拾取和拖曳一根柱子或改变影响柱子、柱间和整个环境（楼板、自行车位、洞口）的各种参数。可以通过鼠标的拖曳、键盘导航和预定的视点改变观察角度。其结果可以作为二维的SVG图输出，并列出柱子位置点清单。

第一版本的结果非常令人鼓舞。柱阵设法安排成合理的模式。随着各种参数的变动，稳定的状态可以在很短的时间内达到。在没有图形加速器的情况下，柱子的数量增加至150根而其交互模拟的帧频仍很高。

然而该版本仍然存在一些缺陷。除了柱子间彼此互相推动外没有任何其他交互反应，同时它们对环境位置

表5-1　柱子参数

直径(mm)	影响半径(m)	大致数量(个)
150	2.0	15
250	3.0	35
300	4.0	50

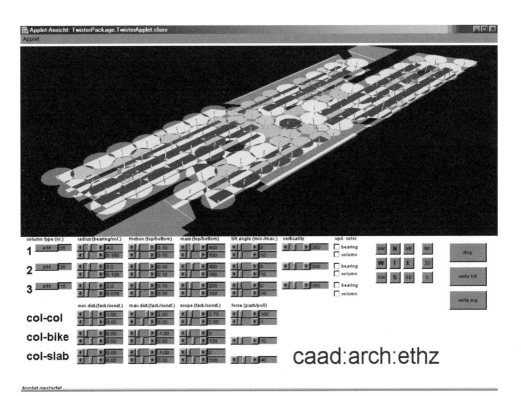

图5-11 版本一的运行界面
（资料来源：CAAD实验室-ETHZ）

没有反应。一旦使用者给它们赋值，柱子便不再改变它们的类型。所以柱子类型的安排仅依赖于起初的随机位置以及使用者移动单个柱子到更佳的位置时决定。软件的结构系统还有一个很大的问题：在建筑设计中没有自行车位置的楼板层，柱子将找不到它们自己的位置。而且，在第一版本给ARUP的工程师看过之后，他们又增加了额外的结构约束。

对原型测试时，软件呈现出始料未及的建筑构造问题：需要在跨越楼板的中部加入扩充连接节点，楼板一部分被玻璃砖点缀，它们影响到楼板的跨度及该区域的最大的柱距。楼板

的一些边缘，洞口的边缘以及扩充连接处也需要不同的结构（图5-12），这些部位需要考虑悬臂的大小和特殊的柱距。

为了把新的结构规则纳入系统，需要建立一个不同的楼板模型：它们由五个独立的部分组成，将连接部分及存在玻璃砖和没有玻璃砖的区域分隔开。相应楼板区域对结构具有不同的需求，分割部分、它们的边缘和洞口聚集成五种分类，各自有独立的参数设置，如图5-12所示颜色标识。

因避开楼板中部的少柱区域的，新版本彻底改变了柱体底端的位置标准。避免柱阵成为道路障碍物的任务可以直

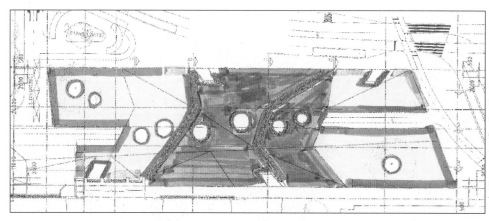

图5-12 结构的不同区域划分
（蓝色部分为玻璃砖）（资料来源：CAAD实验室-ETHZ）

接模拟：只需要避开道路而不必对自行车库所在区域加以注意，它可以通过定义其中心线取得。根据它们的交通流量，由三类具有不同抵制强度的道路组成，它们由通过中心的主自行车路线、通往楼梯的二级道路及自行车之间的小径组成。

对原型最重要的变化：柱阵的分布算法采用了完全不同的步骤，可以使之具有压力感应及柱体可变的类型，逼真的生长过程被模拟出来。柱阵现在能够随着自身环境的改变而自动地改变它们的尺寸，而不必在一开始就指定柱子的直径及其生长的位置。

距离太远的柱子会探测到周围"压力"较低，并开始持续地成长，其匹配的柱型如图5-13所示。当它达到了最大半径而周围依然没有它的邻居，便分裂为两根小的柱子，它们同时开始生长（图5-13之2）如果柱子和它的邻居或"栖息地"边缘变得很近，那么它们的压力会增大，会按照相同的方式收缩（图5-13之3）。如果已经达到了最小

的状态同时压力依然很大，最终它将消亡（图5-13之4）。通过这样的规则，在操作者"种下"一根柱子后，楼板所有的区域会被柱体逐渐填满。

生长和收缩的压力的极限值可以对每根柱型的不同而独立地调整，因此

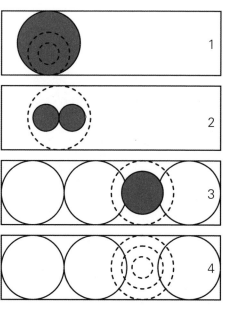

图5-13 柱体的生长、分裂、收缩与消亡
（资料来源：CAAD实验室-ETHZ）

影响柱阵分布设定为三种类型是可能的。对由于镶嵌玻璃导致跨度变小的一些楼板区域，这种生长被限定于两个较小的柱子类型。这次版本的结果被证实比原型更为理想（图5-14）。在（前述）五个楼板区域中各自"种下"一棵柱子后，它们开始便开始生长、分裂最终铺满整个区域。柱型根据其位置而调节（图5-15）。经过几次的尝试可以调节到默认的参数，这种结构限定的实现可以达到很高的层度。运用不同颜色的编码证明很有帮助，比如可以相对于他们不同的动能区分不同的颜色（图5-15a），或者标记那些超出最大倾斜度的柱子（图5-15b）。KCAP的建筑师

能够在很短的时间内很好地处理各种各样的参数，并提出大量关于柱阵的设计版本。最理想的版本被输出到AutoCAD中，并被作为进一步设计的基本资料。

4. 试验成果

成果以三维并不断进化的模型呈现，在这一过程的任意时刻，用户可以互动地在屏幕上控制模型。用户可以通过两种不同的方式控制这一进程，一方面可以直接改变单一柱子的位置，一旦系统中的某棵柱体的位置被动地发生了改变，系统会迅速找到新的动态平衡状态，并在输出设备上呈现出来；另一方面用户可以重新定义柱阵及环境属性的相关参数，系统将提供实时反馈，因为

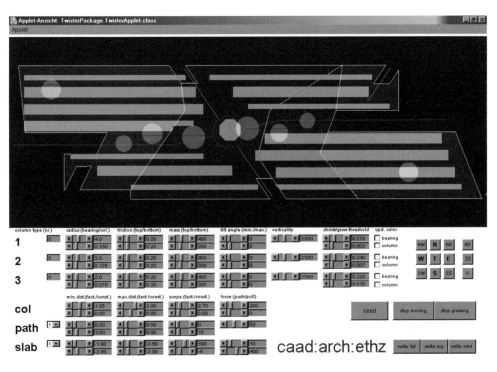

图5-14　版本二的运行（加柱之前）
（资料来源：CAAD实验室-ETHZ）

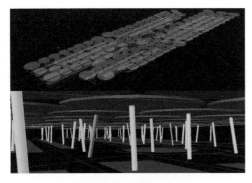

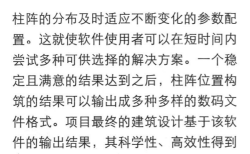

图 5-15 用颜色区分不同的动能（上图a）
红色标注过大的倾斜度（下图b）
（资料来源：CAAD实验室-ETHZ）

图 5-16 内部空间效果
（资料来源：CAAD实验室-ETHZ）

柱阵的分布及时适应不断变化的参数配置。这就使软件使用者可以在短时间内尝试多种可供选择的解决方案。一个稳定且满意的结果达到之后，柱阵位置构筑的结果可以输出成多种多样的数码文件格式。项目最终的建筑设计基于该软件的输出结果，其科学性、高效性得到证实，并已经在Groningen市开始动工。最终设计包括一个开有供地下采光巨大洞口的混凝土平板层，洞口同时供两棵巨大的树木生长；还有许多洞口给坡道和楼梯提供出口；某些板层的边缘位于地面层，其他的一些设施暴露在混凝土平板层之上（图5-17、图5-18）。

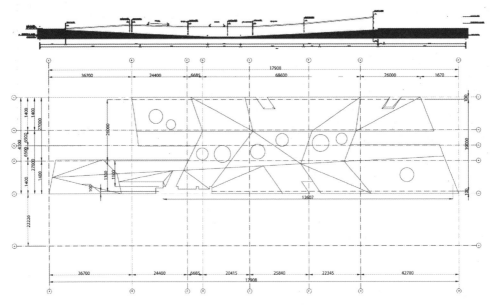

图 5-17 剖面图及平面框图
（资料来源：CAAD实验室-ETHZ）

图 5-18　实景照片
（资料来源：http://www.kcap.eu/nl/projects/v/stadsbalbon/939）

5. 存在的问题

在实验的过程中出现了一些新的问题：柱阵的不断生长导致一个系统所有的动能不断增长、柱型改变的现象。要么是一根生长的柱子给它的邻柱更大的压力，要么是一根收缩的邻柱突然具有更多的空间，如此一来更大的势能变成了变化的速度。这种尴尬的情况导致非常不稳定高速变动和柱型变化的情况。同时当它们的底端离道路很近的时候很难避免柱子过度倾斜的情况发生。垂直方向力量的线性增长有时比柱体底端积累的推挽力更低，这种推挽力有时更引人注目。

(1) 稳定的生长

正如前述偶尔暴露出的系统中动能增长的问题，只要阻尼的减速低于柱型加速，那么系统永远达不到稳定的平衡状态。简单的加大阻尼参数会因柱阵布局的缺陷而导致不理想的状态，另一方面，关闭掉柱体的生长及收缩会妨碍柱子尺寸的适配。这种进退两难的局面可以通过连续生长的承载半径来解决。柱径的结果仍可以不连续，某些柱子仅仅会尺寸偏大。

(2) 用户界面

既然设计工具的目标用户面向建筑师的专业环境，该软件必须更具用户友好性。已经有用户责备不能立即保存中间的结构进化状态，然后在这个基础上继续演变这一弊端。为了能对设计改变迅速作出反应，需要CAD文件的输入过滤器，并且直接输出到CAD格式也极其需要。

(3) 统计与测量

在目前的版本中，设计者根据设定参数，运用该软件提供"正确的"解决方案，但是没有详细的控制机制来观察结构需要是否履行，也缺乏对成果的"适应度"的量化处理。例如，"适应度"的测量可以在涵盖整个楼板所需要柱子的数量的比照中取得，过度的倾斜度等等。这将是一个精确的对结构系统与建筑功能解决结果的鉴定，而将美学判断留给了建筑师。所包括的量化评估也将是参数自动化测试或者通过遗传算法的演化解决方法。

6. "森林之柱"展望

这一生成工具的基本概念是直接的交互作用。该软件被认为是一个将不同领域的参与者变成同一模型的交互界面的集成，因此对于该工程允许迥然不同的信息交流方式。在该案例中KCAP的建筑师基于平板楼层及"森林之柱"的设计想法，而ARUP的工程师基于混凝土结构的概念提出一组确保设计中结构可能性的规则。编程将这些规则变成一个清晰的模拟系统，同时基于软件设计质量，只允许使用者开始和停止这一过程将工作减轻为纯粹的优化问题，兼顾到文件的输出。然而，如果模拟可以高度地交互化，以便使用户可以在任何时间影响这一生成过程，那么，它将变成一个真正的设计工具。该工具允许建筑师自由地对美学和设计功能方面作决策，同时有规则且确保结构设计的所有规则而导出结果。为了能够迅速地发展更深层次的模拟研究，苏黎世联邦理工学院CAAD研究组已经对类似的项目开始研究，并正计划准备基于从该实验中汲取有意义的见解来开发一个软件包。

如今，多智能系统已成为世界各大洲国际CAAD会议论文中的重要关键词之一，越来越多基于MAS原理及其思维特征的建筑设计生成工具探索出现于高端CAAD国际会议论文，多智能体系统方法已从分布式人工智能学科逐步演变成建筑学CAAD的核心研究方法之一。

5.2　多智能体生成方法探索——"highFAR"

5.2.1　"highFAR"[①]开发及相关建筑学背景

多智能体系统（MAS）的运行机制基于各智能体遵循某一相同规则及主体间的共同协作，以动态行为共同遵循某些规则而形成某种稳定平衡状态。多智能体系统具有这种协调处理智能主体之间异常复杂相互关系的能力。与此相对应，"highFAR"选择高密度高层居住区设计，其理由源自居住区中各建筑单体共存的

---

① FAR意为容积率。美、日等国（包括中国台湾地区）译为"Floor　Area　Ratio"，而英国（包括中国香港地区）则称"Plot"。本书用"highFAR"指高容积率。

特征正好映射多智能主体共同运作的特点；同时，居住区中的单体（住宅楼）都各自相应独立，且彼此间也无明显的等级关系。而整个居住区作为住宅楼的群，具有一定自治性。居住区中除了住宅楼主体之外，其他的附属部分，如绿地、停车场、服务设施等等，使得居住区能够运作并保证居住区作为自主个体而成立。这种多主体共存、个体间存在多种复杂关系的特征使居住区可被类同为一套多智能的复杂系统。其概念及构成的相似使highFAR找到多智能体系统与建筑设计嫁接的突破口。

居住区规划的住宅单体的布局必须满足建筑与建筑之间的规定间距，如日照间距、消防间距等，相关规范包括：（1）条式住宅、多层之间不宜小于6 m，高层与各种层数住宅之间不宜小于13 m。（2）高层塔式住宅、多层和中高层点式住宅与侧面有窗的各种层数住宅之间因考虑视觉卫生因素，适当加

大间距。以南京地区规范为例，住宅楼在大寒日必须满足满窗日照2 h[①]。对于板式住宅，南北日照间距比例为1.3左右。而对于点式高层住宅，则较复杂而没有固定的比例关系，同时，由于点式高层底面形状总面宽相比板式住宅小很多，但影域范围更大（图5-19）。点式住宅的日照间距要通过一天中太阳高度角、方位角的运算来得出，而一般操作中都经验性地认为80 m以下的点式高层间距为30 m。根据以上规则，板式住宅由于其平面形式为东西长边、南北短边、影域幅度较小，其布局主要按南北向日照间距及东西向消防间距布置，而模式基本就是行列、交错式布局，因此往往呈现较规则的图解式布局。而点式高层住宅的影域幅度要大很多，布局模式也要自由很多。

板式住宅区的布局以计算机多智能体来操作比起人工方式排布可以大大提高速度[②]，而对布局可能性并没

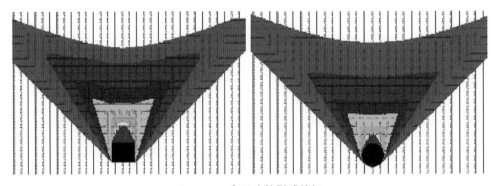

图5-19　高层建筑影域特征
（资料来源：2007年建筑设计生成小组）

---

① 我国各地日照规范有所不同，不少地方规范为冬至日阳光照射时间，本节以大寒日为例。对于程序而言，它们只是参数不同。
② 参见本书第1.2节部分高密度多层板式自生成系统简介。

有更多的探索可能。相比之下，点式高层住宅区的布局更难以琢磨，其布局可能性相对板式住宅更丰富。这种布局的多样性为多智能体系统的采纳提供恰如其分的舞台。相对人工方式排布，多智能体系统方法显示出巨大的优越性。由于多智能体技术具有自主性、分布性、协调性、自组织能力、学习能力和推理能力，采用多智能体系统解决实际应用问题，具有很强的鲁棒性、可靠性，并提供较高的问题求解效率。以这种思路，通过多智能体系统可以将点式高层住宅平面的布局多可能性罗列出来，并对其取优。因此相对人工方式排布，多智能体显示出巨大的优越性。于是"highFAR"将点式高层住宅排布作为多智能体系统建筑设计方法的实验田。同时，在生成工具中加入建筑单体总高、底面积等变化参数。这些参数化变量使得高层住宅平面布局更加丰富多彩，其生成的结果也更出人意料。

5.2.2 智能体单元编码

对于"highFAR"多智能体系统的组建，首先需要确立智能体单元对象。由于点式高层住宅的圆形平面较矩形平面阴影区范围受面宽、进深制约较小，而且建筑总高度变化时阴影区的形状变化较明确，"highFAR"多智能体系统运作中伴随变量的加入更能体现其差异性，选择圆形智能体单元更有利于作比较。况且，住宅单体形体千变万化，建筑师可以在总体布局既定的情况下，根据不同住宅单体微调。

在住宅楼单体的智能体单元进行操作之前，必须对每个智能体单元进行程序编码，并将该编码转化为计算机可识别、操作，以及可输出生成图形结果。通过数组储存智能体单元索引，同时，可为数组中每个元素添加单元智能体属性，如 x 为单元智能体在基地中的横坐标值，y 为智能体单元在基地中的纵坐标值，h 为智能体单元对应住宅楼总高度，r 为智能体单元对应圆形平面住宅楼半径等等。

智能体系统具有类似于生物集群的特点，每个智能体单元需通过一定的规则来对自身及周边的智能体单元产生影响，从而得到一个符合规则的整体方案。在居住区总平面规划中，首要符合的规则是日照规则。根据《城市居住区规划设计规范》（GB 50180—1993）规定，住宅建筑日照标准与所在城市（主要为纬度）及大寒日或冬至日的日照时数（可转化为阴影覆盖时长）有关。以南京地区为例，大寒日应满足日照时数不小于两小时。编程之前必须将该建筑的规则转化为程序可读的数学语言，以及可适用于每个多智能体单元的规则。大寒日日照时数不小于两小时，转化为图形语言可理解为：若大寒日单栋建筑投下的阴影覆盖某区域大于两小时，则此区域内不得布置其他建筑。这样，每个智能体单元就具有了与周边建筑相互作用的第一条规则。智能体单元无论其属性 x、y、h、r 如何改变，都将具有一片不可为其他智能体单元进入的阴影覆盖区。覆盖区的位置与属性 x、y 相关，形状则与大寒日太阳高度角、所在城市纬度、建筑高度 h 和平面半径 r 相关。通过简单的数学方法

Agent Based highFAR

可以用计算机画出这个阴影覆盖区的几何图形，不同 h、r 将产生不同形状。每座城市大寒日的太阳高度角是依其经、纬度不同的定值，不同城市改变太阳高度角及纬度变量即可确定每个智能体单元的阴影覆盖区。

除需要对日照阴影覆盖区规则编码外，住宅楼单元之间需同时满足最小间距要求。《城市居住区规划设计规范》（GB 50180—1993）规定，高层住宅建筑最小间距为13 m，这便是智能体单元互相作用的第二条规则。此规则转化为程序运行较为简单：以智能体单元中心点 (x, y) 为中心，半径 $(r+13)$ m 的圆形区域内，也不得存在其他智能体单元即可。

5.2.3　宏观控制智能体单元

运用所学物理学及数学知识可以从宏观角度控制智能体单元在地球任意位置阴影区的形状，这是"highFAR"考虑城市区位不同，并进一步开发成应用程序的前提，同时也是程序开发及其数据结构的基础。

太阳光线与地球赤道面所夹的圆心角，即太阳赤纬角 d。赤纬角从赤道面起算，向北为正，向南为负。赤纬角变化于 ±23°27′ 范围内。时角，即太阳所在的时圈与通过南点的时圈构成的夹角，单位为度，自地球北极看，顺时针方向为正，逆时针方向为负。时角表示太阳的方位，因为地球在一天24 h内旋转360°，所以每小时为15°。地平坐标系是以地平圈为基圈，用太阳高度角

hs 和方位角 As 来确定太阳在天球中的位置。所谓太阳高度角是指太阳直射光线与地平面间的夹角。太阳方位角是指太阳直射光线在地平面上的投影线与地平面正南向所夹的角，通常以南点 S 为 0°，向西为正值，向东为负值。

任何地区，在日出、日落时，太阳高度角 $hs=0°$；正午即当地太阳时12时，太阳高度角最大，此时太阳位于正南（或正北），即太阳方位角 $As=0°$（或180°）。任何一天内，按当地太阳时，上、下午太阳的位置对称于正午。例如下午3:15对称于上午8:45，二者太阳高度角和方位角的数值相同，只是方位角的符号相反，表示上午偏东，方位角为负值；下午偏西，方位角为正值。由于地理纬度的不同，从地平面观察到的太阳视轨迹亦不同，因此，太阳的准确位置应按太阳高度角与太阳方位角来确定。太阳高度角与太阳方位角可依据以下公式进行计算（图5-20）：

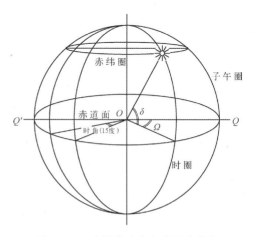

图5-20　太阳高度角与太阳方位角

$$\sin(hs) = \sin\varPhi \times \sin\sigma + \cos\varPhi \times \cos\sigma \times \cos\varOmega \tag{3}$$

$$\sin(As) = (\sin(hs) \times \sin\varPhi - \sin\sigma)/(\cos(hs) \times \cos\varPhi) \tag{4}$$

其中：hs 为太阳高度角（度，deg）；

As 为太阳方位角（度，deg）；

$\varPhi$ 为观察点的地理纬度（度，deg）；

σ 为赤纬（度，deg）；

$\varOmega$ 为时角（度，deg）；

"highFAR" 采用棒影日照图绘制原理的方法绘制所需阴影区。棒影日照图以地面上某点的立棒及其影的关系来描述太阳运行的规律，也就是以棒在直射阳光下产生的棒影端点移动轨迹代表太阳投影轨迹。垂直于地平面的立棒高度H与其在地面上产生的棒影长度L的关系式可表示如下：

$$L = H \times \cos(hs) \tag{5}$$

棒影方位角As'则为：

$$As' = As + 180° \tag{6}$$

由此可见，太阳高度角hs为定值时，影长L与棒高H成正比。因此，可将H看成棒的高度单位。当棒高为$n \times H$时，则影长为$n \times L$。这样，无论棒多高，棒高与影长的关系保持不变。一天中，太阳高度角和方位角不断变化，棒端的落影点a'也将随之而变化。将某地某一天不同时刻，如10：00、12：00、14：00……的棒端a的落影点a'_{10}, a'_{12}, a'_{14}……连成线，此线即为该日的棒影端点轨迹线。若截取不同高度的棒端落影的轨迹，则所连成的各条轨迹线，便构成该地这一天不同棒高的日照棒影图。

综上所述，求得居住区智能体单元某一时间段的影长距离，就需求得该智能体在这一时间段的棒影比例（即太阳高度角hs的tan值）。而在点式高层多智能体系统各智能体间的影长距离比较中，影长根据成影角度不同而被定义。这里的成影角度实际就是太阳方位角（As）。因此，在建立计算影长距离的公式时，"highFAR"将太阳方位角（As）作为变量，于是下一步就是将太阳方位角（As）通过套用公式来取得太阳高度角（hs）值，计算过程在此省略，其结果如下：

$$\sin(hs) = \frac{-\sin\sigma\sin\varphi + \sqrt{\sin^2\sigma\sin a^2\varphi - (1 - \sin^2(As)\sin^2\varphi)(\sin^2(As)\cos^2\varphi - \cos^2\varphi\cos^2\sigma + \sin^2\sigma\sin^2\varphi)}}{1 - \sin^2(As)\cos^2\varphi} \tag{7}$$

以南京为例，φ代表南京纬度，即23°04′；σ代表测试时段的赤纬度。假设南京日照要求为大寒日至少满足2小时满窗日照。因此将1月20号大寒日作为日照的测试时段。太阳赤纬角周年运动中任何时刻的具体值均为定值，根据计算算法得出，可得大寒当日赤纬度为15.7度。

将这些值带入公式，就可根据不同时刻的太阳方位角（As）求得大寒当日各

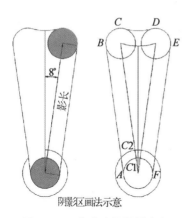

图 5-21　点式建筑阴影定义
（资料来源：2007年建筑设计生成小组）

时刻的太阳高度角（*hs*）。然后得到 tan（*hs*）的值（即前文所提的棒影比例）。如此棒影距离就可求得，而在程序中我们将此日照距离图示成一个阴影区域（图5-21）。

5.2.4　微观设定智能体单元

通过数学公式的数据组合，可以将图形及阴影区域屏幕显示与程序内部数据参数联系，使其更具适应性。在实际操作中，可以简单的函数方法实现。由于每个建筑及其影域构成的图形为不规则形状，所以要分段分区间绘制。对于代表每个建筑的圆来说，圆心是定位的基准，所以绘图时将圆心作为相对坐标的（0，0），其他坐标值根据圆心来转换。基本图形如图：C_1 表示建筑的小圆，C_2 表示建筑周边最小间距的大圆，*ABCDEF* 表示建筑在一定时间内产生的阴影。C_1，C_2 比较容易绘制，*ABCDEF* 需要根据上述数学公式算出绘制轨迹。把这个复杂的不规则图形分为直线 *AB*，四分之一弧 *BC*，弧线 *CD*，四分之一弧 *DE*，直线 *EF*，并用函数分段写出。然后需要定义 "highFAR" 绘图所需的线宽、线的颜色、线的透明度、图形填充的颜色、透明度。最后创建一个空的影片剪辑，用于装载整个图形。

为了让单一目标程序生成的结果具有更多选择可能性，"highFAR" 将日照要求分为1、2、3三种等级（图5-22）。

（1）等级1：大寒日正午前后共两小时建筑投下的阴影区，满足住宅楼单元不出现在此区域内便能保证每栋楼享有大寒日正午前后两小时的日照；

（2）等级2：保证建筑在大寒日正午前后四小时内可拥有两小时日照；

（3）等级3：满足大寒日满窗日照两小时的基本日照要求即可。

2、3两种日照要求下的阴影区形状是在上述画法基础上根据对大寒日建筑阴影叠加情况的分析计算得到的。

大寒日每隔十分钟建筑阴影叠加图

日照要求1

日照要求2

日照要求3

三者比较

图 5-22　日照的不同要求
（资料来源：2007年建筑设计生成小组）

需要强调的是，"highFAR"与天正等绘图软件中的建筑日照分析不同，这里并不是对已经设计完成的居住区总平面进行日照的分析验证，而是要通过日照规则由计算机来完成居住区总平面的初步布局，也可以说是要将传统设计方法中布置总平面、用日照软件验证、根据反馈信息修正总平、再不断验证的过程交予计算机完成。采用多智能体的方法，可以将计算机自动排布居住宅单元的过程比拟为生物种群动态聚集的过程，每一个生物个体按照种群聚集的特殊规则寻找在种群中的合适位置。这种位置的选择同时又具有随机性，满足答案多样化的要求。

"highFAR"将每个智能体单元所带的不能容纳其他智能体单元的阴影覆盖区与小于最小间距的区域的总和称为其"领域"，各智能体单元不允许其他智能体单元"入侵"其"领域"。要实现这种模拟过程，可采取两种方式，一种方式是让每个智能体单元在"诞生"时不得位于其他智能体单元的领域内，这意味着智能体产生的同时就可以认为已经死亡，因为其存在只能影响环境而无法因环境对自身做出反应。智能体产生的结果虽然都满足要求，但是如此生成群体的过程是线性单一的，产生的群体结果无法自发调整，若想要群体最紧密地聚集，则必须再为每个智能体设定其他规则。另一种方式，让进入领域的智能体单元间相互排斥，直到脱离领域为止。令每个智能体单元在基地任意位置产生，一旦进入其他单元的领域，就在这两个单元间产生斥力——因此这个所谓领域也可以被认为是一个斥力场，斥力表现为令两个智能体单元沿两者中心点连线向相反方向运动，直到脱离斥

斥力关系示意图

图 5-23 "保持距离"
（资料来源：2007年建筑设计生成小组）

力场，运动停止。"highFAR"采取第二种方式，这种方式更具生命力：可以用自组织的方式实现程序进程模拟（图5-23）。"highFAR"赋予每个智能体单元生命，它们会根据环境变化作合理的反馈。

5.2.5 "highFAR"系统流程及编程探索

"highFAR"系统流程见图5-24，智能体单元与周边所有智能体互动关

联，每个智能体单元将经历诞生、运动、静止的过程。而整个群体也将在所有智能体单元达找出适合的位置后平衡。"highFAR"程序开发过程经历了以下几个步骤：

（1）在理想状态下的运行，即在一块假设边界中运行，并假设各单元相同。初步显示"highFAR"的运行方式，并保证其运行可行性。

（2）考虑其适应性和多样性，加入高度与底面大小的变量，研究"highFAR"多种可能共存情况下的运行状态。并将上一步的假设边界换为一块真实场地，如此来验证"highFAR"多智能体系统在应用中的可扩展性和适应性。

（3）对"highFAR"的运行结果进行评判与取优，点式高层住宅区布局的多样性经由多智能体系统的运行自然得出多种结果，而结果作为方案的可行性须经过评估和取优。评估规则可以是数据化的容积率、密度，也可是数学公式较难表达的遮挡率。

在没有为这个群体设定基地边界的情况下，可以让智能体单元始终在群体系统的中心位置产生，这时群体的外缘会不断扩大，但个体都能保持聚集，且每次都能达到平衡（图5-25）。如果在一个明确的基地边界范围内布置住宅楼单元，暂时不考虑景观及其他环境因素，而仅从满足日照要求、排布的紧凑性、经济性角度，如何得到一个相对容积率最高的方案。首先，假设所有智能体单元的高度、半径属性均相同，那么，容积率的高低可以用单元的个数来

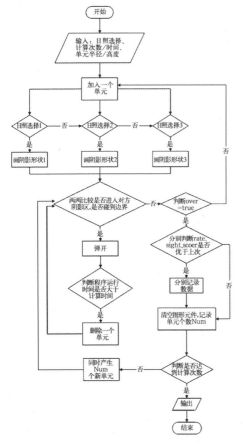

图5-24 "highFAR"程序流程
（资料来源：2007年建筑设计生成小组）

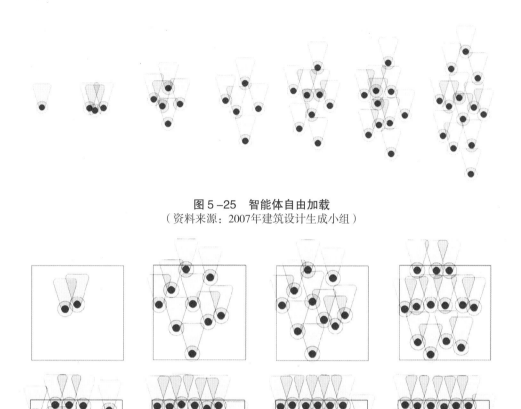

图 5-25　智能体自由加载
（资料来源：2007年建筑设计生成小组）

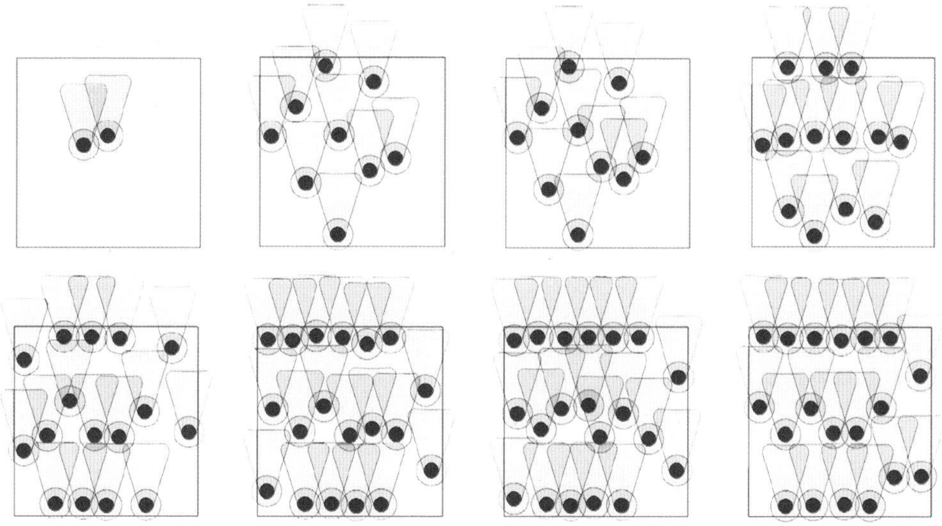

图 5-26　有限范围的智能体加载
（资料来源：2007年建筑设计生成小组）

衡量。在边界固定的基地中，能容纳智能体的个数是未知的，其生成数量的多少由自组织智能体系统运行决定。因此，设定基地中只产生一个智能体单元，接着产生第二个，位置为基地中的任意一点。同时，判断这两个智能体单元是否处于对方的领域之中，若为否，则加入第三个智能单体，再依此进行判断智能体是否"侵占"彼此领域；若为

是，则判断两者中心点的连线，让其沿连线分别向相反方向运动，脱离领域后静止，这时再加入第四个智能单体，依此类推。每加入一个智能单体，都对智能体两两进行判断，凡位于其他智能体领域中，都依上述方式运动，直到所有单元都静止，系统达到平衡时，又加入下一个智能单体。由于受到基地边界限制，智能体单元不能无限增长（这里设

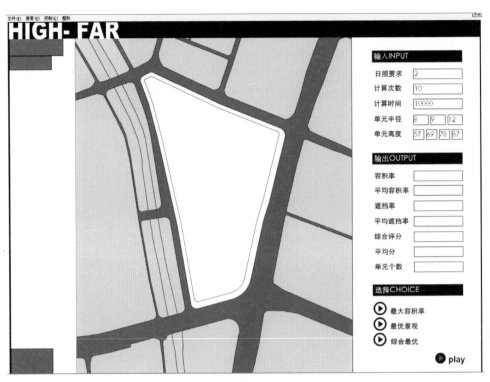

文件(F) 查看(V) 控制(C) 帮助

HIGH-FAR

输入INPUT

日照要求　2
计算次数　10
计算时间　10000
单元半径　8　9　12
单元高度　57　69　78　87

输出OUTPUT

容积率
平均容积率
遮挡率
平均遮挡率
综合评分
平均分
单元个数

选择CHOICE

▶ 最大容积率
▶ 最优景观
▶ 综合最优

● play

图5-27　有限范围的智能体加载
（资料来源：2007年建筑设计生成小组）

定单元运动到边界时沿其中心点与基地中心点的连线返回）。单元不断增多，直到加入某一个智能单体后，系统在足够长的时间内都无法达到平衡，这时则认为系统达到过饱和。删除最后加入的一个智能单体，此时的单元数就可以认为是系统饱和时的单元数。系统达到饱和的状态即所有住宅单元满足日照及最小间距要求，且不超出基地红线时排列最紧凑的方案之一（图5-26）。每次运行，系统饱和时的智能单体数基本相等，而每个智能单体的位置均不相同。上述智能体系统由一个智能单体增长直到饱和的过程，包含了大量的运算量和复杂的运算过程。

5.2.6　引入真实场地、建立评价体系

为了增强"highFAR"多智能体系统对不同场地的适应性，程序引入多边形不规则基地，并以此作为智能体单元的运动范围。为说明这种适应性，"highFAR"选择（图5-27程序界面）面积约66000m²的一块真实基地，基地西边邻河，该景观河的存在为其后加入景观判定因素提供了机会。由于每个智能体单元只能通过其x、y坐标来决定它在程序界面中的位置，因此在基地形状为不规则形的情况下，要想通过直接限定单元坐标来促使每个单元只产生于基

地范围内运算量很大。"highFAR"采取简便的判定方法：令智能体单元在屏幕中矩形范围内产生，判断其与基地的关系，智能体单元位于基地外则向基地中心点聚集直到离开边界为止。

以上程序实践均简化智能体单元体属性变量h（建筑总高）和r（建筑平面半径），它们被指定为固定值。但居住区总体布局经验显示：选取不同高度、进深的住宅楼，有可能多排下一整栋楼；而降低住宅楼高度，虽然减少了单栋楼的总建筑面积，但也可能因为其影域缩短而多排下一整栋楼，这时容积率有可能增加，反之亦然。运用传统方法，如何求得固定基地上最高容积率的居住区总体布局，需要建筑师手动安排多种总体布局，并做多方案比较，这是一项繁琐而枯燥的工作。运用计算机高运算效率特性，改变建筑高度及建筑平面尺度非常轻松。"highFAR"通过简易进化手法，在很短时间内筛选出相对趋优

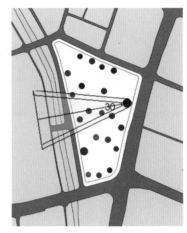

图 5-28　遮挡率示意图
（资料来源：2007年建筑设计生成小组）

解。当然，这需要建立如下合理的评价体系：

（1）容积率

容积率是在这个例子中首先想到且较容易实现的评判条件。通过每栋楼的建筑总高、平面规模及层高可以计算出每次运行的总建筑面积和容积率。用变量来记录运行最大容积率，并且将这

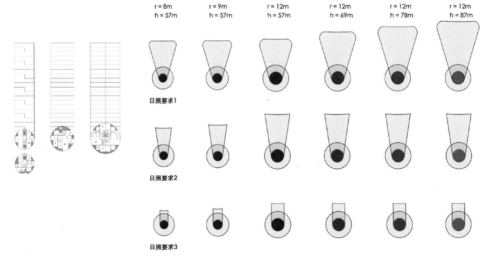

图 5-29　不同直径、高度单体的影域
（资料来源：2007年建筑设计生成小组）

次运算的结果（包括所有单元属性等数据）记录在一个数组中。

(2) 遮挡率

对住宅区总平面的评价，除容积率外还有相当多的因素，如景观、绿化、公共空间等等。但相对于以容积率为单一目标的智能体系统而言，加入多目标则会让问题复杂很多，如需要将公共空间这样的概念要转化为程序可识别的数学语言。"highFAR" 选取景观为评价因素，上述基地西面紧邻景观河，应尽可能为每栋住宅楼单元提供观赏沿河景观的机会，同时，为了避免因为一味追求容积率最高而可能出现的行列式结果，"highFAR" 定义遮挡率的概念来对景观进行评价：将每个住宅楼单体（i）面河30度视阈范围内视阈遮挡单体个数（n_i）累加，得出当前总遮挡个数N。那么当前单体（i）的遮挡率为n_i/N。遮挡率最大值为1。在多次运算中选

择遮挡率最小的一次，也将其数据记录在一个特定的数组中。

综合评价将容积率、遮挡率同时考虑，选择运用进化算法获取趋优结果。综合评价的总分为百分制，设定容积率和遮挡率不同的权重并将它们相加，即为总分。两者在总分中所占的比例是通过对多次运算数据的观察分析得出。为避免出现某些结果总分很高，但容积率或遮挡率中的一项分值很低的情况，这里还为总分是否计入最高分设定了一些其他条件。如：遮挡率不得高于0．5以及在日照要求3的情况下，有可能出现容积率大于3．5的情况，这也会导致密度过高，因此总分中容积率大于3．5将不计入最高分。

如图5-30所示，呈现"highFAR"程序运行过程计算机截屏；图5-31至图5-36显示根据上述三个不同的评价规则生成的三种结果。

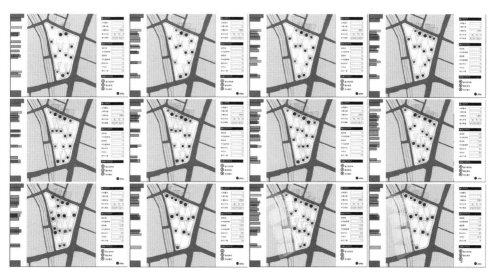

图 5 –30　程序运行截屏
（资料来源：2007年建筑设计生成小组）

选型1

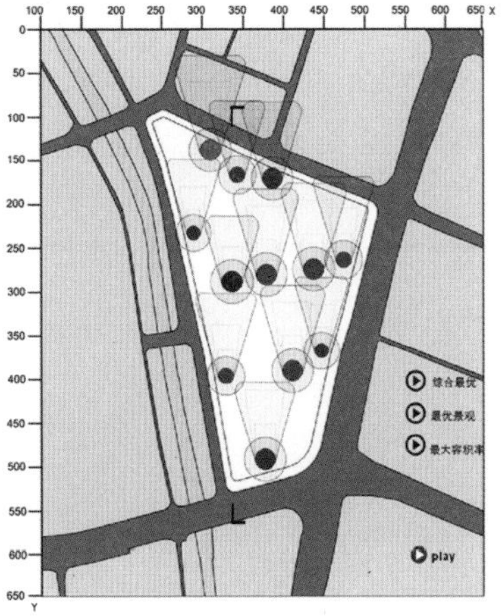

标准1条件下
容积率最大状况

容积率 =1.6
遮挡率 =0.52
总分 =80
运算次数 =20
运算时间 =10000毫秒

unit1	r=9	h=69.6	x= 360.35	y= 166.95
unit2	r=12	h=57.6	x= 353.95	y= 288.7
unit3	r=12	h=69.6	x= 392.65	y= 491.65
unit4	r=8	h=69.6	x= 460.2	y= 367.7
unit5	r=12	h=78.6	x= 394.4	y= 280.7
unit6	r=8	h=69.6	x= 309.1	y= 233.15
unit7	r=9	h=78.6	x= 346.65	y= 396.8
unit8	r=9	h=78.6	x= 486.55	y= 263.95
unit9	r=12	h=87.6	x= 329	y= 138.2
unit10	r=12	h=78.6	x= 450.9	y= 274.4
unit11	r=12	h=78.6	x= 425.85	y= 390.65
unit12	r=12	h=69.6	x= 401.85	y= 171.1

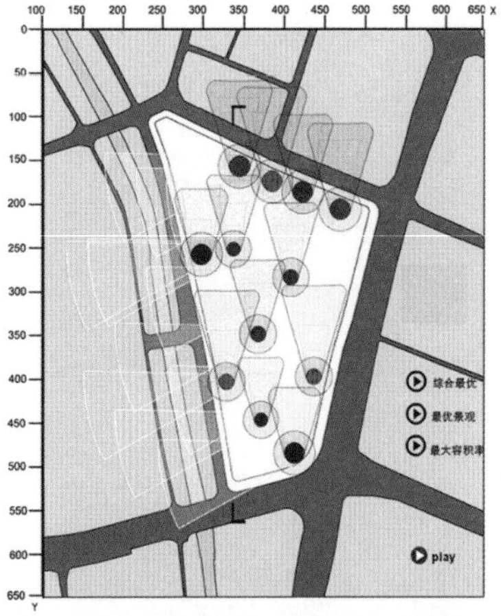

标准1条件下
遮挡率最小状况

容积率 =1.5
遮挡率 =0.41
总分 =80
运算次数 =20
运算时间 =10000毫秒

unit1	r=9	h=69.6	x= 422.05	y= 283.25
unit2	r=8	h=57.6	x= 386.3	y= 446.2
unit3	r=12	h=87.6	x= 399.3	y= 173.55
unit4	r=12	h=57.6	x= 426.45	y= 484.1
unit5	r=9	h=87.6	x= 345.5	y= 403.05
unit6	r=8	h=69.6	x= 353.65	y= 251
unit7	r=12	h=69.6	x= 436.3	y= 185.75
unit8	r=12	h=57.6	x= 315.85	y= 256.95
unit9	r=12	h=78.6	x= 360.85	y= 156.6
unit10	r=9	h=69.6	x= 382.65	y= 348.55
unit11	r=12	h=78.6	x= 480.75	y= 205.5
unit12	r=9	h=87.6	x= 449.65	y= 397

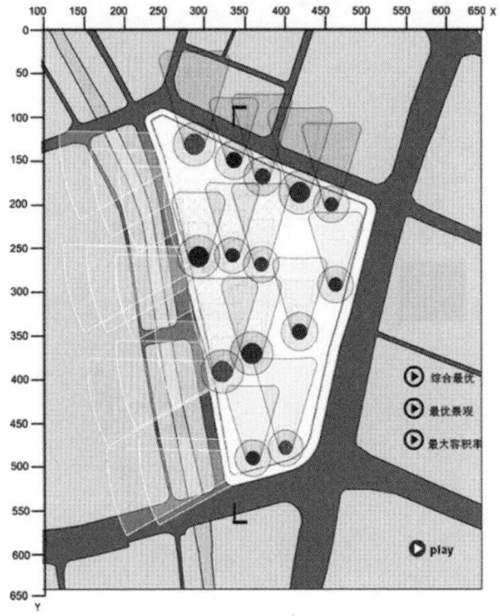

标准1条件下
综合值最高状况

容积率 =1.5
遮挡率 =0.41
总分 =80
运算次数 =20
运算时间 =10000毫秒

unit1	r=8	h=87.6	x= 419.05	y= 485.3
unit2	r=9	h=78.6	x= 391.65	y= 171.3
unit3	r=8	h=69.6	x= 356.15	y= 262.65
unit4	r=8	h=69.6	x= 379.7	y= 497.3
unit5	r=9	h=57.6	x= 358.35	y= 152.25
unit6	r=12	h=57.6	x= 316.35	y= 264.35
unit7	r=12	h=78.6	x= 436.55	y= 189.85
unit8	r=12	h=69.6	x= 378.7	y= 375.8
unit9	r=9	h=69.6	x= 436.05	y= 350.7
unit10	r=12	h=87.6	x= 343.95	y= 396.75
unit11	r=9	h=69.6	x= 478.65	y= 296.55
unit12	r=8	h=78.6	x= 390.05	y= 273.25
unit13	r=12	h=87.6	x= 311.7	y= 134
unit14	r=8	h=78.6	x= 473.9	y= 203.6

图5-31 运行结果一及其单元数据
（资料来源：2007年建筑设计生成小组）

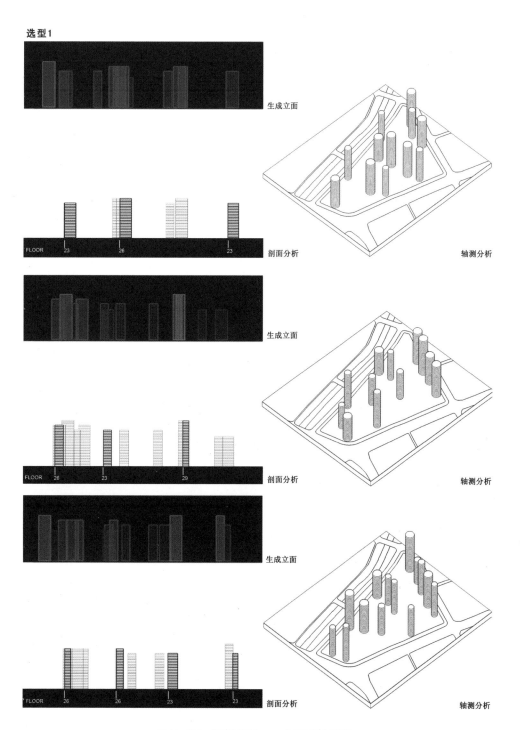

选型1

生成立面

剖面分析

轴测分析

生成立面

剖面分析

轴测分析

生成立面

剖面分析

轴测分析

图5-32 运行结果一：立面及轴侧图
（资料来源：2007年建筑设计生成小组）

选型2

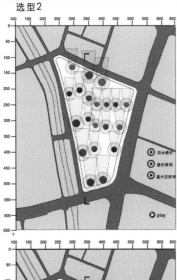

标准2条件下
容积率最大状况

容积率　=2.25
遮挡率　=0.47
总分　　=89
运算次数 =20
运算时间 =10000毫秒

unit1 r=9 h=87.6 x= 314.8 y= 132.65　unit11 r=8 h=87.6 x= 491.45 y= 252.3
unit2 r=8 h=69.6 x= 457　y= 251.8　unit12 r=8 h=87.6 x= 390.1　y= 317.45
unit3 r=8 h=78.6 x= 426.2 y= 251.65　unit13 r=9 h=78.6 x= 368.55 y= 231.45
unit4 r=9 h=57.6 x= 451.5 y= 394.15　unit14 r=9 h=57.6 x= 338.05 y= 205.7
unit5 r=12h=69.6 x= 373.2 y= 498.45　unit15 r=8 h=87.6 x= 394.45 y= 250.65
unit6 r=9 h=78.6 x= 423.8 y= 321.65　unit16 r=9 h=57.6 x= 366.3　y= 296.95
unit7 r=12h=78.6 x= 414.3 y= 490.4　unit17 r=12 h=78.6 x= 369.3 y= 158.75
unit8 r=9 h=78.6 x= 385.6 y= 392.7　unit18 r=12 h=87.6 x= 411.5　y= 180.75
unit9 r=12h=69.6 x= 327.2y= 310.4　unit19 r=12 h=78.6 x= 347.75 y= 404.45
unit10 r=8 h=57.6 x= 305.1y= 217　unit20 r=9 h=87.6 x= 469.4　y= 323.3

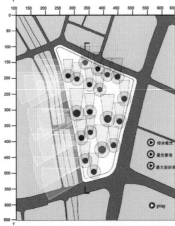

标准2条件下
遮挡率最小状况

容积率　=1.83
遮挡率　=0.42
总分　　=82
运算次数 =20
运算时间 =10000毫秒

unit1 r=9 h=69.6 x= 462.5 y= 194.9　unit11 r=8 h=78.6 x= 428.65y= 188.6
unit2 r=8 h=87.6 x= 403.8 y= 235.5　unit12 r=9 h=78.6 x= 469.15y= 335.95
unit3 r=12h=87.6 x= 411.2 y= 425.45　unit13 r=9 h=78.6 x= 356.35y= 459.95
unit4 r=9　h=57.6 x= 343.7 y= 388.25　unit14 r=9 h=57.6 x= 370.7 y= 306
unit5 r=8 h=87.6 x= 355.7 y= 150.55　unit15 r=8 h=57.6 x= 300　y= 191.65
unit6 r=8 h=78.6 x= 449.8 y= 411.4　unit16 r=9 h=69.6 x= 384.3 y= 494.4
unit7 r=8 h=57.6 x= 397.2 y= 170.05　unit17 r=9 h=78.6 x= 484.65y= 264.4
unit8 r=8　h=69.6x= 372.85y= 370.75　unit18 r=12h=78.6 x= 429.7 y= 328.4
unit9 r=8 h=57.6x= 369.95y= 219.6　unit19 r=8 h=69.6 x= 328.9 y= 201.85
unit10 r=12h=69.6x= 328.25y= 310.25

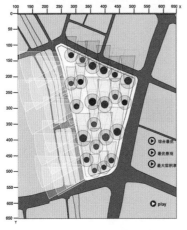

标准2条件下
综合值最高状况

容积率　=2.67
遮挡率　=0.48
总分　　=99
运算次数 =20
运算时间 =10000毫秒

unit1 r=9 h=87.6 x= 387.85y= 421.1　unit12 r=8 h=87.6 x= 305.85y= 220.15
unit2 r=9 h=87.6 x= 451.75y= 263.2　unit13 r=9 h=57.6 x= 337.1 y= 215.35
unit3 r=9 h=78.6 x= 438.3 y= 464.5　unit14 r=9 h=69.6 x= 450.7 y= 193.05
unit4 r=9 h=69.6 x= 323.35y= 293.25　unit15 r=12h=87.6 x= 419.8 y= 391
unit5 r=8 h=87.6 x= 382.35y= 496.95　unit16 r=8 h=78.6 x= 413.2 y= 486.8
unit6 r=12h=69.6 x= 458.05y= 373.95　unit17 r=12h=78.6 x= 416.15y= 287.35
unit7 r=9 h=87.6 x= 343.15y= 145.7　unit18 r=12h=78.6 x= 344.9 y= 394
unit8 r=12h=57.6 x= 375.4 y= 278.6　unit19 r=12h=69.6 x= 413.35y= 178.85
unit9 r=9 h=69.6 x= 306.3 y= 130.8　unit20 r=12h=78.6 x= 376.2 y= 164.4
unit10r=12h=78.6 x= 493.9 y= 211.7　unit21 r=9 h=78.6 x= 356　y= 462.4
unit11r=9 h=87.6 x= 380.5 y= 350.3　unit22 r=9 h=57.6 x= 482.75y= 281.05

图 5-33　运行结果二及其单元数据
（资料来源：2007年建筑设计生成小组）

选型2

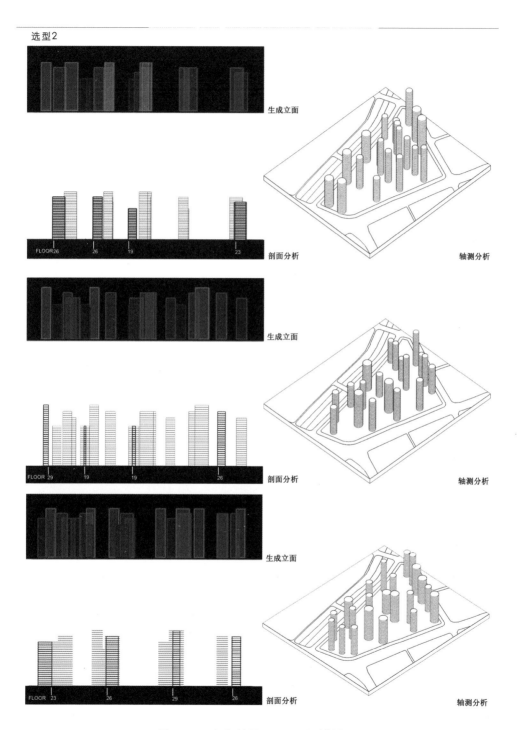

图 5-34 运行结果二：立面及轴侧图
（资料来源：2007年建筑设计生成小组）

选型3

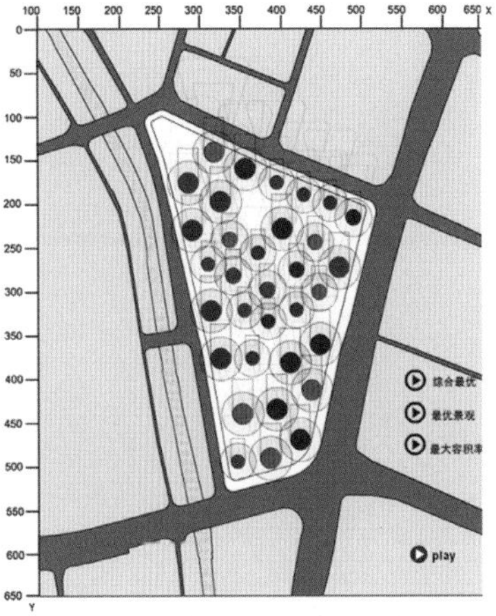

标准3条件下
容积率最大状况

容积率 =3.96
遮挡率 =0.45
总分 =94(不计)
运算次数 =20
运算时间 =10000毫秒

unit1 r=8 h=57.6 x= 398.1 y= 334.4
unit2 r=12 h=69.6 x= 309.3 y= 230.55
unit3 r=12 h=69.6 x= 342.6 y= 197.95
unit4 r=9 h=57.6 x= 431.45 y= 275.75
unit5 r=9 h=87.6 x= 453.75 y= 244.25
unit6 r=8 h=69.6 x= 431.15 y= 321.5
unit7 r=9 h= 357.6 y= 282.5
unit8 r=8 h=78.6 x= 408.35 y= 176.25
unit9 r=12 h=57.6x= 371.45y= 160.55
unit10 r=8 h=78.6 x= 362.3 y= 495.1
unit11 r=12 h=57.6 x= 435.25 y= 470
unit12 r=9 h=87.6 x= 353.25 y= 241.6
unit13 r=8 h=69.6 x= 472 y= 199.8
unit14 r=9 h=78.6 x= 397.1 y= 298.6
unit15 r=8 h=78.6 x= 370.45y= 321.95
unit16 r=12h r=12h x= 414.45y= 228.9
unit17 r=12h=87.6 x= 400.35y= 491.2

unit18 r=12 h=87.6 x= 449.4 y= 413.6
unit19 r=12 h=57.6 x= 407.75 y= 435.35
unit20 r=12 h=78.6 x= 482.55 y= 273.05
unit21 r=12 h=87.6 x= 335.35 y= 141.5
unit22 r=8 h=69.6 x= 386.35 y= 256.45
unit23 r=12 h=69.6 x= 342.55 y= 377.45
unit24 r=12 h=57.6 x= 423.7 y= 382.25
unit25 r=12 h=87.6 x= 368.05 y= 440.8
unit26 r=12 h=57.6 x= 459.45 y= 361.2
unit27 r=8 h=69.6 x= 379.55 y= 377.35
unit28 r=12 h=78.6 x= 304.75 y= 176.6
unit29 r=12 h=69.6 x= 331.15 y= 322.45
unit30 r=9 h=87.6 x= 458.5 y= 301.3
unit31 r=8 h=69.6 x= 440.25 y= 190.3
unit32 r=9 h=57.6 x= 499.6 y= 216.25
unit33 r=8 h=78.6 x= 327.95 y= 269.4

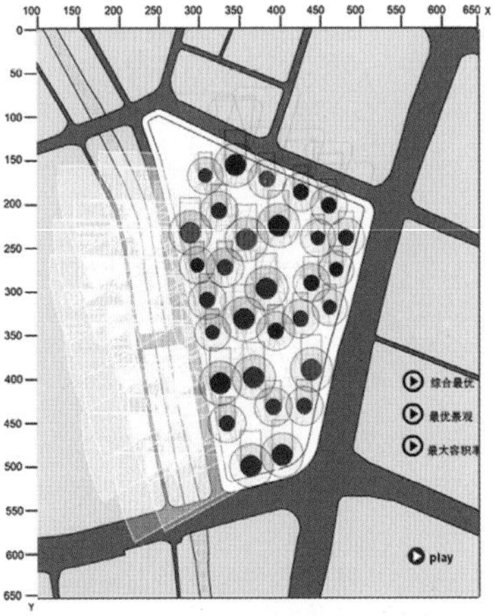

标准3条件下
遮挡率最小状况

容积率 =3.35
遮挡率 =0.43
总分 =86
运算次数 =20
运算时间 =10000毫秒

unit1 r=12 h=78.6x= 384.45y= 398.05
unit2 r=9 h=69.6 x= 330.2 y= 309.9
unit3 r=12 h=69.6 x= 417.45 y= 486
unit4 r=9 h=69.6 x= 353.55 y= 449.9
unit5 r=9 h=57.6 x= 409.7 y= 345.3
unit6 r=12 h=57.6 x= 345.7 y= 404.5
unit7 r=9 h=69.6 x= 344.25 y= 208.15
unit8 r=9 h=57.6 x= 439.85 y= 187
unit9 r=12 h=69.6 x= 399.2 y= 296.4
unit10 r=8 h=78.6x= 328.25y= 168.35
unit11 r=12 h=57.6 x= 413.3 y= 225.1
unit12 r=12 h=87.6x= 310.5y= 233.05
unit13 r=12 h=87.6x= 452.15y= 389.2
unit14 r=9 h=78.6 x= 407.2 y= 431.35
unit15 r=8 h=69.6x= 336.45y= 346.85

unit16 r=8 h=69.6 x= 473.9 y= 318.5
unit17 r=9 h=87.6 x= 400.05 y= 172.3
unit18 r=9 h=69.6 x= 493.45 y= 238.75
unit19 r=8 h=69.6 x= 460 y= 239.15
unit20 r=8 h=57.6 x= 318.7 y= 269.7
unit21 r=9 h=57.6 x= 481.75 y= 275.1
unit22 r=12 h=87.6 x= 376.2 y= 240.7
unit23 r=9 h=57.6 x= 452.3 y= 290.25
unit24 r=12 h=69.6 x= 381.3 y= 498.45
unit25 r=12 h=57.6 x= 363.6 y= 156.2
unit26 r=9 h=57.6 x= 421.9 y= 202.35
unit27 r=9 h=78.6 x= 351.2 y= 272.45
unit28 r=9 h=78.6 x= 439.25 y= 331.4
unit29 r=9 h=78.6 x= 443.75 y= 430.45
unit30 r=12 h=69.6 x= 373.3 y= 331.55

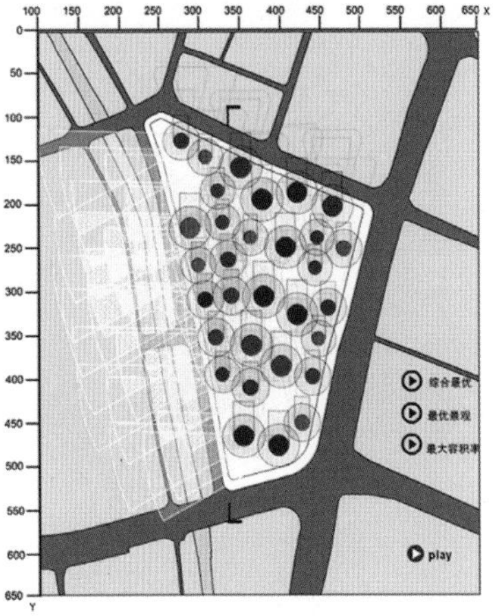

标准3条件下
综合值最高状况

容积率 =3.45
遮挡率 =0.45
总分 =88
运算次数 =20
运算时间 =10000毫秒

unit1 r=9 h=69.6 x= 379 y= 409.9
unit2 r=9 h=78.6 x= 356.9 y= 304.2
unit3 r=12 h=57.6x= 395.05y= 305.05
unit4 r=12 h=57.6 x= 434.75 y= 185.3
unit5 r=12 h=57.6 x= 393.3 y= 193.3
unit6 r=9 h=69.6 x= 353.3 y= 262.95
unit7 r=8 h=69.6 x= 459.1 y= 237.35
unit8 r=8 h=87.6 x= 326.55 y= 144.4
unit9 r=12 h=78.6 x= 380.4 y= 361.5
unit10 r=8 h=87.6 x= 317.65 y= 269.3
unit11 r=12 h=69.6 x= 477.8 y= 201.3
unit12 r=12 h=87.6x= 491.35y= 249.95
unit13 r=9 h=69.6 x= 472.35 y= 317.9
unit14 r=9 h=57.6x= 325.85y= 308.75
unit15 r=8 h=69.6x= 346.05y= 394.65
unit16 r=8 h=87.6 x= 460.55 y= 353.7

unit17 r=8 h=87.6 x= 379.4 y= 237.3
unit18 r=9 h=78.6 x= 338.6 y= 352.25
unit19 r=12 h=57.6 x= 434.7 y= 325.9
unit20 r=12 h=57.6 x= 411.9 y= 476.65
unit21 r=12 h=87.6 x= 308.05 y= 225.7
unit22 r=12 h=78.6 x= 346.8 y= 219.55
unit23 r=8 h=69.6 x= 456.5 y= 272.2
unit24 r=9 h=78.6 x= 453.35 y= 396.9
unit25 r=9 h=69.6 x= 297.7 y= 125.9
unit26 r=12 h=69.6 x= 368.2 y= 156.4
unit27 r=12 h=57.6 x= 370.9 y= 465.65
unit28 r=12 h=78.6 x= 415.4 y= 385.25
unit29 r=12 h=57.6 x= 421.1 y= 248.3
unit30 r=9 h=87.6 x= 440.5 y= 450.4
unit31 r=8 h=78.6 x= 341.15 y= 183.2

图 5-35 运行结果三及其单元数据
（资料来源：2007年建筑设计生成小组）

选型3

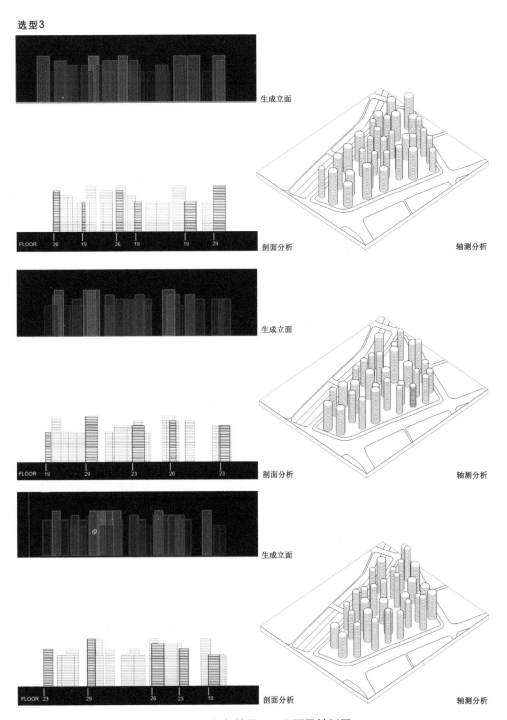

图 5-36　运行结果二：立面及轴侧图
（资料来源：2007年建筑设计生成小组）

217

5.2.7 建筑表皮生成探索

"highFAR"提供了根据相关规则在固定建筑基地上自生成居住区总体布局的强大功能。配合"highFAR"生成工具，设计小组开发了一套辅助工具作为"highFAR"立面生成的辅助工具。这是另外一套相对独立的自生成系统（程序流程见图5-37），只是一个意向

性的生成工具，在此对此辅助程序仅从建筑设计相关原理作简要介绍。

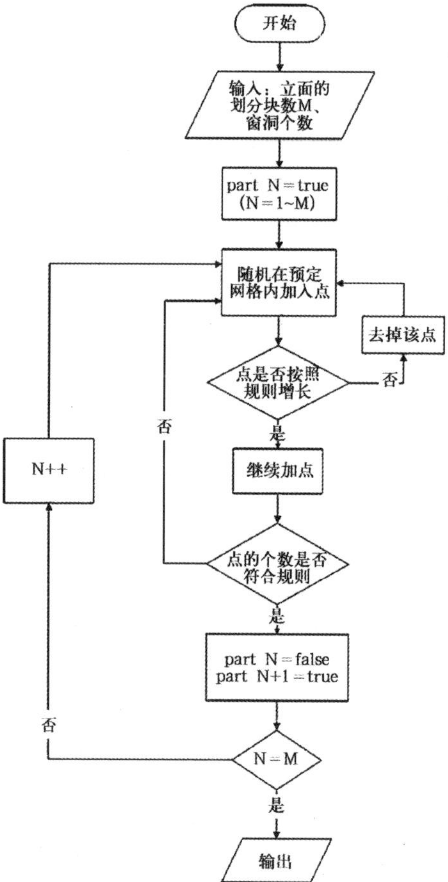

根据《住宅设计规范》（GB 50096—1999，2003年版）第5.1节规定：每套住宅至少应有一个居住空间能获得日照，当一套住宅中居住空间总数超过四个时，其中宜有二个获得日照；获得日照要求的居住空间，其日照标准应符合现行国家标准《城市居住区规划设计规范》（GB 50180—1993）中关于住宅建筑日照标准的规定；住宅采光标准应符合表5.1.3采光系数最低值的规定，其窗地面积比可按表中的规定取值。

在"highFAR"生成的总平面布局中采用适当的住宅选型，这些户型排布只是功能化分区，以不同的颜色将平面不同功能区分：依颜色由浅至深分别为阳台、起居室、餐厅、书房、卧式、卫生间等等。如图5-38所示。

通过计算每个房间的地面面积计算每个房间立面至少需要的面积，每

图 5-37　立面生成工具程序流程
（资料来源：2007年建筑设计生成小组）

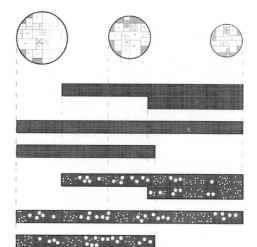

图 5-38　平面选型及其立面示意
（资料来源：2007年建筑设计生成小组）

个房间的窗洞尺寸已经给定，所以就能定下每个立面窗洞的个数。结合圆形的住宅平面（图5-38），我们把住宅的外墙开洞设计为圆形，并沿用生成法产生圆洞。首先设定了三种窗户尺寸，分别是：

（1）大窗半径：0.5m，面积为0.8m²；

（2）中窗半径：0.25m，面积为0.2m²；

（3）小窗半径：0.125m，面积为0.05m²。

接着对各个功能房间立面用300mm×300mm的网格进行划分，要求窗户不能跨楼层，也不能跨两个房间。然后根据不同的房间功能和窗地比的需要，设定了4种窗户组合方式，分别对应了四种生成函数，见图5-39：

（1）grow 1：有大、中两种窗户，先在预定的网格上随机产生大圆，圆与圆不能相交，若圆与已有圆相交，如果这个圆半径大于0.25m且小于0.5m，这个圆的半径变为0.25m，如果这个圆半径小于0.25m，就去掉这个圆，数组长度减1，并产生新圆；

（2）grow 2：有大、小两种窗户，先在预定的网格上随机产生大圆，圆与圆不能相交，若圆与已有圆相交，如果这个圆半径大于0.125m且小于0.5m，这个圆的半径变为0.125m，如果这个圆的半径小于0.125m，就去掉这个圆，数组长度减1，并重新产生新圆；

（3）grow 3：有中、小两种窗户，先在预定的网格上随机产生中圆，圆与圆不能相交，若圆与已有圆相交，如果这个圆的半径大于0.125m且小于0.25m，这个圆的半径变为0.125m，如果这个圆半径小于0.125m，就去掉这个圆，数组长度减1，并重新产生新圆；

（4）grow 4：只有中圆一种，先在预定的网格上随机产生中圆，圆与圆不能相交，若圆与已有圆相交，就去掉这个圆，数组长度减1，并重新产生新圆。

根据不同的房间需要设计不同的开洞，同时房间功能也要在立面上有所反映：起居室要求采光充足，私密性要求不高，选用grow 1；阳台要求有

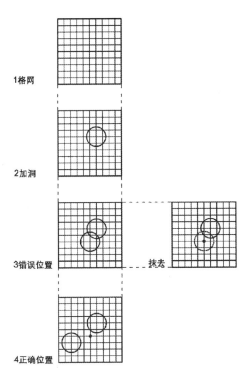

图5-39 立面生成规则
（资料来源：2007年建筑设计生成小组）

很大的开洞，但光有大洞显得稀疏、单调，所以在其中穿插小洞，选用grow 2；卧室、厕所等私密性要求高，选用grow 3，同时楼梯采光要求较低，也采用grow 3；厨房、书房采光需求适中，选用grow 4。图5-40为依据房间功能不同所生成的表皮片段，单元颜色深浅对应着其功能的开发程度，其尺寸为3m×3m，对应面积为6 m²。

把每个户型的立面展开，立面上的窗洞就会按照设定的规则从左往右依次生成，形成随机而又动态的效果。多次形成立面后，根据人为筛选，选取最

为合理及美观的立面。图5-41是对一个户型展开立面的分析。我们把一个户型从北面开始，按逆时针方向展开，展开立面分别对应的功能是：楼梯、阳台、阳台、卧室、阳台、阳台、卧室、起居室、阳台、卧室、厕所、厨房、阳台。然后根据不同地面面积计算出所需窗洞面积，以计算窗洞个数：楼梯16.97m²，所需窗洞面积1.7m²，所需窗洞个数10个；卧室A 19.15m²，所需窗洞面积2.74m²，所需窗洞个数15个；卧室B 22.87m²，所需窗洞面积3.27m²，所需窗洞个数20个；起居室41.05m²，

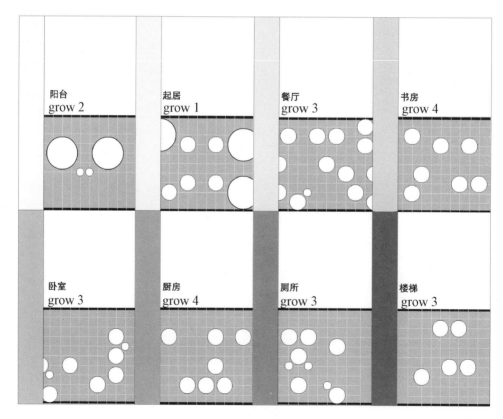

图5-40 立面片段
（资料来源：2007年建筑设计生成小组）

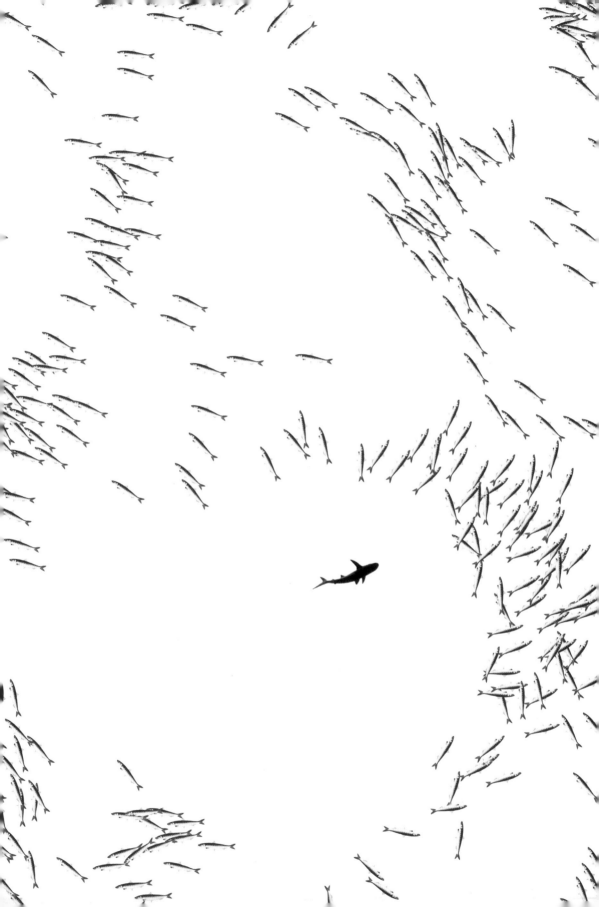

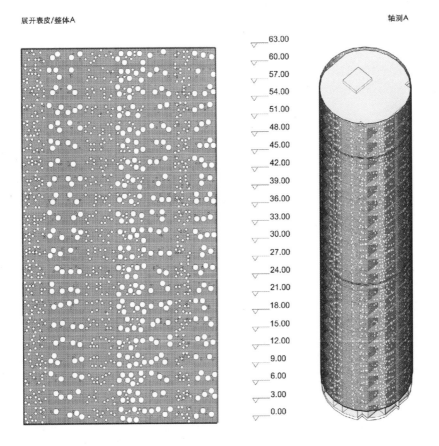

展开表皮/整体A

轴测A

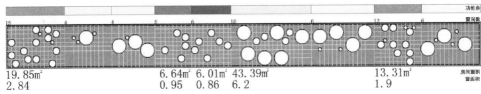

图5-41 立面"表皮"
（资料来源：2007年建筑设计生成小组）

所需窗洞面积5.86m²，所需窗洞个数10个；卧室C 14.23m²，所需窗洞面积2.03m²，所需窗洞个数12个；厕所5.02m²，所需窗洞面积0.72m²，所需窗洞个数6m²；厨房11.06m²，所需窗洞面积1.58m²，所需窗洞个数10个。各个阳台则根据其自身长度和阳台对应的房间功能设定开洞个数。

居住建筑总体布局、单体平面、建筑立面均已确定的情况下，建筑设计所需的其他技术图纸便迎刃而解，图5-42至图5-44在"highFAR"生成结果基础上对方案进一步发展的相关建筑设计资料图纸。

222

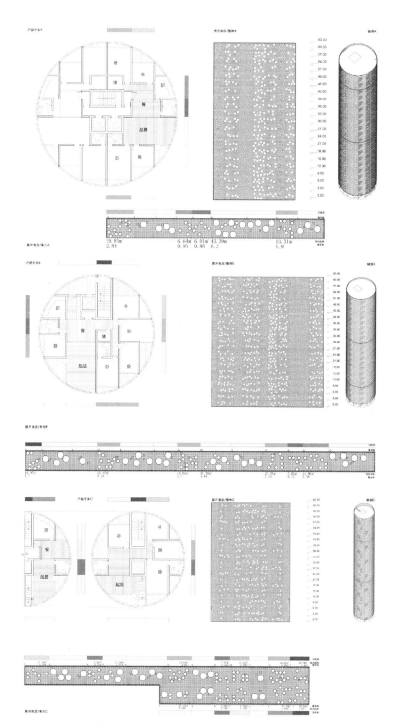

图5-42 平面选型及立面"表皮"展开图
（资料来源：2007年建筑设计生成小组）

223

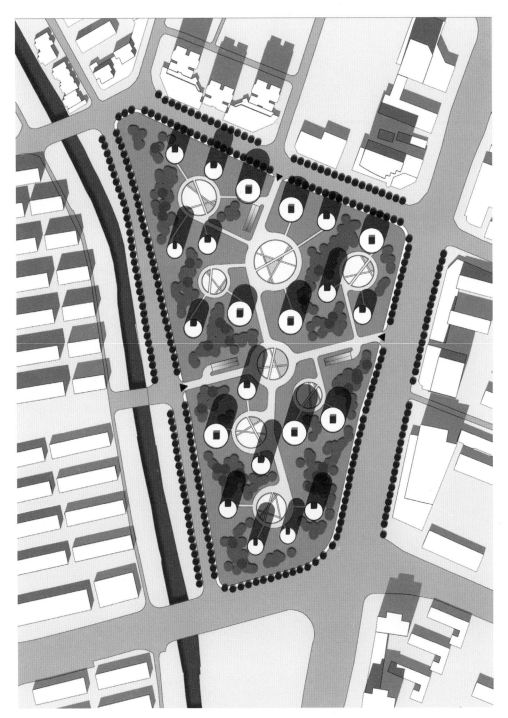

图 5-43 总体平面图
（资料来源：2007年建筑设计生成小组）

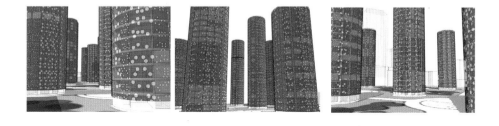

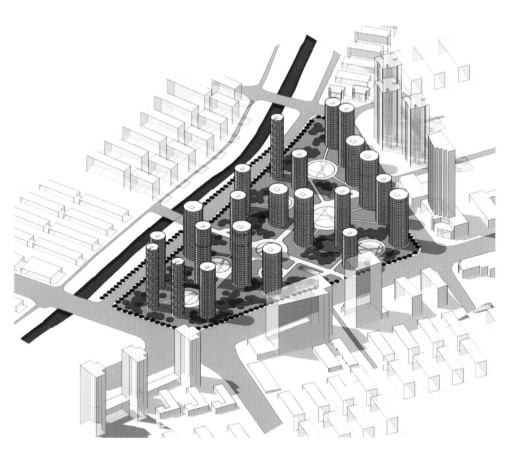

图 5 –44 总体透视图
（资料来源：2007年建筑设计生成小组）

5.2.8 "highFAR"生成工具总结

"highFAR"的开发不仅应用到建筑相关规范，还运用到许多数学、物理甚至一定的天文知识。从程序算法上讲，多智能体系统、简单进化算法是本程序的核心方法。"highFAR"程序充分体现建筑设计生成方法是一个跨学科的综合研究。尽管如此，"highFAR"离实际工程实践还有相当的距离。首先，实际工程的居住区规划设计中不可能由单一点式高层构成居住区的全部建筑单体类型，往往是板式多层住宅、小高层住宅、高层住宅的综合组合。从建筑学领域看来它们似乎属于同一类问题，但在计算机学科领域则可能需要采用完全不同的算法，这意味着需要修改单个智能体的编码方式。其次，基于随机函数的进化方法在程序算法效率上有一定的局限性，它不能做到真正的数据进化，而是在多个生成结果的基础上选取相对趋优的解集，这从根本上限制了程序进化的运行进程，给本来运行效率就不高的ActionScript平台增加了额外的资源负担。为了获得更高效和精确的生成结果，遗传算法的程序编码方式和数据结构需要加入到"highFAR"的程序算法之中，得到更强大的程序开发平台、更灵活的输入与输出界面的支撑，如C++、Java等。

5.3 多智能体生成方法探索——"gen_house2007"

5.3.1 "gen_house2007"生成工具开发背景

以多智能体系统为基础的"gen_house"开发始于笔者2006年瑞士ETHZ的MAS论文，图5-45为"gen_house"程序界面，是一个基于建筑功能"泡泡图"及面积关系的自组织生成系统。尽管2006年的"gen_house"已得到各同行的普遍认可，但仍有许多问题值得进一步探索。首要需求便是程序开发平台的升级，也就是平台运行效率的提升：ActionScript提供了便捷的用户开发平台，但其运行效率却无法与专业程序平台相比，"gen_house"开发平台正是基于低运行效率的ActionScript程序平台。2007年"gen_house"被升级至Java开发平台，命名为"gen_hous2007"。"gen_house2006"承载智能体的数量极限为15个左右，而"gen_hous2007"的调试过程显示：在智能体数量为38时，程序运行速度没有任何减缓迹象，这表明它可以承载的智能体数量远远高于"gen_house2006"；其次，"gen_house2006"运行的第一阶段未能解决一些程序算法问题，而"gen_hous2007"有效地解决了该缺陷。另外，"gen_hous2007"实现与AutoCAD应用程序之间的数据接口，"gen_hous2007"充分显示在建筑设计初始阶段生成工具对建筑功能布局的辅助功效。

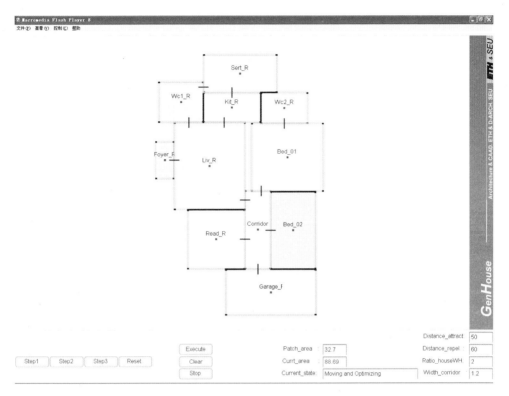

图 5 -45 "gen_house"程序界面

"gen_hous2007"建筑设计生成应用中同样运用到数学、物理的相关知识，程序算法不仅涉及第2章第3节的相关数、理方法，还需要将建筑功能空间虚拟为密封的容器，通过其内部压力决定功能分区墙体的移动方向。在多智能体系统建筑生成研究中，类似数理思维方式的应用很广，程序算法按照预先设定的相关规则（如建筑功能关系等）及抽象的数理方法驱动各智能单体在数字世界中运行，从而形成符合既定规则、相对稳定但动态变化的运算结果。

此外，对应于混沌运动物理过程的"吸引子"[①]抽象数学思维方法也应用于"gen_hous2007"的算法探索过程：所有运动系统，不管是混沌的还是非混沌的，都以吸引子为基础，它可以把系统或方程吸引到某个终态或终态的某种模式。吸引子的出现与系统中包含某种不稳定因素有着密切关系，具有不同属性的内外两种方向：在奇异吸引子外的一切运动都趋向吸引到吸引子，属于"稳定"的方向；一切到达吸引子内的运动都互相排斥，对应于"不稳定"方

227

---

① 由法国物理学家D.吕埃尔和F.泰肯于1970年左右引入物理学的抽象数学思维。

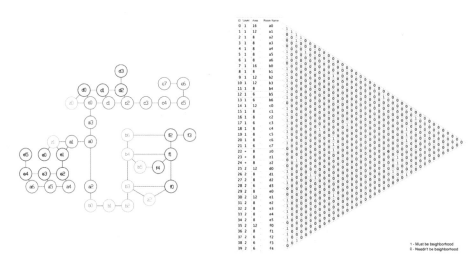

图 5-46　建筑功能拓扑关系及其相邻矩阵图

向。"gen_hous2007"分别将吸引子属性定义为建筑功能矩阵元素之间的吸引或排斥关系,以及建筑房间在未达到预定义面积前的功能体扩展过程。

5.3.2　"gen_house2007"程序意图

Topology

of

Function

建筑功能与空间关系是控制建筑设计进程的基本目标之一,不同的建筑类型具有不同的功能矩阵关系。但所有的功能类型都可以通过建筑功能关系图来表达,图5-46为抽象的建筑功能拓扑关系及其对应的相邻矩阵图。建筑功能关系图也称为建筑"泡泡图"或"气泡图","泡泡图"来源于人类对建筑空间使用需求及建筑领域相关学科的信息整合,通过"泡泡图"可以平衡建筑设计过程各建筑功能分区的均衡发展,它可以直观地表达建筑房间或建筑功能区域之间的互相关系。

"泡泡图"通常用于建筑创作早期,建筑师以此应对并酝酿建筑各部分功能关系的分析草图。当每个房间的位置、尺度与其他空间关系确定以后,建筑形态便在建筑师脑海中粗具雏形。另外,"泡泡图"通常也作为建筑师对不熟悉建筑功能类型的首选创作依据,根据"泡泡图"及相应面积需要形成建筑平面空间布局。在传统的建筑创作活动中,建筑师可以借助"泡泡图"和自己的工作经验、参考资料及面积指标需要组织建筑空间布局,并以此导出某种设计结果。此外,建筑设计成果还必须兼顾基地环境文脉、节能需要等等。复杂的"泡泡图"至建筑平面布局过程往往需要花费建筑师很长的时间,理论上讲,同一个"泡泡图"可以导出无数种建筑布局结果。

"gen_house2007"的开发正是基于建筑设计"泡泡图",对"泡泡图"可概括出与程序开发相关的以下几个基本特征：

（1）"泡泡图"仅表征各建筑功能分区的拓扑关联，并不涵盖建筑基地及气候环境的任何信息，如建筑朝向、基地环境文脉关系等等，更不包括建筑技术相关内涵。隐匿于其背后的建筑交通流线关系也需要经由建筑师主观疏理。

（2）"泡泡图"呈现各建筑功能间的复杂网络关系，它不包含功能分区或房间的面积指标。功能区可以抽象为没有尺度的"功能点"，通过各种连线表示"功能点"之间的相互关系或特定关联。

（3）图论（Graph Theory）[①]的基本元素为"节点"（Node）和"边"（Edge），可以借用图论相关概念表示建筑"泡泡图"：其中节点表示所研究的对象，在"泡泡图"体现为建筑功能主体空间；而"边"表示研究对象之间的某种特定关系。"泡泡图"是图论用"节点"和"边"组成图形解决具体实际问题的应用实例。

根据"gen_house2007"程序预设实现目标，"泡泡图"转化为建筑平面布局需要加入一些额外的参数设定，如各建筑功能区的面积指数、功能"节点"虚实属性、"边"属性的算法定义等等。可概况为以下几方面：

（1）"泡泡图"各功能区代表的"节点"具有面积参数，并以此面积参数作为与周围"节点"间形成吸引或排斥的场，场与场之间通过"吸引子"构成彼此间的相互作用力。该作用力驱使各"节点"（建筑功能区）移动，并找到适当的位置停留。

（2）"泡泡图"与其对应的建筑平面布局并非一对一的映射关系，否则将违背"泡泡图"与设计成果之间基本的建筑学原则。从特定"泡泡图"出发，经过"gen_house2007"生成工具的运行，建筑师可以获得多种形式迥异的平面布局，并且生成结果之间并非简单的旋转或镜像关系，即"泡泡图"与其对应生成结果为"一"对"多"的映射关系。

（3）转化"泡泡图"中的节点内容。通常，建筑功能关系图中的"节点"均为建筑功能实体内容，"gen_house2007"必须将适当的外部庭院也纳入"节点"，如通过哪些功能房间围合成庭院虚空间等等，某些虚空间还需要在"gen_house2007"程序调试中形成。此外，功能区"节点"应尽量分解成细化的子空间，如客厅作为一个功能区可分解成就餐区和休息区等。

（4）表示"节点"之间的某种特定关系"边"应区分为不同的属性，如两节点是否需要相邻，它们之间是否需要形成交通关联等等。各"节点"之间通过引、斥力构成虚拟的"边"，从而建立彼此之间的方位关系。

基于上述分析，"gen_house2007"定制并优化建筑设计进程中"泡泡

---

① 图论（Graph Theory）：研究"节点"和"边"组成的图形的数学理论和方法，为运筹学的一个分支。

图"至建筑平面布局的"问题解决"
（Problem Solving）。通过"泡泡
图"，建筑师可以在很短的时间内
（通常为10s）获得符合预定义建筑

功能拓扑关系的平面布局。"gen_
house2007"与整个建筑设计流程
关系见图5-47，工具操作流程见图
5-48。

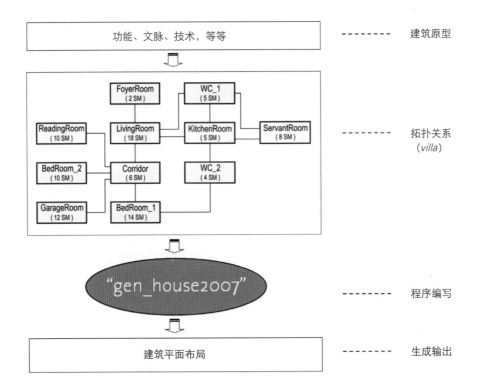

图5-47 "gen_house2007"与建筑设计流程关系

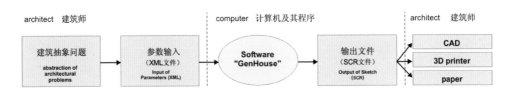

图5-48 "gen_house2007"操作流程

5.3.3 "gen_house2007" 程序算法探索

经过对建筑功能问题的抽象提炼，确定合适的数理模型，"gen_house2007"模型及算法的正确与否、效率高低需要经过程序调试不断验证。各建筑功能区的"节点"及其拓扑关系的编码方式、数据组织将直接影响生成工具能否顺利实现。"gen_house"共经过三次比较大的改变，本节只介绍最终的"gen_house2007"程序算法。虽然基于ActionScript程序平台开发出的"gen_house"生成工具存在效率低及某些算法缺陷，但它为"gen_house2007"的开发扫除了许多前所未见的障碍。因此，该生成工具由"gen_house"过渡到java平台的"gen_house2007"仅仅耗费半个月的时间。

1. 智能体编码简述

各建筑功能单元之间的拓扑关系，如别墅功能建筑中的"佣人房"与"厨房"、银行功能建筑的"金库"与"保卫室"之间的密切关联，在生成工具中均可以定义为"a"节点与"b"节点间的抽象符号。将适当的信息，如它们的面积等参数，加入"a""b"节点便形成程序运行中的各智能体。通过预设拓扑关系的需要，用各种数学、物理手段在各节点之间生成适当的吸引力或排斥力，驱动各智能节点寻找适合于其停留的空间位置，当每个智能体都达到各自环境的适应性时，整个系统便达到相对平衡状态。其结果就是符合预设拓扑关系及面积设定的建筑平面布局，程序运行进程被描述为预设拓扑图设定的建筑布局进化目标，这是一个自组织、动态生成的过程，"gen_house2007"赋予每个智能体活性生命特征，并在不断变化的内、外环境中寻求整个系统的全局平衡发展。此外，"gen_house2007"程序设计同样运用到第四章介绍的简单进化优化算法。

毫无疑问，智能体之间拓扑关系的计算机语言描述也是"gen_house2007"首要碰到的障碍之一，"gen_house2007"运用XML[①]计算机语言阐述多智能主体之间的相邻矩阵关系，通过它控制房间智能体节点及其边界关系，并以此作为"gen_house2007"程序预设条件的输入控制文件。该XML包含各智能体的面积期望数值、智能体长宽比是否需要控制在一定范围内、智能体的相邻智能体预定义等等。

"gen_house2007"智能体采取类似生物细胞的成长模式，它们从面积为极小值扩张至预先设定的面积参数。在其生长的过程中，各智能体细胞不断检测自身内部压力，并将此压力数值与相邻智能体的内部压力作比较，从而决定共享界面（即墙体）的移动方向。与此同时，智能体根据不断变化的空间位置、拓扑限定及引力或斥力场，调整并完善整个系统的相邻矩阵关系，"gen_house2007"的最

231

---

① 一种标识语言，由开始标签、结束标签以及标签之间的数据构成的。

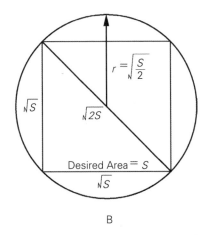

图5-49　"gen_house2007"操作流程

终生成结果在动平衡中获得。"gen_house2007"程序运行可划分为三大连续步骤：智能体全局定位、智能体的"生长"及平面全局简易进化优化。

2. "gen_house2007"程序运行第一步：智能体全局定位

"gen_house2007"克服了"gen_house2006"的某些算法缺陷，运用矩形外接圆相切与否控制XML文件的相邻矩阵设定。对于智能体的全局定位，程序根据智能位置关系，"gen_house2007"采用了动态控制引力和斥力的方式，具体规则如下：

（1）智能体的初始状态被定义为面积很小的矩形，以此可有效减低智能体相交的概略。实践证明，即使两矩形相交也不会影响程序对智能体的全局定位及第二步智能体"生长"过程。"gen_house2007"将该初始矩形定义为6（像素）×6（像素），即36像素平方。该数值不直接反应建筑房间面积参数，它们之间通过适当的比例系数调整彼此关联。

（2）如果两个智能体被定义为相邻关系，则按其预设面积（Desired Area）对应正方形空间的外接圆必须相交，倘若彼此未达到该状态，它们将沿着圆心连线方向吸引，直至外接圆相交，见图5-49A。如假设某房间面积预设面积为Sm^2，那么外接圆为以矩形中心为圆心，经过简单几何计算，其半径为r的圆，该半径为（图5-49B）：

$$r = \sqrt{\frac{S}{2}} \qquad (9)$$

（3）如果两智能体未定义为相邻关系，但上述外接圆处于相交状态，那么它们将被虚拟的排斥力驱动，智能体沿圆心连线的相反方向移动。直至两个智能体脱离相交状态。

通过上述规则，智能体将根据XML文件设定的相邻关系限定，在引力或斥力的作用下达到平衡。两个预设为邻居的智能体在达到上述相交状态的情况下，便处于平衡静止状态；非相邻预设的智能体也按照规则3运行，由于智能体之间复杂的拓扑关系构成，

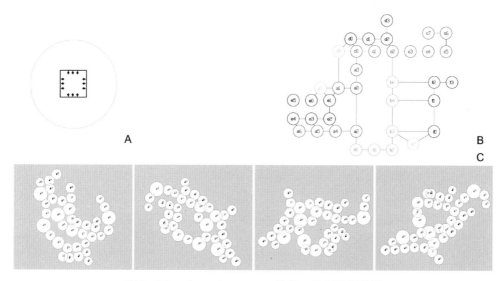

图 5-50 "gen_house2007" 第一阶段运行结果

在智能体群中只要有一个智能主体尚未达到设定状态，整个群体将一直处于动态不稳定状态。"gen_house"运行的第一步可以将所有智能体定义在符合相邻矩阵设定的范围之内，如图5-50A为智能体模型；图5-50C为程序运行该阶段的四种结果，其拓扑原型见图5-50B。在第二步的智能体"生长"过程中，那些被定义为相邻关系的智能体，在其对外扩张的过程中通常首先相交，通过步骤二的相关规则可以确定矩形的变形趋势。

3. "gen_house2007"程序运行第二步：智能体的"生长"

在初始状态条件下，各智能体为大小、形状相同的小正方形，经过第一步的程序运行，每个智能体均在平面适当的空间定位。生物体的成长能量源于对外部世界营养物的汲取，在生成工具第二步中，"gen_house2007"以虚拟的智能体内部压力驱动矩形平面的对外扩张。虚拟的矩形内部压力通过各房间的期望面积参数与当前面积数值的比较中获得，"压力"原理公式表示如下：

$$\text{矩形内部压力(pressure)}=\frac{\text{智能体面积的预设值(desired area)}}{\text{智能体面积的当前值(current area)}} \qquad (10)$$

可以想象，当矩形智能体的期望面积越大，在初始状态下，其内部压力就越强。该压力数值与建筑师所指定的建筑功能区设定面积存在上述公式的逻辑关联。从矩形内部压力公式可以看出，并非矩形智能体的当前面积越小其内部压力越大，如图5-51所示，尽管图5-51A的当前面积很小，但其面积期望值比图5-51B要小，通过矩形内部压力的计算，图5-51A内部压力（1.25）仍却小于图5-51B内部压力（2.0）。随着智能体面积的扩大，它们首先与预先定义的相邻单元相遇，从而形成共享的临界共用边，从建筑设计的角度看，这种

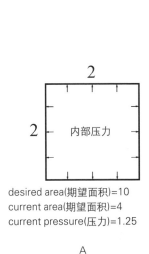

desired area(期望面积)=10
current area(期望面积)=4
current pressure(压力)=1.25

A

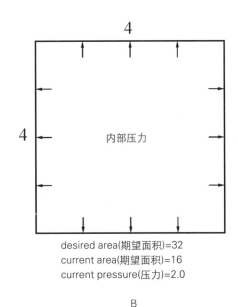

desired area(期望面积)=32
current area(期望面积)=16
current pressure(压力)=2.0

B

图 5-51　压力比较

临界的共用边便构成建筑功能单元之间的分隔墙体。在程序运行过程中，矩形智能体不允许出现两两相交的情况，综合以上对"gen_house2007"第二步程序运行的分析，制定如下程序规则：

（1）以矩形为代表的智能单体逐个向四边扩大，其面积也朝着建筑师预先设定的建筑面积指标逼近，当矩形内部压力为"1"时，矩形智能体停止扩大，此刻智能体所占据的面积便等于矩形预先设定的面积数值。

（2）矩形智能体在其"生长"的过程中，时刻检测是否与其他智能单元相遇。根据第一步的全局定位，首先相遇的是那些预先定义的相邻单元，此时它们会共享某一段共用的边界。而共享边界的移动方向取决于智能体当前的内部压力大小，共享边界通常朝着低压的智能单元移动。内部压力小的智能体单元

由此改变其长宽，正方形变成矩形。

（3）由于共享边界（建筑墙体）的移动将导致矩形改变其长宽比例，依照建筑设计对房间长宽比的限定要求（如1∶2），倘若内部低压的智能体已超出允许范畴，那么该次移动操作将被取消，程序恢复至前一步的运行状态。

（4）矩形智能体的对外"生长"并非四边同时进行，而是"东、西、南、北"各边分步扩展。在某智能体在向某一方向扩展的过程中，它可能会碰及多个智能体边界，只要其中的一个智能体的内部压力超过自己的内压，该"生长"过程将被取消，矩行智能体退至生长前的数据状态。

智能体的"生长"是一个形象的数理计算、演化过程，在此仅阐述该过程的程序调试结论，程序探索的具体步骤及复杂的程序数据组织在此不一一列

举。经过该"生长"算法规则的原型设计，每个智能单体均达到各自的预先设定面积，同时，它们均可以在相邻空间中找到各自相邻预定义单元体。但智能体在"生长"的过程中会形成许多"碎片空间"（笔者称其为"patch area"）。"碎片空间"需要由第三步的简易遗传算法的全局优化过程得以适度"愈合"。

4."gen_house2007"程序运行第三步：全局优化

"gen_house2007"的第二步"生长"过程留下一些不符合建筑设计需要的"碎片空间"，如图5-51A所示（灰色空间），全局优化的目的就是减少这些空间的面积，从而生成符合建筑平面特征的布局形式（图5-51B），图5-51为相同运行周期内全局优化前后两种的不同的状态。在此过程中，各矩形智能体会根据定义拓扑关系，重整各智能体的彼此方位及矩形长宽比例。全局优化过程运用到第4.2节相同的简单进化算法，该进程的复杂性主要体现在程序数据的组织与调试，在此省略对其的

具体呈述，可参见本书附录相关程序源代码。

以上"gen_house2007"的三步骤构成"gen_house2007"的核心多智能体程序算法，程序流程与附录"gen_house"基本相同，算法的确立、程序数据组织及其调试远非简单的文字能够完全阐述清楚。"gen_house2007"是多智能体算法系统的一项程序探索，它有效实现了建筑原型的各种预想。

5.3.4 "gen_house2007"程序的建筑实践

运用"gen_house2007"工具可以瞬间生成许多符合预先拓扑限定的建筑平面布局图，以本节前面所列举的别墅拓扑限定为例（图5-47），将面积及"泡泡图"关系输入至XML文件，其代码极为简单，在模块化的智能体单元信息中还可以加入更多的条件设置，如房间长宽比是否必须控制在适当的比例之内、单元智能体间是否需要开设通道等等，以下为该XML输入文件的部分程序

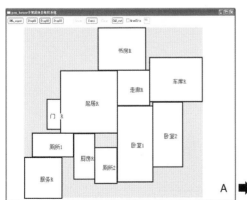
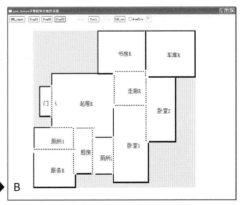

图5-52　全局优化

代码：

```xml
<?xml version="1.0" encoding="UTF-8"?>
<buildFunction>
    <function name="起居R" area="18" R_T="r">
            <myadj name="入口R" isDoor="y"></myadj>
            <myadj name="厨房R" isDoor="y"></myadj>
            <myadj name="厕所1" isDoor="y"></myadj>
            <myadj name="走廊R" isDoor="y"></myadj>
    </function>
    <function name="入口R" area="2" R_T="r">
            <myadj name="起居R" isDoor="y"></myadj>
    </function>
    <function name="走廊R" area="6" R_T="t">
            <myadj name="起居R" isDoor="y"></myadj>
            <myadj name="卧室1" isDoor="y"></myadj>
            <myadj name="卧室2" isDoor="y"></myadj>
            <myadj name="书房R" isDoor="y"></myadj>
            <myadj name="车库R" isDoor="y"></myadj>
    </function>
    <function name="厨房R" area="5" R_T="r">
      ......
    </function>
    <function name="厕所1" area="5" R_T="r">
      ......
    </function>
    <function name="卧室1" area="14" R_T="r">
      ......
    </function>
    <function name="卧室2" area="10" R_T="r">
      ......
    </function>
    <function name="厕所2" area="4" R_T="r">
      ......
    </function>
    <function name="书房R" area="10" R_T="r">
      ......
    </function>
    <function name="服务R" area="8" R_T="r">
      ......
    </function>
    <function name="车库R" area="12" R_T="r">
      ......
    </function>
</buildFunction>
```

XML文件有限地将平面限定转译为计算机程序编码可以识别的建筑生成参数预定义，从而通过"gen_house2007"的XML输入窗口录入程序后台的变量中，见图5-53A；其后的生成步骤（一至三）可以通过屏幕按钮逐步完成，见图5-53B至图5-53D。在获得平面布局"草图"之后将它们输入到AutoCAD并完善其余的建筑资料图。图5-54为截取的四个生成结果及最终建筑方案。

更复杂的建筑拓扑关系在"gen_house2007"生成工具中只是不同规则的类似运行过程，图5-50B的复杂拓扑关系运用"gen_house2007"生成工

具，可以轻而易举地获得多种运行结果，见图5-55。

5.3.5 "gen_house2007"程序总结

"gen_house2007"以建筑功能拓扑关系为切入点，运用多智能体系统模型方法，实现建筑功能布局的设计原型。"gen_house2007"只是多智能体系统方法的建筑学应用实例之一，与遗传算法模型相结合合多智能体系统可以在建筑学领域进行更广泛的实际应用探索。"gen_house2007"生成工具的开发实现建筑功能拓扑原型的需求，并

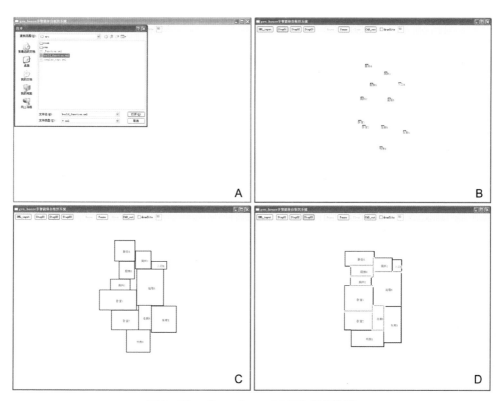

图5-53 "gen_house2007"运行步骤

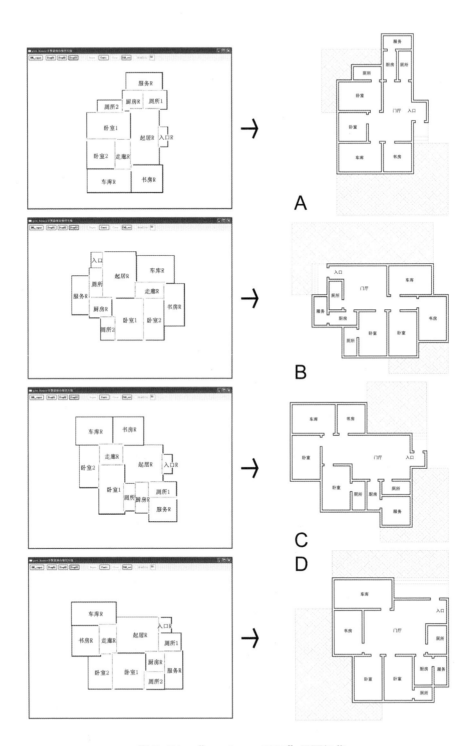

图 5–54　"gen_house2007" 平面细化

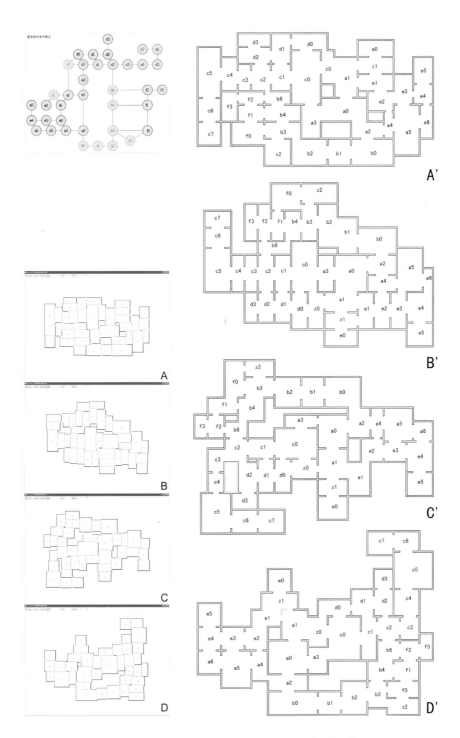

图 5-55 复杂相邻限定"gen_house2007"的生成

以此为"媒介"探索多智能体系统的建筑设计生成方法，从工具运行效果看，"gen_house2007"基本实现预先的程序规则设定，但如果试图将它运用于建筑工程实践，仍需要更多的"升级"空间，具体分析如下：

（1）算法反思。程序开发之初，"gen_house2007"运行的第一步，即智能体全局定位阶段，试图在基地中间加入限定因素，如既定基地不可更改或"侵占"的限定范围，以此控制多智能体回避限定区域。程序也很顺利地实现了该功能，见图5-56A，图5-56B所示。但在第三步全局优化阶段，程序出现明显不稳定状态，一些智能体很难绕过固有的障碍物寻求预定义的相邻智能体。如何定义智能主体的各种属性及其方法，使之在程序动态运行中"随机应变"将是该生成工具下一步需要探索的首要问题。

（2）任意多边形智能体探索。在"gen_house2007"中，智能体及建筑基地均为建筑设计实际工程少有的正交矩形，基地及建筑物往往呈现复杂多边形形态。作为多智能体系统方法的研究探索，"gen_house2007"已经从程序方法角度实现预设的建筑原型课题，但如果试图将它开发成切实可行的实用软件，势必将运用到计算机图形学的Voronoi图平面剖分方法，Voronoi图提供了一系列符合建筑设计需求的建筑形式、基地形态的数学剖分手段。

（3）矩形智能体的局限性。"gen_house2007"工具的最终生成结果仍会出现预先未定义的"碎片空间"（图5-52A），这种结果与各智能体均为独立的个体密不可分。"gen_house2007"将研究主体定义为建筑空间，可否换一种方法：将智能体定义为建筑空间的分隔墙体及建筑空间，这种应用与Voronoi图剖分空间方法类似。

多智能体系统（Multi-Agent System）方法是如今国际CAAD会议中出现频率较高的关键词，借助多智能体系统自身的一系列方法，并融合组织协同进化、协同进化多目标优化的遗传算法，越来越多适应建筑学需要的生成工具将不断地被开发并应用于建筑设计实践之中。

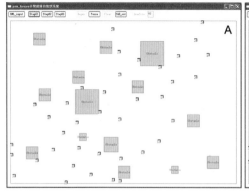
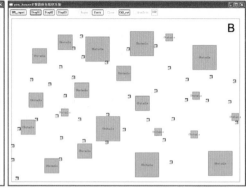

图5-56　智能体绕过预设障碍物
（实体正方形为障碍物）

6 结 语

　　程序工具在计算机生成建筑设计法研究中承担基础但极其重要的角色，它不依照开发者的"感觉"行事，客观的输出结果反映开发者算法的成败，需要耗费大量的时间来完成程序开发的算法设计、程序编写及调试的全过程。在建筑学方法中，"设计"永远占据其主导地位，"绘图"总起着辅助作用。如果用建筑设计生成法研究与此类比，那么程序模型建立及其算法设计乃是任何一个程序工具开发的核心内容，程序编写永远是模型算法的辅助工具。

　　由复杂适应系统衍生而来的细胞自动机、遗传算法及多智能体系统建模方法在计算机生成建筑设计法研究中扮演着重要角色，它们通常成为生成方法的探索框架，本书前述诸多生成实例也只从建筑设计某原型侧面反映复杂系统模型基本方法。在运用它们解决建筑设计相关课题的过程中，生成方法设计者需要对建筑生成类型重新定义，同一模型方法往往映射建筑学系统内容迥异的科研课题，从建筑学角度看，也许它们毫无关联，但却建立在相同的模型系统方法之上。

　　本书建立基于复杂适应系统的建筑设计生成方法研究基本框架，在生成方法运用到建筑实践的时候，一方面，需要根据不同的工程目标，建立相应的算法模型；另一方面，开发者需要融合"细胞自动机""遗传算法""多智能体系统"及现存的各种应用程序平台，借助程序实践平台来实现建筑设计原型。建筑设计生成研究可以通过复杂系统现有的理论与方法扩展建筑学相关方法论的探索范畴，为此，对建筑设计计算机生成方法作如下总结：

　　(1) 建筑设计生成系统是一个动态演化过程，通过提炼建筑原型课题，将它们转化为计算机可识别的输入数据、优化组合并输出建筑创作意向。在此过程中，基于时间及动态关联的设计工具构成建筑设计进程或其构筑物成果。模型创建包含影响建筑设计演化过程的时间、空间限定要素，它们在动态循环进化中产生可行性结果，设计师使用动态进程表达某一个生成概念，而建筑设计生成工具将用户或设计师预先设定的规则、约束条件转化为生成对象在时间、速度、位置、构造或者条件本身的变更。生成技术的主导者需要将各种问题肢解，并用构筑的程序框架造就"涌现"。生成工具从一定层面上解放建筑师的繁琐工作，建筑师不必逐一定义预设条件，却能实现生成的全程配置及交互过程。

　　(2) 限制性随机搜索算法是计算机生成方法的基础。当随机搜索可以重复随机选择时，自定义的约束条件便在满足给定条件的范围内限制了随机选择的进化方向，从而产生系统内元素不可预知的排列结果。对建筑学来说，这样的算法包含了两个

242

对立的设计策略：规则决定及随机程序方法，两者的融合不仅可以产生和谐的平衡，还可以将强大却辩证的双方结合在一起相互促进、相互依靠，限制性的随机搜索算法决定了这种共生关系。

(3) 复杂适用系统是计算机生成建筑设计法研究的重要分支，但不代表生成方法的全部。本书从复杂系统模型角度阐述建筑设计计算机基本生成方法，它是建筑设计生成方法的重要子集，但并非生成方法的全部。在应对建筑设计实际工程过程中，生成方法将具有更大的灵活性，除了程序运行结果的客观结果输出之外，其价值评价还需要返回建筑设计实际应用之中。纵观建筑设计生成方法所借助的复杂系统相关算法，在程序操作过程中通常还应用到计算机学科的其他现有算法，如递归、分治动态规划法、贪心算法、回溯法和分支限界法等等。建筑设计生成法也需要借鉴计算机图形学的有效算法以及相关数学和几何背景知识，并对计算机图形学和其他领域二维和三维几何学问题进行全面解析、合理整合。此外，基于复杂系统建立的生成方法并不在于可预期的结果，它们通常成为诱导性的策略，并参与富有创造性研究目标的探索过程。在设计领域，基于规则的程序语法、随机方法、细胞自动机、基因算法、多智能体系统模型均旨在研究非线性课题的通用化系统模型框架。

(4) 建筑设计计算机生成方法隐喻地、间接地在新的文脉中联系传统的相关概念，并最终实现建筑学发展的连续性及方法转化。在加利福尼亚大学从事建筑设计艺术研究的菲尔德教授在《弯曲空间》(Vidler A. Warped Spaces. Cambridge: MIT Press, 2000) 一书中，将光和数字技术对建筑形式影响的实验很大程度上归结为精神分析及其艺术性的理解。笔者认为，菲尔德在研究人类思维复杂性的时候，忽略"数字思维"本身对设计师、建筑师日益增长的依赖性的研究。与此思维特征相反，程序算法强化建筑学方法并产生新的建筑造型构思，由此而来的建筑设计计算机生成方法与某些源自于设计师及建筑评判家的主观臆断迥然不同，其"精确的模糊性"运作特性将引领建筑学产生思维革命。客观地讲，一方面，很值得怀疑的一点是人类在记录和表达建筑对象中所体现的"智力"潜能是绝对优于计算机；另一方面，对于设计师而言，任何关于形式的评价及其制造逻辑均被默认为源自人类设计师的思维本身，其方法缺陷在于它将设计师的思维限定于人类所能控制的范畴。然而，当人们称颂人类思维独特性与复杂性的时候，并不与人类思维局限性的理论相矛盾。

(5) 虽然在建筑领域计算机的使用越来越多，但在实际建筑工程中，生成方法的实践依然很有限。正如格雷格·林所述：由于害怕丧失对设计过程的控制，很少有建筑师打算将计算机作为有组织的、有创作力的多媒体工具用于建筑设计创作过程（格雷格·林，1999）。目前，在建筑领域，计算机主导模式通常用于实现建筑学相关预定义，即建筑师思维中已经概念化的设计整体及其过程输入电脑并存储。

CAS

GA

MAS

243

相反，作为通过数学和逻辑方法设计创造、问题解决的应用寥寥可数。计算机生成建筑设计方法对常规空间指定算法，并且由在建筑工程中基于规则的逻辑本质、类型学、程序代码组合得以实现。通过相关模型系统高端算法脚本对设计意图的编纂，设计师可以超越现有三维应用软件的限制。程序算法是研究建筑设计形式、结构及其过程的概念化框架，它结合计算机科学的理论及方法，体现在生成系统对抽象设计空间的灵活模拟之中。

2007年7月，第一个运用计算机生成设计方法设计的实际项目在东南大学建筑学院完成，该工程名为"CeilingMargin"，尽管其程序算法并不复杂，但它却是计算机生成方法、数控制造与工程实践操作相结合的初步探索。在此过程中，不仅需要解决具体的建筑设计问题，而且需要了解相关建筑材料特性、价格、加工设备性能及其

生产过程，计算机生成方法也将从程序编码后台逐步走向实际工程前台。"CeilingMargin"吊顶原型见图6-1。

"CeilingMargin"是东南大学建筑学院门厅吊顶改造项目，其门厅层高最低净高只有2.87m。如果不铺设吊顶，其顶部毫无规则的水、电管网暴露无遗，有碍观瞻；选择平吊顶可以将管道隐藏，但势必造成空间压抑之感。将吊顶设置不同标高、合理避让管道，并最大限度地局部抬高净高不失为一种有效选择。"CeilingMargin"采用多智能体系统生成方法，作为智能主体的吊顶单元可以合理避让现存的梁体及综合管线。

"CeilingMargin"吊顶非标准构件加工通过激光雕刻机完成，雕刻机型号为NEL-1530（Laser Cutter Machine），该设备引进德国Rofin技术的大功率CO_2激光发生器和西班牙Fagor数控系统及德国丝杠导轨。操作台幅面

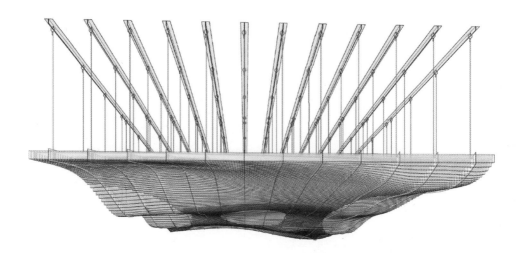

图6-1 "CeilingMargin"吊顶原型
（资料来源：2007年建筑设计生成小组）

图6-2 NEL-1530激光雕刻机

为3000mm×1500mm，见图6-2。激光雕刻机可以很方便地解决直线、折线、曲线切线的加工，且其加工速度极快。NEL-1530激光雕刻机具有极大的功率，它可以雕刻7cm左右的钢板。

"CeilingMargin"吊顶的原料加工非常顺利，运用生成方法，将AutoCAD详图交给厂方后一周时间便完成吊顶所有装配原材料的加工。在研究组的指导下，吊顶安装由现场施工工人完成。为了方便吊顶安装，各吊顶构件上必须在加工的时候雕刻各自唯一的编号（图6-3A2、图6-3A4及图6-3C），研究组成员只需从宏观角度控制安装工人的施工步骤即可。在吊顶安装的过程中，偶现木板强度过于脆弱的情况，施工过程中出现木构件屡屡折断的情况，施工人员只能借助粘胶与螺钉修复损坏的构件（图6-3B）。另外，实际施工中的装配误差远大于程序的精确计算，在许多情况下不得通过灵活但不失粗鲁的施工方式实现最终的"CeilingMargin"吊顶

（图6-3E12、图6-3E13）。

"CeilingMargin"从程序实践、建筑材料调研、吊顶构件加工及安装过程完成建筑设计原型，"CeilingMargin"的操作过程可以获得比纯粹程序编写更多的实践经验。吊顶的实现同时也表明计算机生成建筑设计法已经从程序编写、图纸分析的数字构成走入工程实践。在"CeilingMargin"生成研究中，应用软件并非程序编写的最终目标，而程序算法转为建筑设计过程的固有工具。程序设计与建筑设计相得益彰，建筑师在互动思维中探索建筑设计新思路，运用类似的思维手段及研究方法可以创造出极具"数字特征"的建筑设计生成作品，如图6-4所示。

设计通常也被认为是一种程序，它类似于解决问题黑箱操作的方法，或者和创造力、革新等联系起来。随着信息科学的介入，设计方法自身也正处于一种不断变迁的状态，革命性的理论、系统以及技术科技使得该过程新颖独特，

图6-3　吊顶构件

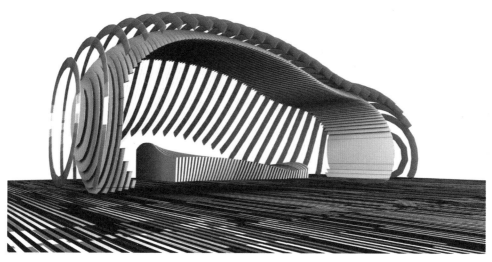

图6-4 从"CeilingMargin"到建筑设计数码生成
（资料来源：2007年建筑设计生成小组）

不仅是它的产品，那些方法同样正在产生变革。就建筑学层面而言，建筑设计融入形式的视觉化过程及其各种元素的变形。这是一个进步的过程，而且经常被反复推敲或者在一些候选方案中来回游弋，而擅于运用新技术的艺术家和设计师喜欢并且知道根据新的方法改善他们的技巧套路。

建立新的理论评价框架，并通过寻求证据来批判性地评价计算机生成机制，但这要求人们建立超越传统思维定式的评价体系。讨论建筑创作的主导方式常常是直觉和天赋，风格化的创意由特定建筑师传播开来，他们及其合作者通常被称为"明星建筑师"。与此相反，生成方法通常表现为一个过程，其结果对创作者并非立即生效，计算过程也被理解为抽象和普遍的数学概念，它们被应用于抽象类型思维及其映射的元素对象，正如计算几何学的算法并不关注于其发明人，而更关注因此而带来的

关于效率、速度及其他普遍性规则。生成工具成为建筑师开启未知领域的关键钥匙，其计算机制不仅用来表述现有的形式概念，也用来诠释全新的设计理念。这样，数字生成技术一方面成为超越"感觉"与生俱来局限性的出发点，同时，也可以使建筑师在建筑创作中保持原本的艺术感知。

大量研究理论表明，不同的建筑设计生成工具还不能高度联合和交互作用。近年来，许多论文所涉及的建筑生成系统均基于高强度编程开发。通常，尽管大多设计师可以实现程序操作可视化，但生成系统开发的设计师及其用户依然必须对程序代码有基本的理解。有论文建议编写通用可视化系统，该系统理念也必须满足众多建筑原型核心开发的需求，并自发选择性地形成新的建筑设计生成开发平台。这种程序设计师不必编写任何代码，它本身便具备友好的可视化交互

247

界面。但至今为止这还只是一个理想的假设，并未在操作层面上实现。

　　建筑设计生成方法呼吁固有思维定式的转换。"思维转换"主要定义关于主流思想的逐步过渡、转化、演变及超越，其基本思想体现价值、目标、信仰、期望、理论和方法的转变。"思维转变"与科学进步紧密相关，并影响于集体性的认知。新的理论和模型需要运用崭新的方法来理解传统的观念，拒绝陈旧的假定，并用新内涵来替换。科学革命发生在至少传统与革新两种思维并存的时期，观念总是被用来理解和解释基本的事实与信念，体现思维方式两种不同观念不完全具有可比性。客观地讲，生成艺术运用的方法和手段均史无前例，如果建筑学要着手于算法对建筑世界的创造，那么它的设计方法就需要和程序方法相结合。当一种形式超出人们的理解范围，那么它通常属于程序算法领域范畴。如果人类的直觉和创造源于同一起跑点，那么计算机算法与之组合也必须整体化。方法及形式上的探索并不会掩埋人们的想象力，而旨在突破固有局限性；计算机操作也不是人类创造力的替代品，它们并非势不两立。相反，在生成艺术世界里它提供了新的探索、实验和投资的方向。

　　如今，计算机生成技术工具可以制造出各具特色的产品，这是一场新兴的技术革命。数字化时代使我们效仿大自然或者手工艺来创造独一无二的产品。独具特色的产品已经成为环境、建筑、人工制品的"发生器"，并具有独一无二、举世无双的特点。建筑设计生成方法可以在人工的世界中实现与之相应的发展趋势，利用这种方法，通过人工智能、人工生命系统以及高端科技，我们能够体验大自然赋予的审美愉悦。计算机生成建筑设计方法是一种科学的艺术创作过程，这种设计活动的目的不仅仅要获得一个结果，更要形成一种可操作的程序编码。计算机生成建筑设计法作为一种技术手段的操作和发展，逐步发展为可以利用的工具，也是一种具有强烈人文特征的设计方法。建筑设计生成方法的每个步骤均始于设计者科学的思维或假设，并在设计之初就具有一种主观或者想象的未来形象预设。因此，建筑设计生成方法并非设计工具，而是一种设计的操作方法。对于建筑师、设计师、艺术家而言，生成艺术可以发展成为一种异常灵敏且有助于进行更为深刻的创造性设计方法。

参考文献

[1] 刘汝佳，黄亮．算法艺术与信息学竞赛[M]．北京：清华大学出版社，2005

[2] 王小平，曹立明．遗传算法——理论、应用与软件实现[M]．西安：西安交通大学出版社，2006

[3] 张文修，梁怡编．遗传算法的数学基础[M]．第2版．西安：西安交通大学出版社，2004

[4] 维基百科．遗传算法 [EB/OL]．http://zh.wikipedia.org/w/index.php?title=%E9%81%97%E4%BC%A0%E7%AE%97%E6%B3%95&variant=zh-cn

[5] 郑金华．多目标进化算法及其应用[M]．北京：科学出版社，2007

[6] 汪小帆，李翔，陈关荣．复杂网络理论及其应用[M]．北京：清华大学出版社，2006

[7] Francesco Luna，Benedikt Stefansson．SWARM中的经济仿真：基于智能体建模与面向对象设计[M]．景体华，景旭，凌宁，等译．北京：社会科学文献出版社，2004

[8] [加] Liu Jiming．多智能体原理与技术[M]．靳小龙，张世武，译．北京：清华大学出版社，2003

[9] 方美琪，张树人．复杂系统建模与仿真[M]．北京：中国人民大学出版社，2005

[10] 颜泽贤，范冬萍，张华夏．系统科学导论——复杂性探索[M]．北京：人民出版社，2006

[11] 保罗·西利亚斯．复杂性与后现代主义——理解复杂系统[M]．曾国屏，译．上海：世纪出版集团，上海科技教育出版社，2006

[12] 大卫·吕埃勒．机遇与混沌[M]．刘式达，梁爽，李滇林，译．上海：世纪出版集团，上海科技教育出版社，2005

[13] 赫尔曼·哈肯．协同学——大自然构成的奥秘[M]．凌复华，译．上海：世纪出版集团，上海科技教育出版社，2005

[14] 邱茂林．CAAD TALK 1 数位建筑发展[M]．台湾：田园城市，文化事业有限公司，2003

[15] 邱茂林．CAAD TALK 2 设计运算向量[M]．台湾：田园城市，文化事业有限公司，2003

[16] 邱茂林．CAAD TALK 5 透视智能环境[M]．台湾：建筑情报杂志社，2005

[17] 刘育东．展现数位建筑——第五届远东国际数位建筑奖[M]．台湾：田园城市，文化事业有限公司，2004

[18] 刘育东．数位建筑发展——2002远东国际数位建筑奖[M]．台湾：上博国际图书有限公司，2003

[19] Marco Dorigo, Thomas Stutzle. 蚁群优化[M]. 张军, 胡晓敏, 罗旭耀, 等译. 北京: 清华大学出版社, 2007

[20] 李建成, 卫兆骥, 王诂. 数字化建筑设计概论[M]. 北京: 中国建筑工业出版社, 2007

[21] 切莱斯蒂诺·索杜. 变化多端的建筑生成设计法——针对表现未来建筑形态复杂性的一种设计方法[J]. 刘临安, 译. 建筑师, 2004 (112)

[22] 李飚. "数字链"生成艺术的CAAD教学——以"X-Cube"为例介绍ETH-CAAD课程教学实验[J]. 南方建筑, 2006 (9): 103-105

[23] 李飚. 生成建筑设计合作教学实践探索[J]. 南方建筑, 2006 (12): 122-125

[24] 李飚. 建筑设计生成艺术的应用实验[J]. 新建筑, 2007 (3): 22-24

[25] 谭浩强. C程序设计[M]. 第2版. 北京: 清华大学出版社, 1999

[26] Robert Penner. Flash MX编程与创意实现[M]. 杨洪涛, 译. 北京: 清华大学出版社, 2003

[27] Bill Sanders. 精通Flash ActionScript创意设计[M]. 刘敏, 张冬梅, 等译. 北京: 中国水利水电出版社, 2002

[28] 颜金杪, 等. Flash MX 2004 ActionScript 2．0与RIA应用程序开发[M]. 北京: 电子工业出版社, 2005

[29] Joey Lott, Robert Reinhardt. Flash 8 ActionScript宝典[M]. 路川, 胡欣杰, 等译. 北京: 电子工业出版社, 2006

[30] 章精设, 缪亮, 白香芳. Flash ActionScript 2．0编程技术教程[M]. 北京: 清华大学出版社, 2005

[31] Wendy Stahler. 游戏编程中的数理应用[M]. 冯宝坤, 曹英, 译. 北京: 北京希望电子出版社, 红旗出版社, 2005

[32] 苏金明, 等. MATLAB实用教程[M]. 北京: 电子工业出版社, 2005

[33] Philip J Schneider, David H Eberly. 计算机图形学几何工具算法详解[M]. 周长发, 译. 北京: 电子工业出版社, 2005

[34] 周培德. 计算几何——算法设计与分析[M]. 第2版. 北京: 清华大学出版社, 2005

[35] 怒火之袍. 计算几何概览[EB／OL]. http://dev. gameres. com/Program/Abstract/Geometry. htm

[36] 耿祥义. XML基础教程[M]. 北京: 清华大学出版社, 2006

[37] Mark Deloura. 王淑礼, 张磊, 译. 游戏编程精粹[M]. 北京: 人民邮电出版社, 2004

[38] 青野雅树. 基于Java的计算机图形学[M]. 张文乐, 译. 北京: 科学出版社, 2004

[39] 牛勇，牛晓丽．Java编程篇[M]．北京：电子工业出版社，2005

[40] Thomas Petchel．Java2游戏编程[M]．晏利斌，孙淑敏，邵荣，译．北京：清华大学出版社，2005

[41] William J.Collins．数据结构和Java集合框架[M]．陈曙晖，译．北京：清华大学出版社，2006

[42] Herbert Schildt．Java J2SE™ 5 Edition参考大全[M]．鄢爱兰，鹿江春，译．北京：清华大学出版社，2006

[43] Jacquie Barker．Beginning Java Objects中文版从概念到代码[M]．万波，译．第2版．北京：人民邮电出版社，2007

[44] 陈刚．Eclipse从入门到精通[M]．北京：清华大学出版社，2005

[45] 李松林，陈华清，任鑫．Eclipse宝典[M]．北京：电子工业出版社，2007

[46] 孙博文．分形算法与程序设计——Java实现[M]．北京：科学出版社，2004

[47] 简圣芬．衍生式设计辅助系统：现况与未来发展[EB/OL]．（1999-12-26）．http://www.ad.ntust.edu.tw/grad/code/nctu_talk/abstract.html

[48] 李满江，孟祥旭，王志强．矩形件和任意多边形排样问题的算法及应用[J]．贵州工业大学学报，2002

[49] 师汉民．从他组织走向自组织——关于制造哲理的沉思[EB/OL]．（2003）.http://www.xinxihua.cn/tech/2004-04/37510.htm

[50] Alexander C．Notes on the Synthesis of Form [M]．Cambridge，MA：Harvard University Press，1964

[51] Arslan S，Gonenc Sorguc A．Similarities in Structures in Nature and Man-Made Structures：Biomimesis in Architecture [C]．Proceedings of the 2nd Design and Nature Conference Comparing Design in Nature with Science and Engineering，Rhodes，Greece，June 28th-30th，2004

[52] Asimow M．Introduction to Design [M]．Englewood Cliffs，NJ：Prentice-Hall，1962

[53] Birger Sevaldson．Dynamic Generative Diagrams [C]．Essay for eCAADe，Weimar，2000

[54] Medjdoub B，Yannou B．A topological enumeration heuristics in a constraint-based space layout planning [C]．Artificial Intelligence in Design·98，1998

[55] Medjdoub B，Yannou B．Separating Topology and Geometry in Space Planning，Computer-Aided Design [C]，Volume 32，39-61，2000

[56] Feijo B，Gomes P C. R，Bento J，etc．Distributed agents supporting event-driven design processes [C]．Artificial Intelligence in Design·98，557-577

[57] Kolarevic B，Digital Praxis．From Digital to Material// Sariyildiz S，Tuncer B.

Innovation in Architecture, Engineering and Computing (AEC), Vol 1. Delft University of Technology, Faculty of Architecture, Rotterdam, NL, 2005: 5-18

[58] Soddu C. Meta-Code, Identity's Borders//Aleadesign Editor. Proceedings of the International Conference GA2004, 2004

[59] Soddu C. Gencities and visionary worlds [EB/OL]. http://www.generativeart.com/papersGA2005, 2005

[60] Derix C. Building a Synthetic Cognizer [C]. Design Computational Cognition 2004 Conference. MIT, Boston, USA, 2004

[61] Eastman C M. Spatial Synthesis in Computer-Aided Building Design [M]. London, England: Applied Science Publishers, 1975

[62] Young E F Y, Chu C C N, Ho M L. A Unified Method to Handle Different Kinds of Placement Constraints in Floor Plan Design. Proceedings of the 15th International Conference on VLSI Design [EB/OL]. http://www.cse.cuhk.edu.hk/~fyyoung/paper/aspdac02.pdf

[63] Scheurer F, Schindler C, Braach M. From design to production: Three complex structures materialised in wood [EB/OL]. http://www.generativeart.com/papersGA2005

[64] Fischer, T. Teaching Generative Design [EB/OL]. http://lo.redjupiter.com/gems/groep6/generativedesign.pdf

[65] Scheurer F. Turning the Design Process Downside-Up-Self-organization in Real-world Architecture// Martens B, Brown A. Computer Aided Architectural Design Futures 2005, Springer, Dordrecht, Vienna, 2005: 269-278

[66] Galanter P. What is generative art? [EB/OL]. Proceedings of 6th International Conference and Exhibition Generative Art 2003. http://www.generativeart.com

[67] Humberto R M, Varela F J. The Tree of Knowledge: The Bioligical Roots of Human Understanding. Boston & London: Sgambhala, 1998

[68] Krause J. The Creative Process of Generative Design in Architecture. GA2003-6th Genference Art Conference / Exhibition / Performances. Milano, 2003

[69] Duarte J P. The Virtual Architect. GA2004-7th Generative Art Conference / Exhibition / Performances, Milano, 2004

[70] Martin J. Procedural House Generation: A method for dynamically generating floor plans [EB/OL]. http://www.x.cs.unc.edu/~eve/papers/EVEAuthored/2006-I3D-Martin.pdf

[71] Kirkpatrick J. Kas Oosterhuis Architecture Goes Wild [M]. Rotterdam:

010 publishers, 2002

[72] Oosterhuis K, Cache B, etc. Architect and Visual Artist [M]. Rotterdam: 010 publishers, 1998

[73] Oosterhuis K, Bouman O, Lenard I. Kas Oosterhuis Programmable Architecture [M]. Bergamo: Bolis Poligrafiche Spa, 2002

[74] Lewis W. Understanding novel structures through form-finding [C]. Proceedings of the Institution of Civil Engineers, 2005, 158(4): 178-185

[75] Li Biao, Odilo S. Computer Aided Housing Generation with Customized Generic Software Tools. Proceedings of fifth China urban housing conference, Hong Kong, 2005

[76] Li Biao. A Generic House Design System: Expertise of Architectural Plan Generating [C] // Yu Gang, Zhou Qi, Dong Wei. Proceedings of the 12th International Conference on Computer-Aided Architectural Design Research in Asia (CAADRIA), Nanjing, China, 2007

[77] Corcuff M-P. Generativity and the Question of Space [EB/OL]. http: // www. generativeart. com/papersGA2005

[78] Turrin M. Signifier Signs in a generative process [EB/OL]. http: //www. generativeart. com/papersGA2005. Milan, Italy, 2005

[79] Engeli M. Bits and Spaces: Architecture and Computing for Physical, Virtual. Hybrid Realms, 33 Projects by Architecture and CAAD, ETH Zurich [M]. Basel: Member of the Bertelsmann Springer Publishing Group, 2001

[80] Mitchell W J. Computer-Aided Architectural Design. New York, NY: Van Nostrand Reinhold, 1977

[81] Moraes Z K. Design Precedents and Identity [C]. Procedures GA2004, 2004

[82] Newell A, Simon H A. Human Problem Solving [M]. Englewood Cliffs, NJ: Prentice-Hall, 1972

[83] Biloria N. Adaptive Corporate Environments [C] //Yu Gang, Zhou Qi, Dong Wei. Proceedings of the 12th International Conference on Computer-Aided Architectural Design Research in Asia (CAADRIA), Nanjing, China, 2007

[84] Rittell H W J, Webberl M M. Dilemmas in a general theory of planning [J]. Policy Sciences, 1973, 4(2): 155-169

[85] Coates P S. Some Experiments Using Agent Modelling at CECA [C/OL]. http: //www. generativeart. com/papersGA2004/22. htm

[86] Coates P, Derix C, Lau T, Parvin T, Puusepp R. Topological Approximations

for Spatial Representations [EB/OL] . http: //www. generativeart. com/papersGA2005

[87] Schmal P C, Workflow. Architecture—Engineering [M] , Basel, 2004

[88] Paul S Coates, etc. Generating architectural spatial configurations: Two approaches using Voronoi tessellations and particle systems [EB/OL] . http: //www. generativeart. com/papersGA2005

[89] Coates P S. Some Experiments Using Agent Modeling at CECA [C/OL] . http: //www. generativeart. com/papersGA2004/22. htm

[90] Proceedings of the GSM Conference. Game Set and Match, real—time interactive architecture [J] , Delft University of Technology 2001

[91] Scheurer F. The Groningen Twister: An experiment in applied generative design [C] . Proceedings of Generative Art 2003 conference, Switzerland, 2003

[92] Schummer J. Aesthetics of Chemical Products: Materials, Molecules, and Molecular Models [J] . International Journal for Philosophy of Chemistry, 2003, 9(1): 73–104

[93] Simon H A. The structure of ill—structured problems [J] . Artificial Intelligence, 1973, 4: 181–200

[94] Sowa A. Computer Aided Architectural Design vs. Architect Aided Computing Design [C] . Proceedings of eCAADe' 05, Lisbon, 2005

[95] Kotsopoulos S, Liew H. A Studio Exercise in Rule Based Composition [C] . First International Conference on Design Computing and Cognition, 2004.

[96] Fischer T, Herr C M. The Architect as Toolbreaker? [C] // Yu Gang, Zhou Qi, Dong Wei. Proceedings of the 12th International Conference on Computer—Aided Architectural Design Research in Asia (CAADRIA), Nanjing, China, 2007

[97] Fischer T. Generation of Apparently Irregular Truss Structures [C] // Martens B, Brown A. Computer Aided Architectural Design Futures 2005, Vienna (Austria), 2005: 229–238.

[98] Scheurer F. A Simulation Toolbox For Self—Organisation in Architectural Design// Sariyildiz S, Tuncer B. Innovation in Architecture, Engineering and Computing (AEC), Vol. 2, Delft University of Technology. Rotterdam, NL: Faculty of Architecture, 2005: 533–543

[99] Wielpuetz M, Beyer M. In—mould Film Lamination—Surface Finish Techniques Offering Visual, Tactile and Functional Surface Effects [C] . Proceeding of International Conference "The Art of Plastic Design" Berlin, 2005

[100] Wikipedia. http: //en. wikipedia. org/wiki/Voronoi_diagram, 2003

[101] Kalay Y E. Architecture' s New Media: Principles, Theories and Methods of

Computer-Aided Design. London: The MIT Press, 2004

　　[102]　Jacobs Z. Capturing the (In)Finite　[C] // Yu Gang, Zhou Qi, Dong Wei. Proceedings of the 12th International Conference on Computer-Aided Architectural Design Research in Asia (CAADRIA), Nanjing, China, 2007

后 记

　　建筑家可以从无到有，创造出一批批建筑实体，岂能不知由浅入深、探索出某些建筑方法学真知。时间无形、无声、无色，如同细沙滑过岁月的沙漏，当时间在日月来去、草木荣枯留下痕迹的时候，是否将产生建筑学新方法？如今，在全世界许多著名高校，计算机生成建筑设计方法研究已逐渐成为评价建筑学科教育水平的重要标志，它使人类传统方法与现代科技相融相生，成为引领建筑学方法的前沿。

　　近年来，国内建筑工程建设轰轰烈烈，俨然变成国际建筑市场的巨大实验基地。潮起潮落，难免鱼龙混杂，泥沙俱下。在权力和资本的裹挟下，传统的建筑学方法应对纷繁复杂的巨大建筑市场时往往显得回天乏术。对待许多潜在的新技术、新理论，建筑师通常只在"知"与"不知"间争长竞短，浮躁的学科氛围极易成为粗糙、贫乏的建筑在中国大地上疯狂蔓延的内在诱因。

　　2004年秋，笔者参加东南大学建筑学院与瑞士苏黎世联邦理工大学（ETH，Zurich）为期一年半的交流活动，从此开始建筑设计生成方法探索。在瑞士风云际会的经历将使笔者终身受益，笔者从瑞士苏黎世联邦理工大学CAAD研究组汲取到全新的建筑学方法和兢兢业业的治学态度。时间显得如此重要，以至于很难容忍把它耗费于自己不关心却很重要的事情上，程序、算法及生成方法已成为笔者日常生活中不可或缺的有机组成。

　　在瑞士那间简洁而洁净的十平方米小屋中，笔者终日与程序方法为伴，瑞士宁静有序的生活改变了笔者心浮气盛的固有性情，笔者逐步从对计算机程序一无所知的建筑师转变成被国外专家认同的建筑设计生成算法研究者，这得益于瑞士朋友的帮助与提携。Stephan Rutz是我碰到的第一位与人为善的ETHZ建筑物理研究者，并在苏黎世市中心开有自己的建筑事务所。Bruno Keller时任Stephan Rutz所在研究组的教授，Bruno Keller教授的思维常常游离于众人之外，却独具匠心，是一位著名的建筑物理学家。经Keller教授引见，笔者认识了使自己研究方向发生转变的Ludger Hovestadt教授。Hovestadt教授思维敏捷而清晰，至今仍承担着CAAD教授工作，以他为首的近二十名科研人员一直引领当今欧洲CAAD先进水平。记得第一次和他见面的时候，笔者曾疑惑建筑师为何需要投入到纷繁复杂的计算机程序中学习，Hovestadt教授的回答很简单：如果你不知道计算机程序能干什么，便不可能完全懂得CAAD的真正内涵。ETHZ-CAAD研究组为笔者计算机生成方法研究撑起了从技术手段到意识层面的保护伞，设想如果没有这把巨大的保护伞，笔者很难从程序世界的重重障碍中走到今天，也不可能在有人质疑生成方法合理性的时候，还丝毫不会影响笔者对研究的满腔热情。

　　引导笔者走进程序世界的是CAAD研究组的Kai Rüdenauer，来自德国的Kai

Rüdenauer，操着一口很浓的德式英语，时常找不到精确表达语意的英语单词。因为我的存在，第一次上课他基本用英语授课，笔者尚能听懂百分之五十的课程内容，后因种种缘故，授课语言全部变成德语，笔者也只能借助于另一种语言来大致了解其授课内容——这就是计算机程序语言。在每次上完课后，初识计算机程序的我均会饱受一次信心的重创，查找大量与建筑学专业格格不入的计算机学科资料往往是继续下一节课程内容学习的必要前提。如此这般经过三个月的非常规学习，笔者逐步跨入精彩的程序世界门槛。后来传授生成技术知识的Odilo Schoch也惊诧于我学习程序的速度，这得归功于那三个月的高强度历练。

Odilo Schoch是笔者在瑞士接触最为频繁的ETHZ教师，事实上，在不长的时间里我们已变成从生成技术到个人情感无所不谈的朋友。Odilo知识面很广，笔者许多从前闻所未闻的专业词汇均从与他的交流中获得，通过相关资料的查询便可以举一反三地理解其内涵，并逐步将相关原理运用于生成方法的程序创作之中。德国人特有的严谨使他通常会运用程序操作来解释各种生成技术算法概念，这种方法使笔者受益匪浅，其直接影响便是当直面生成技术新概念的时候均会从程序操作层面判断其价值。坦白地讲，笔者从Odilo处得到的学术方法远高于生成技术本身，不久，Odilo已不能读懂笔者所编写的许多计算机程序代码，但从Odilo身上学到的科研方法却一直影响笔者至今。其后，笔者顺利通过ETHZ的Diploma论文答辩，并获得国外同行的一致认同。

回国后，笔者忐忑地向导师钟训正院士详尽汇报在国外的研究，尽管导师已逾古稀且对该领域并不非常了解，但导师却以敏锐的眼光确立论文课题的远大前景，这无疑给笔者打了一针强心剂。正如Hovestadt教授所言，导师最伟大的意义在于发现并引导学科研究方向，而非事必躬亲的具体操作。国外的经验未必适合于国内的研究现状，在结合国内建筑设计生成技术需求的思路转化过程中，龄高德劭、年届八秩的导师帮助我整理研究思路，精心点拨、热忱鼓励。

2006年至2007年，笔者在国内主持两届毕业设计，主题均为计算机生成建筑设计法教学探索。这对东南大学建筑学院来说是一项前所未有的尝试。笔者制订具体教案，传授建筑设计生成方法相关概念及计算机程序方法。由于汲取了ETHZ先进的教学方式，教学取得实效性成果，教学过程轻松而愉悦，笔者与学生从不同的角度探索建筑设计生成方法在国内的尝试性教学。部分学生作业获校、院优秀毕业设计奖。

如今社会万象杂陈，人生可以有多种选择，不必拒绝尝试。建筑设计生成方法将成为发挥潜能、实现理想的重大舞台。理想通常是信念的代名词，而信念必须植根于相应的责任。不管是传统手段，还是建筑设计新方法探索，殊途同归，它们将融会贯通于笔者今后的建筑设计创作之中。

本书需特别感谢参加2006年及2007年建筑设计生成方法研究的毕业设计小组

成员，他们是：陈闯、陈龙、董凌、李尧、李永民、梁晶、吴茁、周志勇、倪翔宇、陈佳、高勤、胡宏、胡琦琦、刘畅、薛垲、羊烨、郁倩、曾庆慧、赵振、华好等。他们为国内建筑设计生成教学尝试提供了必要的教学支撑。东南大学建筑学院陆卓谟书记为本书的出版提供资金赞助。闫辰羽、彭文哲为本书第一章和第五章定制编写插页生成程序，郁倩参与本书部分后期工作。在此特别致谢。

2012年6月